国家出版基金项目
NATIONAL PUBLICATION FOUNDATION

"十三五"国家重点出版物出版规划项目

中国陆地生态系统碳收支研究丛书

中国生态参数遥感监测方法及其变化格局

吴炳方　曾源　赵旦等　著

U0230852

科学出版社
龙门书局
北　京

内 容 简 介

本书是"中国陆地生态系统碳收支研究"丛书的一个分册,对碳专项遥感课题构建的中国生态参数遥感监测技术体系进行系统性总结。中国生态参数以 2000 年、2005 年、2010 年三期全国土地覆被数据为基础和核心,涵盖 2000~2010 年时空连续的植被覆盖度、叶面积指数、植被生长期、光合有效辐射吸收比率、地表温度和植被地上生物量、蒸散发等生态参数数据,据此建立了具有特色的生态参数遥感监测方法。

本书可供从事地理信息系统(GIS)和遥感应用、生态研究以及环境保护方面的科技工作者,高等院校相关专业师生和政府相关部门人员参考。

审图号:GS(2019)5264 号

图书在版编目(CIP)数据

中国生态参数遥感监测方法及其变化格局/吴炳方等著. —北京:龙门书局,2019.11

(中国陆地生态系统碳收支研究丛书)

国家出版基金项目 "十三五"国家重点出版物出版规划项目

ISBN 978-7-5088-5688-9

Ⅰ.①中… Ⅱ.①吴… Ⅲ.①生态环境–环境遥感–环境监测–研究–中国

Ⅳ.①X87

中国版本图书馆 CIP 数据核字(2019)第 245150 号

责任编辑:王 静 李 迪 / 责任校对:严 娜

责任印制:徐晓晨 / 封面设计:北京明轩堂广告设计有限公司

科学出版社 出版
龙門書局

北京东黄城根北街 16 号
邮政编码:100717
http://www.sciencep.com

北京九州迅驰传媒文化有限公司印刷
科学出版社发行 各地新华书店经销

*

2019 年 11 月第 一 版 开本:787×1092 1/16
2021 年 3 月第二次印刷 印张:17 1/4
字数:419 000

定价:**168.00** 元

(如有印装质量问题,我社负责调换)

中国陆地生态系统碳收支研究丛书
编委会

前　　言

　　《联合国气候变化框架公约》及《京都议定书》的生效实施，让中国这个世界最大的发展中国家面临节能减排的巨大压力。联合国政府间气候变化专门委员会（Intergovernmental Panel on Climate Change，IPCC）认为生态系统固碳是目前最经济可行和环境友好的减缓大气 CO_2 浓度升高的途径，因此，全球变化背景下增加陆地生态系统碳库已经成为国际社会关注的焦点和研究热点，定量评估我国陆地生态系统碳库量及其区域分布格局、动态变化趋势成为迫在眉睫的工作。

　　为了摸清我国生态系统固碳量，在中国科学院战略性先导科技专项"陆地生态系统固碳参量遥感监测及估算技术研究"课题（编号 XDA05050100）及中国科学院和环境保护部（现称生态环境部）联合支持项目"全国生态环境十年变化（2000—2010 年）遥感调查与评估"的"全国生态环境十年变化土地覆被与地表参量遥感提取"（编号 STSN-01-00）专题的支持下，在继承前人研究成果的基础上，中国科学院遥感与数字地球研究所联合中国科学院地理科学与资源研究所、中国科学院东北地理与农业生态研究所、中国科学院寒区旱区环境与工程研究所、中国科学院·水利部成都山地灾害与环境研究所、中国科学院新疆生态与地理研究所、中国科学院南京地理与湖泊研究所、中国科学院测量与地球物理研究所、中国科学院深圳先进技术研究院、南昌大学、北京大学等多家单位，开展了全国土地覆被和 7 个生态参数（植被覆盖度、叶面积指数、植被生长期、光合有效辐射吸收比率、地表温度、蒸散发、植被地上生物量）遥感监测方法的研究，并形成了中国土地覆被类型与生态参数一体化遥感监测技术，构建了 2000～2010 年时空连续的土地覆被和生态参数数据集。土地覆被相关工作已于 2017 年完成整理并先后出版了国家地图集《中华人民共和国土地覆被地图集（1：1 000 000）》和配套专著《中国土地覆被》。

　　从 2011 年起历时 3 年，研究团队先后完成了生态参数野外调查、数据收集与预处理、生态参数遥感监测方法研究、生态参数数据集构建、生态参数数据集验证等工作。在此基础上，我们系统总结了基于遥感的生态参数监测方法，提出了生态遥感的新思路。据此，在研究团队的推动下，2015 年中国生态学学会正式成立了生态遥感专业委员会，目的是将生态与遥感领域的科学家召集在一起，促进生态和遥感的有机结合，开拓并引领生态遥感的研究方向和研究热点。

　　本书在编写过程中还参考了大量有关文献资料，在此对文献作者表示衷心的感谢。由于编写人员水平及资料有限，书中不足之处在所难免，请广大读者批评指正。

作　者
2019 年 2 月

目　　录

第1章 生 态 参 数

1.1 概　述

生态环境恶化已经成为当前人类生存与发展面临的严峻挑战，受到世界各国的高度重视。改革开放以来，我国的经济建设取得了巨大成就，进入了工业化和城市化快速发展阶段。这一系列成就取得的同时也引发了巨大的生态环境问题，人与环境之间的矛盾日益突出。目前，环境问题已成为制约我国经济发展和社会稳定的重要因素之一。

中国政府一直重视生态环境保护与治理。20世纪80年代，中国政府把环境保护确立为一项基本国策。1984年，国务院环境保护委员会成立。1989年，《中华人民共和国环境保护法》正式颁布。1992年，联合国环境与发展大会以后，中国是率先制定和实施可持续发展战略的国家之一。1993年，全国人民代表大会环境与资源保护委员会正式成立（张连辉和赵凌云，2007）。进入21世纪，随着中国经济的飞速增长、人民群众物质生活的日益富足，环境问题开始进一步凸显，也越来越受到政府的高度重视。2003年，政府提出为全面落实科学发展观，加快构建社会主义和谐社会，实现全面建设小康社会的奋斗目标，必须把环境保护摆在更加重要的战略位置（国务院，2006）。随后的《中华人民共和国国民经济和社会发展第十一个五年规划纲要》（简称"十一五"规划）、《中华人民共和国国民经济和社会发展第十二个五年规划纲要》（简称"十二五"规划）中，环境保护在国民经济建设和社会进步中所扮演的重要角色得到了进一步明确。尤其是十八大中提出，"面对资源约束趋紧、环境污染严重、生态系统退化的严峻形势，必须树立尊重自然、顺应自然、保护自然的生态文明理念，把生态文明建设放在突出地位，融入经济建设、政治建设、文化建设、社会建设各方面和全过程"。

本章执笔人：吴炳方，曾源，赵旦

掌握过去全国生态环境的变化特点和规律，对提出新时期的环境保护对策、转变经济增长方式、实现经济发展与生态环境保护的可持续发展具有重要意义。植被退化与破坏是我国存在的重大生态问题之一。我国长期存在着耕地过度开垦与征用、草原过度放牧、森林乱砍滥伐等不合理的土地利用方式，导致部分地区的植被质量大幅度降低，并因此导致水土流失、洪灾频繁、物种减少、土壤肥力流失、土地荒漠化和盐碱化、粮食产量降低、气候变化等多种严重恶果。这些问题得到政府和民间组织的重视，改革开放以来，我国实施了一系列绿色生态工程，如天然林资源保护工程、防沙治沙工程、退耕还林工程、速生丰产林工程、"三北"及长江防护林工程、京津风沙源治理工程等，对改善生态环境、维护国土生态安全发挥了重要作用。

21 世纪前十年（2000～2010 年），我国经济与城镇化的快速发展给生态环境带来了前所未有的冲击，另外生态保护与建设工程规模空前，导致我国土地覆被类型与质量发生了翻天覆地的变化。精细刻画土地覆被类型与生态参数的空间格局，准确掌握其时间和空间变化规律，既是区域环境过程基础研究的需要，也是国家生态建设策略制定的重大需求。

1.2　生态参数及其构成

广义的生态参数是指表征生态环境属性的所有参数集合，包括生理参数、物理参数、化学参数等。本书所述的生态参数是指陆地生态系统的生态参数（下文中的生态参数均以此为准），包括土地覆被类型、植被覆盖度（fractional vegetation coverage，FVC）、叶面积指数（leaf area index，LAI）、植被生长期、光合有效辐射吸收比率（fraction of absorbed photosynthetically active radiation，FAPAR/FPAR）、地表温度、蒸散发和植被地上生物量，是生态评估、全球变化研究和生态系统管理的重要基础数据。

土地覆被（也常见"土地覆盖"）是一种地理特征，是陆地表面可被观察到的自然营造物和人工建筑物的综合体，是自然过程和人类活动共同作用的结果，既具有特定的时间和空间属性，也具有自然与社会属性（吴炳方等，2014），是一个随遥感科学的发展而出现的概念。土地覆被遥感监测主要对地表覆盖物（包括已利用土地和未利用土地）进行解译和分类。通过遥感监测某一时刻地表土地覆被信息，实际上就是识别此刻地表土地覆被的类型信息，了解其空间分布状况，记录自然过程和人类活动改变地球表面特征的空间格局。对某一时段地表土地覆被信息的获取，目的是描述地表土地覆被类型的变化（王长耀等，2005），再现地球表面的时空变化过程。土地覆被的主要组成部分是植被，但也包括土壤和陆地表面的水体。土地覆被信息与植被覆盖度、植被地上生物量、生物多样性等植被特征信息相结合，可以进一步反映土地覆被类型的质量信息。

植被覆盖度是指植被（包括茎、叶、枝）在地面的垂直投影面积占统计区总面积的百分比（Gitelson et al.，2002），该指数不仅是植物群落覆盖地表状况的一个综合量化指标，同时也是生态模型、碳循环模型、水循环模型等的重要特征参量，是区域生态环境评价的前提和必要基础。植被覆盖度在不同的植被生态系统有着不同的表现形式，在森林生态系统是指森林中乔木树冠、林下灌丛和草本层遮蔽地面的程度，与仅反映冠层的郁闭度具有一定的差异；在草地和农田生态系统中是指草和农作物遮蔽地面的程度，也可称为盖度。

叶面积指数是指单位土地面积上植物叶片总面积占土地面积的比例，是反映植物群体生长状况的一个重要指标，是从植物光合作用、蒸腾作用、光合和蒸腾的关系、水分利用及生产力基础构成等方面进行群体和群落生长分析时必不可少的一个重要参数。同时叶面积指数在林分、景观及地区尺度上对碳、能量、水分通量等研究方面有重要用途，在林冠水平及景观尺度上是模拟水分蒸发与估算蒸腾损失总量的一个重要指标，也被用来估测林分尺度及景观水平上的森林生产力（王希群等，2005）。

植被生长期是指一年中植物显著可见的生长时间。生长期与温度条件有着密切的关系，在一定温度以上可继续生长的时间就称为生长期，但在干旱地区，水分条件往往决定着生长期的长短。维持正常生长所必需的生长期，因植物种类不同而异。生长期的长短多决定植物（尤其是树木）分布的北限。生长期越短，植物可生长的纬度和海拔越高。

光合有效辐射吸收比例是指被植被冠层绿色部分吸收的光合有效辐射（photosynthetically active radiation，PAR）与到达冠层顶部总 PAR 之比（Martínez et al.，2013；McCallum et al.，2010）。而光合有效辐射是波长为 400～700nm、有利于植物光合作用的那部分太阳下行辐射（董泰锋等，2011）。准确、定量地获取 FPAR，对进行陆地生态系统过程研究、作物产量估算有着重要的意义。

地表温度即地面的温度。太阳辐射到达地面后，一部分被反射，另一部分被地面吸收，使地面增温，对地面的温度进行测量后得到的温度就是地表温度。地表温度会因所处地点环境不同而有所不同。影响地表温度变化的因素也比较多，如地表湿度、气温、光照强度、地表类型（草坪、裸露土地、水泥地面、沥青地面）等。对于一个地区而言，该地区的地表温度主要取决于该地区所处的纬度（如赤道线上的地区与北极的北冰洋地区的温度有几十摄氏度的温差），此外还有海拔、人口密度、工业发展程度、森林的覆盖程度（如同一纬度上的沙漠地区和原始森林地区的温差很大）等。

陆表蒸散发包括陆表水分蒸发（水面蒸发与土壤蒸发等）与通过植被表面和植被体内的水分蒸腾两部分，是土壤-植被-大气系统中能量水分传输及转换的主要途径，也是陆表水循环中最重要的分量之一。一个流域内，水面蒸发、土壤蒸发和植被蒸腾的总和称为流域蒸散发或流域蒸散，它是流域水文-生态过程耦合的纽带，是流域能量与物质平衡的结合点，也是农业、生态耗水的主要途径。掌握了流域的蒸散发时空结构，将极大地提升人们对流域水文和生态过程的理解和水资源管理能力。

地上生物量是指某一时刻单位面积内实际生活的有机物质（地上部分干重）总量。森林生物量表征森林生态系统中的碳储量，已被国际林业研究组织联盟（International Union of Forest Research Organizations，IUFRO）列为重要的监测指标之一（Zhao and Zhou，2005）。其中，森林的地上生物量（包括干、枝、叶片生物量）因森林的寿命长、体积大而长期、大幅度地影响碳库，是研究森林生态系统生产力、评估森林碳收支的基础，对全球气候变化研究具有重要意义（Tuominen et al.，2010）。

1.3 基于遥感的陆地生态系统关键生态参数监测

1.3.1 基于遥感的陆地生态系统监测发展历程

早在遥感卫星发射以前，人类就已经采用航空遥感开展生态监测，如美国用航空遥感进行美国国家公园的植被类型遥感制图。遥感卫星发射后，基于遥感的陆地生态系统监测发展历程中的标志性事件有3个。

一是国际地圈-生物圈计划（International Geosphere-Biosphere Program，IGBP）开创全球土地覆被遥感监测。土地覆被数据主要取决于自然因素及人类活动对土地利用和整治产生的影响，随着全球气候变化、碳排放等环境问题研究的深入，全球土地覆被信息产品应运而生。联合国开发计划署（United Nations Development Programme，UNDP）的IGBP建立了全球7个产品的数据集，由美国地质调查局（United States Geological Survey，USGS）地球资源观测系统数据中心（EROS Data Center）与内布拉斯加林肯大学

（University of Nebraska Lincoln，UNL）、欧盟委员会联合研究中心（European Commission's Joint Research Center，JRC）成立了 IGBP 土地覆被工作组（LCWG），基于 1km AVHRR 数据构建了包括 17 个类型的 IGBP DISCover 全球土地覆被数据集（Loveland et al.，2000）。IGBP DISCover 是首个全球性的土地覆被数据集，它的出现为全球尺度的生态系统评估、全球变化等多个研究领域提供了统一且规范的基础数据。随后，MODIS 土地覆被产品也采用了同样的分类系统（Friedl and Mclver，2002）。美国马里兰大学的全球土地覆被产品，其分类系统也是在 IGBP 的基础上综合成的 14 类（Hansen et al.，2000）。

二是全球气候观测系统（global climatic observation system，GCOS）提出基本气候变量（essential climate variables，ECV），首次系统梳理了基于遥感的生态参数指标体系。基本变量是描述系统变化所需的最小变量集。从满足《联合国气候变化框架公约》（United Nations Framework Convention on Climate Change，UNFCCC）、联合国政府间气候变化专门委员会（Intergovernmental Panel on Climate Change，IPCC）的需求以及全球系统观测的可行性等角度出发，GCOS 在大气、陆地、海洋 3 个领域分别选定了一些重要气候变量，共同构成 ECV（GCOS，2003），GCOS 随后在 2004 年、2006 年和 2010 年分别评估并补充基于遥感的 ECV 变量子集。ECV 中的大部分变量对生态系统监测与评估具有重要意义，支持大量的大尺度生态系统相关研究，为后续全球性的生态参数遥感监测指标体系的构建提供了依据。GCOS 联合多家研究机构随后制定了关于生物多样性（Pereira et al.，2013）、水（Constable et al.，2016）以及社会生态系统和可持续发展目标（Reyers et al.，2017）的基本变量。目前地球观测组织（Group on Earth Observation，GEO）的全球农业监测（GEO-GLAM）旗舰计划和全球干旱生态系统国际大科学计划（Global-DEP）正在制定面向农业和干旱区的基本变量。

三是联合国千年生态系统评估（millennium ecosystem assessment，MA）计划首创基于多源遥感数据融合的大尺度生态系统监测与评估先河。MA 计划是原联合国秘书长科菲·安南于 2000 年呼吁，2001 年正式启动的。目标是评估生态系统变化对人类福祉的影响，为针对提高生态系统对人类福祉的贡献而需采取的行动奠定科学基础。全世界 1300 多名专家参与了"千年评估"的工作。评估结果包括 5 个技术报告和 6 个综合报告，对全世界生态系统及其提供的服务功能（如洁净水、食物、林产品、洪水控制和自然资源）状况与趋势进行了全面的科学评估，并提出了恢复、保护或改善生态系统可持续利用状况的各种对策。MA 计划综合运用遥感获取的土地覆被类型和生态参数，构建了生态系统的评估指标体系,对不同生态系统的服务功能进行了详细评估,为后续国家尺度和全球尺度的生态遥感应用奠定了技术基础。

我国的相关研究工作起步比国外要晚,开始于 20 世纪 90 年代前后,标志性的事件也有 3 个。

一是在 1987 年全面展开的"三北"防护林遥感综合调查工程项目。为了评估"三北"防护林体系建设现状、国家经济扶持政策与技术措施的效益并进一步完善防护林体系,国家把"三北防护林遥感综合调查"列为"七五"计划的科技攻关课题,对"三北"范围进行综合性遥感分析和地面调查,并在此基础上建立"三北"防护林地区资源与环境信息系统,为该地区宜林、宜灌、宜草类型区界线划分、不同类型区成林效果、动态变化和生态效益等提供综合性、连续性数据信息(张德宏,1990)。该项目以 Landsat MSS、TM 和 SPOT数据为主要信息源,结合地面调查与航片,利用目视解译方法完成了土地利用、森林分布、草地类型数据集,该项目是我国将遥感技术应用于大区域生态监测的一次典型示范。

二是我国先后启动两个重大项目。国家高技术研究发展计划(863 计划)信息获取与处理技术主题专家组结合当时西部大开发的监测需求,组织实施了"西部金睛行动",以期快速查明西部生态环境的本底现状及影响生态环境变迁的主要原因,建立我国西部生态环境遥感监测网络系统和生态环境动态数据库。该项目通过西部、区域、省(自治区、直辖市)、典型地区 4 个层次,制定统一的标准、实施方案和质量检查方法,提出了 12 项分类技术指南,完成了 1990 年和 2000 年的生态环境本底遥感调查,构建了 13个数据层的生态环境本底数据库,并在资源、环境、灾害以及西部与境外有争议的水资源利用等问题领域进行典型的应用示范研究,动态监测西部大开发的生态环境效应,评价与分析西部的开发潜力和制约因素(吴炳方等,2004)。"西部金睛行动"是我国首次将遥感应用到大范围的生态系统监测上,形成了本底数据库,并为国家决策服务。此外,我国政府积极支持千年生态系统评估计划,并于 2001 年 6 月启动了中国西部生态系统综合评估项目(MAWEC)。该项目是 MA 计划亚全球生态系统评估项目的案例之一。项目参照国际千年生态系统评估框架,采用系统模拟和地球信息科学方法体系,利用遥感和统计数据对中国西部生态系统及其服务功能的现状、演变规律和未来情景进行了全面的评估(刘纪远等,2006)。在该项目中,利用遥感开展的土地覆被监测、归一化植被指数(normalized differential vegetation index,NDVI)、净初级生产量(net primaryproduction,NPP)等生态参数监测成为生态系统评估的重要指标和基础数据。该项目的实施是我国首次将遥感广泛应用到大区域的生态系统评估中,并参与到全球性的生态系统评估工作中，极大地推动了我国生态遥感技术的发展。

三是我国开展的一系列重大工程遥感监测与评估。2002 年国务院三峡工程建设委员会办公室启动三峡工程生态与环境遥感动态与实时监测，在移民区、库区和长江上游 3 个尺度展开生态环境本底、水土流失、植被生态参数等多个专题的监测，对长江三峡工程建设前后的资源、生态和环境进行长期遥感动态监测与影响评估（吴炳方，2011）。由国家林业局（现国家林业和草原局）组织的"国家林业生态工程重点区遥感监测评价"项目，以林业六大重点工程中的天然林资源保护工程、退耕还林工程为监测对象，以遥感技术为核心，综合运用 3S 技术（遥感、地理信息系统和全球定位系统），采用多级遥感监测方法，实现对工程建设情况及成效的连续动态监测与评价（鞠洪波，2003）。2004 年水利部长江水利委员会长江勘测规划设计研究院启动了"南水北调中线工程生态环境遥感监测"863 计划课题，选择典型区对地表水水质、水库岸坡稳定性（滑坡及塌岸）、水土流失、水面、盐碱化和植被等 6 个环境因子进行了监测与评价（潘世兵和李纪人，2008）。2008 年中国科学院启动知识创新工程重大项目"重大工程生态环境效应监测、评估与预警"，该项目以三峡工程、"三北"防护林工程和海河流域治理工程为对象，采用遥感、地面观测与生态学相结合的方法，对影响重大工程生态环境效应的诸多要素进行定量化监测和综合评估，建立重大工程生态环境效应监测与评估技术体系，为国家宏观决策提供准确可靠的科学依据与信息基础，实现重大工程综合效益的最大化，并为其他重大工程的监测提供借鉴（朱教君等，2016；吴炳方和闫娜娜，2019）。

1.3.2 常见陆地生态系统关键生态参数的遥感监测

国际上的土地覆被遥感监测以 IGBP 和国际全球环境变化人文因素计划（International Human Dimensions Programme，IHDP）联合提出的土地利用/覆被变化（LUCC）为代表，是一个跨学科领域的研究课题。美国国家航空航天局（National Aeronautics and Space Administration，NASA）主导的土地覆被/土地利用变化项目（LCLUC）则是 LUCC 的直接响应。从大的方面而言，LUCC 研究在于更好地理解和不断地认识不同时间及空间尺度上土地利用与土地覆被的相互作用及其变化，包括土地利用与土地覆被变化的过程、机制及其对人类社会经济与环境所产生的一系列影响，为全球、国家或区域的可持续发展战略提供决策依据。在过去的 20 多年里，不同学科的研究者对 LUCC 给予了很多关注，围绕 LUCC 何地发生变化、何时发生变化、如何发生变化和为何发生变化等问题开展了大量的研究。

欧洲研究人员也一直在关注土地覆被监测,早在 1985 年,欧洲委员会就决定制订环境信息协作计划(Coordination of Information on the Environment,CORINE),建立一种稳定且一致的欧洲土地覆被数据库(CORINE Land Cover,CLC)。CLC 数据库土地覆被分类系统包括人造区域、农业区、森林和半自然区、湿地、水体 5 个一级类型,15 个二级类型和 44 个三级类型(Lavalle et al.,2002)。至今,CORINE 土地覆被产品已经发布 5 期,覆盖欧洲国家,其中 2018 年数据基于哥白尼计划的哨兵 2 号卫星数据制作,空间分辨率达到 10m,方法主要为对高空间分辨率遥感影像进行目视解释,在部分国家采用了半自动的分类方法,制图精度优于 85%。

近年来,我国生态遥感领域也先后推出了多个重要的土地覆被数据集。国家基础地理信息中心陈军研究团队与国内多家单位合作,基于像素-对象-知识(Pixel-object-knowledge,POK)相结合的方法(Chen et al.,2015),于 2014 年发布了全球 10 类 30m 土地覆被数据产品(GlobeLand30),总精度为 80%。GlobeLand30 分类利用的影像为 30m 多光谱影像,包括美国陆地资源卫星(Landsat)TM5、ETM+多光谱影像和中国环境减灾卫星(HJ-1)多光谱影像。

清华大学宫鹏教授团队联合多家单位,采用最大似然法、决策树法、随机森林法、支持向量机法,基于样本训练全自动处理,于 2013 年完成了全球 30m 分辨率土地覆被图(FROM-GLC)(Gong et al.,2013)。其分类系统包括 10 个一级类型,以及 28 个二级类型,平均精度为 64.9%。该团队还分别在 2017 年和 2018 年发布了 2015 年全球 30m 分辨率土地覆被数据集和 2017 年全球 10m 分辨率土地覆被数据(Gong et al.,2019)。

中国科学院地理科学与资源研究所刘纪远研究团队自 20 世纪 90 年代以来,以人工目视解译方法为主,建成了国家尺度土地利用变化数据库,每隔 5 年采用同类卫星遥感信息源和相同的数据分析方法,完成全国范围的土地利用数据更新(刘纪远等,2014),截至目前,已经完成 20 世纪 80 年代、1995 年、2000 年、2005 年、2010 年和 2015 年共 6 期 30m 空间分辨率全国土地利用数据库。该数据库包括耕地、林地、草地、水域、城乡建设用地、未利用地等 6 个一级类型及 25 个二级类型,一级类型综合评价精度达 94.3%以上,二级类型综合评价精度达 91.2%以上。

本书研究团队主导完成了 1990 年、2000 年和 2010 年三期 30m 空间分辨率中国土地覆被数据集(ChinaCover)。该数据集的分类系统包括 6 个一级类型(林地、草地、耕地、湿地、人工表面和其他)和 40 个二级类型,其中一级类型与联合国政府间气候变化专门委员会（IPCC）的土地覆被分类系统一致，二级类型参考联合国世界粮食及农业组织（Food and Agriculture Organization of the United Nations，FAO）的土地覆被分类系统。数据集采用基于面向对象和层次分类的方法，兼顾全国分类的一致性和区域分类的特色，2010 年土地覆被数据的精度一级类型为 94%，二级类型为 86%（吴炳方，2017）。土地覆被遥感监测方法与数据详见吴炳方等的《中华人民共和国土地覆被地图集（1∶1000000）》和《中国土地覆被》，本书不再赘述。

陆地表面的形态特性和动态变化特征可以通过以反映地表覆盖物空间维、光谱维及时间维为核心的遥感信息来识别。20 世纪 80 年代以来，以 NOAA/AVHRR、EOS/MODIS、SPOT VGT、FY 系列卫星数据为代表的低分辨率遥感数据被广泛应用于全球及大区域范围的生态参数监测（Weiss et all.，2007；Borak et al.，2000）。目前广泛应用于生态参数监测的数据主要是光学遥感数据，而合成孔径雷达微波遥感数据和激光雷达测高数据主要用于水体、垂直结构和土壤厚度等信息提取。

MODIS 数据产品包括陆地标准数据产品、大气标准数据产品和海洋标准数据产品等 3 种主要标准数据产品类型，总计分为 44 种标准数据产品类型。但 MODIS 数据产品完全依赖 MODIS 单一传感器获得的遥感观测数据，生成的数据产品虽然已得到广泛应用，但无论采用的方法如何优越，生成的数据产品均无法规避 MODIS 观测数据质量、传感器衰退等因素的影响。

欧洲航天局哥白尼计划陆地监测项目利用 30 颗早期卫星包括 Radarsat2、ENVISAT ASAR 等 SAR 数据以及 SPOT VGT、Proba-V、ENVISAT MERIS 和 6 颗哨兵（Sentinel）系列卫星等多源卫星数据，提供用于陆表植被监测、能量平衡和水分监测的多种数据产品。截至 2017 年仅提供 12 种数据产品，其中，NDVI 及其衍生出的 VCI 产品的生成采用遥感指数方法；干物质生产力（DMP）、植被生产力指数（VPI）和地表温度则利用基于 FAPAR、NDVI 或热红外波段亮度温度建立的经验/半经验统计模型生成；LAI、FAPAR、绿色植被覆盖度（fCover）、反射率和土壤水分等产品的生成则采用神经网络模型对反演模型进行优化；Albedo 产品通过对各波段反照率经验组合计算获得；火烧迹地和水体产品采用目标识别方法获得。现阶段，哥白尼计划提供的数据产品仍主要依赖 SPOT VGT 及其后续卫星 Proba-V 等的遥感传感器，遥感观测数据的质量直接影响数据产品的质量，仅 LST 产品综合利用了多颗静止气象卫星数据。

北京师范大学发布的全球陆表特征参数（GLASS）（梁顺林等，2014），基于 AVHRR、MODIS 和多种地球同步卫星观测数据生成 1982～2014 年长时间序列的 8 种数据产品。GLASS 的 LAI、fCover 产品基于神经网络模型对现有数据进行融合和时空序列数据插补而成；FAPAR 则基于 GLASS LAI 产品采用孔隙率模型反演生成；Albedo、长波净辐射、净辐射产品采用经验统计法获得；GPP 产品则采用经验/半经验的光能利用率模型实现生产；发射率产品在裸土区采用经验统计法，在植被区则采用查找表优化 4SAIL 辐射传输模型实现参数提取；下行短波辐射、光合有效辐射则采用查找表法实现辐射量的反演（Atzberger，2004）。

1.3.3 生态参数一体化遥感监测技术

生态参数的遥感监测及地面观测是掌握生态系统质量的核心工作。遥感具有多尺度和周期性的数据获取特点，与地面观测台站相结合，可以满足全球、大区域、国家等不同空间尺度的生态环境监测与评价的数据需求。当前综合利用多源遥感数据及地面观测数据，开展陆地生态参数的遥感监测与地面观测，快速、准确、及时地定量评估我国陆地生态系统碳源/汇特征，掌握其时空分布格局和动态变化规律与驱动机制，提高对地球表层生态环境要素的监测水平，不仅具有重大科学意义，也是国家的迫切需求。

长期以来，遥感生成了大量的土地覆被与生态参数数据产品，但仍然不能满足生态系统管理和全球变化研究的需要，除了数据产品的精度、一致性和可比性等质量问题外，关键是对生态系统空间格局刻画不够、功能特征表征不足，很难反映生态系统的变化过程。其主要原因是普遍存在的土地覆被类型与生态参数监测相互脱节、各自独立完成。本书研究团队通过对土地覆被与生态参数遥感监测方法的不断探索和技术创新，构建了全国生态参数遥感一体化监测体系，实现了地物类型精细识别与功能定量监测的一体化。

全国生态参数遥感一体化监测体系的核心流程包括：多源遥感数据的标准化处理、高时空分辨率数据集的建立、生态参数遥感监测方法的形成、样区数据与遥感数据的结合等，具体技术框架如图 1.1 所示；其中监测的生态参数涵盖了基于像元二分模型的植被覆盖度、基于时空滤波算法（TSF）的叶面积指数、基于 S-G 滤波 Logistic 分段拟合方法的植被生长期、基于 MODIS 等 FPAR 产品神经网络反演方法的光合有效辐射吸收比率、基于"劈窗"算法的地表温度和基于分区分类型模型的植被地上生物量等；此外，蒸散发遥感监测方法与数据集由 ETWatch 运行系统负责，本书也不涉及。生态参数地面观测的方法将在本章 1.4 节详细说明，各生态参数监测方法与结果分析将在后续章节中详细介绍与讨论。

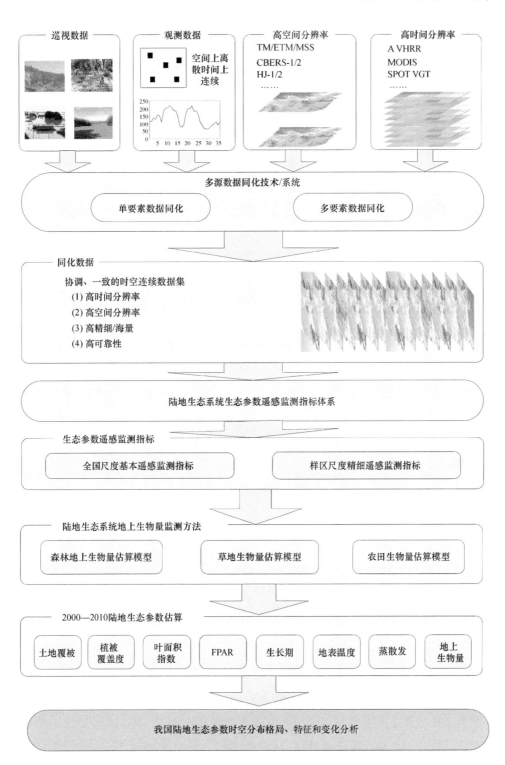

图 1.1 全国生态参数遥感一体化监测体系框架

1.4 生态参数地面观测

1.4.1 样区布设

样区是指在全国 50km×50km 网格单元的基础上，根据生态网络台站的位置，并考虑空间分布的合理性，选择出的特定网格单元。

1.4.1.1 布设原则与方法

1）依据《IPCC 关于土地利用、土地利用变化和林业方面的优良做法指南》分区、分层随机抽样。

2）设立样区、样地、样方三级体系。

3）根据全国 50km × 50km 网格分区，按总面积的 1%抽样。

4）覆盖中国生态系统研究网络（Chinese Ecosystem Research Network，CERN）的大部分台站。

5）样地的物种组成、群落结构和生境相对均匀。

6）森林生态系统样地的布设，要尽量靠近 ICESat GLAS 的脚点位置，最好能够重合。

7）遥感监测抽样与森林、灌丛、草地、农田的地面调查抽样相结合。

1.4.1.2 样区划分

将全国按 50km×50km 的网格单元进行划分，大约设置 3840 个网格单元。考虑体现森林、草地、农田及湿地生态系统类型的代表性，兼顾已有的 CERN 生态观测台站，首先选择了 31 个 CERN 生态观测台站所在的网格单元，同时基于复杂区域总体估计理论和智能优化算法，并考虑中国森林生态系统定位观测研究网络（Chinese Forest Ecosystem Reserch Network，CFERN）、中国森林生物多样性监测网络（CForBio）的生态观测台站，设计了全国样区的布设方案，全国范围内共选取了 50 个网格单元，设置为样区（图 1.2）。

此外，还设置了 6 个典型综合样区：东北大兴安岭地区、华北密云地区、华中神农架地区、西北大野口地区、华南鼎湖山地区和内蒙古锡林郭勒地区。在综合样区内分别选取森林、灌丛、草地与农田生态系统，构建利用高分辨率光学、微波与激光雷达多源遥感数据的不同生态系统地上生物量遥感估算模型、监测与验证研究。

根据气候条件基本一致、地域相邻、遥感影像获取的空间连续性的原则,将全国划分为 8 个片区。根据选定的 50 个网格单元的具体地理位置,分别划分给 8 个片区,每个片区分别完成各自样区的野外观测调查并汇总,统一提交。每个 50km×50km 的样区中布设不少于 25 个样地,根据森林、草地、农田、灌丛等生态系统在样区中所占的面积,从 1km×1km 网格中按 1%的比例,分别确定每个生态系统样地的数量。在每个样地内开展固碳参数的精细遥感监测,揭示森林、草地、农田和灌丛等生态系统的空间异质特征,建立从点到面的多尺度生态系统结构、功能、服务和产品评估方法。

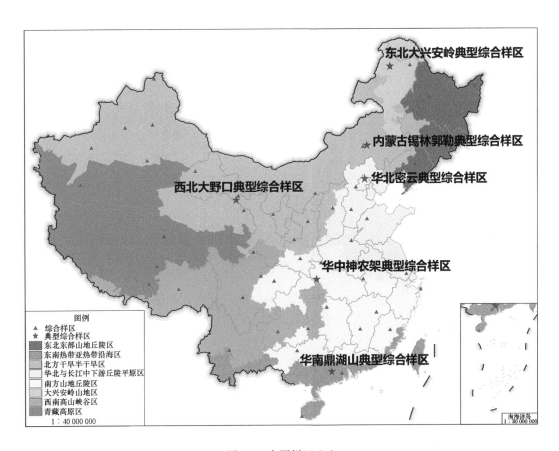

图 1.2 全国样区分布

1.4.1.3 样地与样方

样地是指在样区的范围内,用于植被调查采样而限定范围的地段,要求在其范围内物种组成、群落结构和生境相对均匀，群落面积足够大，坡度比较平缓。样地统一为100m×100m大小，以便更好地服务于遥感监测反演的验证分析。

样方是指用于调查植被或环境状况而在样地范围内随机设置的取样地块。为了反映各个生态系统随地形、土壤和人为环境等的变化，每个样地必须至少保证有重复样方。对于不同的生态系统，要求的样方大小和重复各不相同：①森林生态系统样方为30m×30m，每个样地布设2个样方；②灌丛生态系统样方为10m×10m，每个样地布设3个样方；③草地生态系统样方为1m×1m，每个样地布设9个样方；④农田生态系统样方为1m×1m，每个样地布设9个样方。具体如图1.3所示。

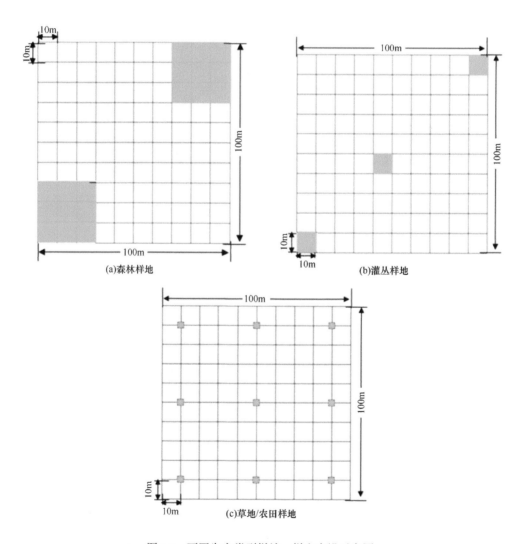

图1.3　不同生态类型样地、样方布设示意图

1.4.2 常见生态参数的地面观测方法

1.4.2.1 植被覆盖度的地面观测

在每个样方内，利用"鱼眼"镜头观测法获得植被覆盖度的地面观测数据（图 1.4）。"鱼眼"镜头是一种焦距在 6～16mm 的短焦距超广角摄影镜头，"鱼眼"镜头是它的俗称。这种摄影镜头的前镜片直径呈抛物线状向镜头前部凸出，与鱼的眼睛颇为相似，因此而得名。它最大的特点是视角范围大，一般可达到 220°或 230°，可以拍摄大范围景物，为拍摄林冠提供了条件。又由于"鱼眼"镜头是一种具有大量桶形畸变的反摄远型光学系统，所拍摄的照片是在球体表面上的中心投影。因此，可以通过分析这种中心投影的照片来计算植被覆盖度。

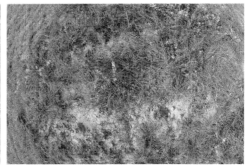

图 1.4 "鱼眼"镜头观测植被覆盖度

在野外采样中，为了不与邻近像元光谱混合，尽量选取大面积同质植被的中心位置作为采样点，用"鱼眼"镜头垂直向下拍摄，利用 CAN-EYE 软件对照片进行分析，计算绿色像素的比例从而获得实测植被覆盖度。每个植被在样方内布设 2～6 个采样点，同一个采样点至少需要两次重复拍摄，样方的植被覆盖度以多个采样点的平均值为准。

1.4.2.2 冠层郁闭度的地面观测

在每个样方内，利用"鱼眼"镜头观测法获得冠层郁闭度的地面观测数据（图 1.5）。

在野外采样中，为了不与邻近像元光谱混合，尽量选取大面积同质植被的中心位置作为采样点，用"鱼眼"镜头垂直向上拍摄，利用 CAN-EYE 软件对照片进行分析，

图 1.5 "鱼眼"镜头观测冠层郁闭度

计算天空空隙率从而获得实测冠层郁闭度。每个乔木样方内布设 5 或 6 个采样点，同一个采样点至少需要两次重复拍摄，样方的冠层郁闭度以多个采样点的平均值为准。

1.4.2.3 叶面积指数的地面观测

LAI-2000 植物冠层分析仪（图 1.6）基于一个"鱼眼"光学传感器（148°视角）测量光辐射，从而计算叶面积指数和其他冠层结构。通过冠层上部和下部 5 个连续天顶角区间的光强测定得到冠层光强截取，根据植物冠层辐射转换模型计算叶面积指数、平均斜角和透光率。

LAI-2000 植物冠层分析仪能够快速直接测量叶面积指数，不受光线条件的限制，测量时不需要太阳直射光线照射，能在不同光照条件下进行测量，可测量不同大小的冠层，细至小草，大至森林，仪器轻便易携，便于野外使用，能耗低。

在野外进行观测时（图 1.7），首先在植物冠层分析仪上设置植物的种类和测量的位置信息，把仪器的传感器放到植被上方的正确位置上，然后按下 ENTER 键或者传感器杆上的按钮，记录测量值，传感器在植被上方时记录 A 值，在下方时记录 B 值。根据设置 "↑↓↓↓↓" 即可知在上方测 1 次，然后在下方测 4 次，显示屏幕也将提示：当实时行（即*在上面一行时）在上时把传感器放在上方测量，反之把传感器放在下方。一般当重复测量 2 次以后，即设置 "Reps=2"，对目标的测量就结束了。仪器将计算最终的结果，并得到一个记录文件，即目标的叶面积指数。读取仪器上的数值，将其记录到野外调查表中。

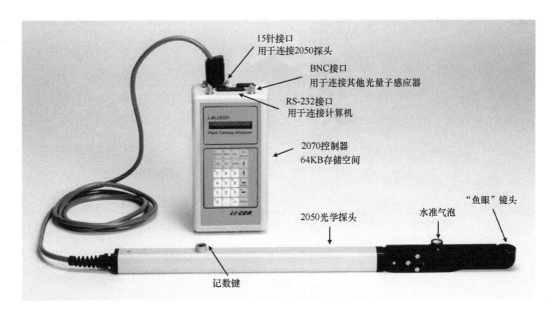

图 1.6　LAI-2000 植物冠层分析仪

图 1.7　野外利用 LAI-2000 植物冠层分析仪进行叶面积指数观测

1.4.2.4　光合有效辐射吸收比率的地面观测

光合有效辐射吸收比率（FPAR）的地面观测一般要求：在晴朗天气条件下进行观测；9:00～16:00 卫星过境时间内进行观测。

（1）森林生态系统 FPAR 的地面观测

建议观测工具：TRAC 植物冠层分析仪、"鱼眼"相机。

观测方法：TRAC 植物冠层分析仪可以直接观测冠层光合有效辐射吸收比率。每个样方需要选取 5 次观测值的平均值代表该样方，且需要选择在天气晴朗时进行观测。

"鱼眼"相机的观测方法分为如下两步。

第一，野外观测。在拍摄过程中，需要注意两个问题：①镜头保持水平，镜头靠近地面，以确保获得宽阔的视野，所配套的观测要素包括时间、经纬度及散射比 f（由散射球提供）；②在采集数据的过程中，每个观测样点都有多个拍摄点（可以与观测 LAI 同步），对于每一个拍摄点，必须同时获取多张照片（建议 5 张以上）。

第二，室内处理。主要是利用 CAN-EYE 软件，对每个拍摄点的照片进行处理。由于每个拍摄点有多张照片，因此在利用 CAN-EYE 软件处理过程中，可以挑选一些质量比较好的照片（保证质量较好的在 4 张以上）。其处理过程主要是：①输入观测要素（时间、纬度）；②图像分类（向上拍摄的照片分成天空光与冠层两部分，向下拍摄的分成土壤与冠层）；③利用软件所提供的方法计算 LAI 与散射 FPAR（FPAR_dif）、直射 FPAR（FPAR_dir）；④获取 FPAR。

（2）农田、草地生态系统 FPAR 的地面观测

观测工具：SunScan 冠层分析系统。

根据 FPAR 的计算方法，进行相应观测（图 1.8）。

$$FPAR = \frac{\left(PAR_{can}^{\downarrow} - PAR_{can}^{\uparrow}\right) - \left(PAR_{soil}^{\downarrow} - PAR_{soil}^{\uparrow}\right)}{PAR_{can}^{\downarrow}} \qquad (1\text{-}1)$$

式中，$PAR_{can}^{\downarrow}$ 是冠层下的入射光合有效辐射；$PAR_{can}^{\uparrow}$ 是冠层上的反射光合有效辐射；$PAR_{soil}^{\downarrow}$ 是到达土壤的光合有效辐射；$PAR_{soil}^{\uparrow}$ 是土壤反射的光合有效辐射。

此外，由于考虑到作物、草地的实际情况，其中的作物按垄种植，具有规则的分布，为了更真实地反映 FPAR 的特点，需要在每个观测点的不同方位上展开多次观测。具体如下：

对于农田，

$$\text{FPAR} = \frac{\text{FPAR}_{\text{顺垄}} + \text{FPAR}_{\text{垂垄}} + \text{FPAR}_{\text{斜垄}}}{3} \qquad (1\text{-}2)$$

式中，$\text{FPAR}_{\text{顺垄}}$ 是顺垄方向观测；$\text{FPAR}_{\text{垂垄}}$ 是垂直于垄方向观测；$\text{FPAR}_{\text{斜垄}}$ 是与垄方向呈 45°夹角观测。

对于草地，

$$\text{FPAR} = \frac{\text{FPAR}_0 + \text{FPAR}_{90} + \text{FPAR}_{180} + \text{FPAR}_{270}}{4} \qquad (1\text{-}3)$$

式中，FPAR_0、FPAR_{90}、FPAR_{180}、FPAR_{270} 是按照不同的方向进行 4 次观测的值。

此外，将 SunScan 冠层分析系统与散射球相结合，可以通过散射球获取散射，从而模拟得到冠层的直射 FPAR、散射 FPAR 与总 FPAR。

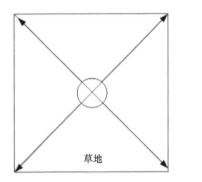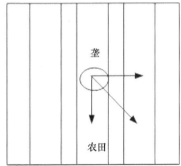

图 1.8　草地、农田生态系统 FPAR 的观测方法

1.4.2.5　地上生物量的地面观测

（1）森林生态系统地上生物量的地面观测

森林生态系统的地上生物量通过树高、胸径等地面观测数据，依据相对生长方程计算获取。对于森林样方内冠层下部活体植被地上生物量的观测，需要在样方之内随机选择 3 个 5m×5m 的区域，分别收集其中全部地上植被，称量鲜重，并从中抽取不少于 5% 的样品，烘干后称量干重，获取植株含水量，进而获得实测的冠层下部的地上生物量。

（2）草地生态系统地上生物量的地面观测

野外调查应选择植物生长高峰期进行，测定时间以当地草地群落进入产草量高峰期为宜。建议东北地区草地在 7 月中旬至 8 月下旬展开调查；内蒙古草原分为东西两个区域，东部区域一般在 7 月中旬至 8 月下旬为宜，西部区域一般在 8 月上旬至 9 月中旬为宜；新疆地区草地一般在 7 月中旬至 8 月下旬为宜；青藏高原草地一般在 7 月中旬至 8 月下旬为宜；华北地区草地一般在 7 月中旬至 8 月下旬为宜；黄土高原草地一般在 7 月中旬至 8 月下旬为宜；南方草地一般在 8 月上旬至 9 月中旬为宜。

草地生态系统地上生物量的地面观测分为活体生物量和凋落物生物量。

对于活体生物量，将样方内植物地面以上的所有绿色部分用剪刀齐地面剪下，不分物种按样方分别装进信封袋，做好标记。称量鲜重后，65℃烘干后称量干重，并将测得的干重数据记录下来。数据记录时保留小数点后两位。

对于凋落物生物量，需将地表当年的凋落物和立枯物捡起，小心去掉凋落物上附着的细土粒，按样方装入信封袋，编上样方号。称量鲜重后，65℃烘干后称量干重，并将测得的干重数据记录下来。数据记录时保留小数点后两位。

需要注意的是：①如果样品量较多而烘干箱的容量有限，先称量总鲜重，然后取部分鲜样品，称量鲜重后进行烘干、测定，所得值除以其取样比率，即可获得整体干重值；②在野外收集时应尽量将样品放置在阴凉处，因为太阳暴晒易导致失水或霉烂；③在野外收集样品时需要将样品按样方分别装入信封袋，编上样方号和日期，需要清点每个样方的样品，切勿遗漏；④带回的样品应立即处理，如不能及时置于烘箱，则需放置于网袋中，悬挂于阴凉通风处阴干，并尽快置于烘箱 65℃烘干至恒重；⑤烘箱不能过载，样品层上方及容器间要有足够的空间；⑥样品不能堆积过厚，确保烘干均匀且安全。

（3）农田生态系统地上生物量的地面观测

农田样地的选择要远离树木、田间堆肥坑和建筑物，样方的选择至少离路边、田埂、沟边等 3m 以上。在作物成熟后收获前的晴天实施野外调查，采集作物地上部分全植株体。

将样方内植物地面以上的所有部分用剪刀齐地面剪下，按样方分别装进信封袋，做好标记。返回实验室后，将作物植株分为叶、茎、籽粒三部分称量鲜重。然后，对样品风干生物量和烘干生物量分别进行测定。

风干生物量：将每个样方采集的作物地上部分样品分别进行晾晒，脱粒后，用电子天平分别称取叶、茎、籽粒的质量，记录为风干重。

烘干生物量：晾干的作物叶、茎等用剪刀或锯刀加工成 5cm 左右的小段，分别混合均匀之后，约取 1kg，籽粒也约取 1kg，称重后摊放在瓷盘或铝盒中，在烘箱中 80℃烘干至恒重（前后两次称量，其质量变化不超过总质量损失的 0.2%），冷却至室温，用电子天平称量干重，并将测得的干重数据记录下来。数据记录时保留小数点后两位。

需要注意的是：①样品在野外收集时尽量放置在阴凉处，因为太阳暴晒易导致失水或霉烂；②在野外收集样品时需要将样品按样方分别装入信封袋，编上样方号和日期，清点每个样方的样品，不要有遗漏；③样品取回实验室后，要及时晾晒，避免堆积糜烂；④烘箱不能过载，样品层上方及容器间要有足够的空间；⑤样品不能堆积过厚，确保烘干均匀且安全；⑥烘干时间取决于样品数量、粗细程度、瓷盘深度等，但一般不超过 24h；⑦烘干样品的冷却尽量在干燥器中进行并及时称量；⑧如果样品量较多而烘干箱的容量有限，应先称量总鲜重，然后取部分鲜样品，称量鲜重后烘干、测定，所得值除以其取样比率，即可获得整体干重值。

1.5　生态参数时空变化格局及气候变化格局的驱动分析

1.5.1　生态参数时空变化格局分析方法

生态参数的时空变化格局分析主要采用了年际变化的趋势分析法。趋势分析法有很多，比较常用的有线性倾向估计、累积距平法、滑动平均法、代数运算法、主成分分析法、小波变换法、回归分析法、相关系数分析法、曼-肯德尔（Mann-Kendall）显著性检验法等。彭梅香等（2003）使用一元线性回归方程分析了黄河中游泾渭洛河近 50 年的降水变化特点。Herrmann 等（2005）用像元时间序列 NDVI 的斜率描述土地退化的情况。大多数方法以参数估计为主，只适合于正态分布的数据。本研究利用曼-肯德尔显著性检验法，它是一种非参数统计检验方法，最初由 Mann 于 1945 年提出，后来又得到 Kendall 和 Sneyers 的进一步完善，其优点是不仅能提供趋势变化的定量数据，也能进行统计意义上的显著性检验，并且不需要样本服从一定的分布，也不受少数异常值的干扰，更适用于顺序变量。因此该方法在长时间序列数据的趋势检验和分析中得到了十分广泛的应用，是世界气象组织（World Meteorological Organization，WMO）推荐应用于环境数据时间序列趋势分析的方法（蔡博峰和于嵘，2008）。该统计检验方法描述如下：

$$Z = \begin{cases} \dfrac{S-1}{\sqrt{\mathrm{Var}(S)}}, S < 0 \\ 0, S = 0 \\ \dfrac{S+1}{\sqrt{\mathrm{Var}(S)}}, S > 0 \end{cases} \tag{1-4}$$

其中，

$$S = \sum_{i=1}^{n-1} \sum_{j=i+1}^{n} \mathrm{sign}\left(x_j - x_i\right) \tag{1-5}$$

$$\mathrm{sign}(\theta) = \begin{cases} 1, \theta > 0 \\ 0, \theta = 0 \\ -1, \theta < 0 \end{cases} \tag{1-6}$$

式中，Z 为标准化后的检验统计量；S 为检验统计量；x_i、x_j 为序列数据；n 是序列数据个数；$\mathrm{Var}(S)$ 为统计检验量 S 的方差；当 $n \geq 8$ 时，S 近似为正态分布，$\mathrm{Var}(S)$ 可通过公式（1-7）计算：

$$\mathrm{Var}(S) = \frac{n(n-1)(2n+5)}{18} \tag{1-7}$$

标准化后的检验统计量 Z 为标准正态分布。Z 值大于 0 表明序列呈上升趋势，否则表明序列呈下降趋势。原假设 H_0 表示序列数据没有单调趋势存在，可选假设 H_1 表示数据序列存在一个单调的趋势。如果 $|Z| > Z_1 - a/2$，则否定原假设 H_0，数据序列存在单调的趋势变化。$Z_1 - a/2$ 为在置信度水平 a 下，标准正态函数分布表对应的值。在本研究中样本数 $n=11$，自由度为 $f=n-2=9$。在置信水平 $a=0.05$ 时，查阅数学统计表，得临界值 $P=1.96$，认为 $|Z| > 1.96$ 为存在显著变化。

本书采用以上方法对生态参数的年际变化进行详细分析，并进一步利用土地覆被数据对不同植被类型进行更深层次的分析。

1.5.2 气候变化格局对生态参数变化格局的驱动分析方法

1.5.2.1 气象数据的获取

本书所使用的气象数据来自中国气象数据共享网（http://data.cma.cn/）提供的全国近 750 个基本气象站点（图 1.9）的逐日平均气温、降水量，时间范围与 FPAR 时间序列一致。首先，将每个气象站点逐日平均气温、降水量进行月平均；然后根据所提供的

图 1.9 中国气象站点分布图

各站点的经纬度信息，基于 ArcGIS 所提供的 Kriging 插值方法对各月平均气象数据进行空间插值，生成与全国 FPAR 产品分辨率相同、投影方式一致、时间统一的栅格数据，其中，在进行温度空间插值时，对温度受到海拔的影响进行修正，即假定海拔每升高100m，气温下降近 0.65℃；最后得到全国逐月平均气温及平均降水量。

1.5.2.2 统计分析方法

通过相关性统计方法逐个像元分析生态参数与对应的温度和降水之间的相关性。考虑到除了生态参数分别与温度、降水之间存在着相关性，温度、降水之间也存在一定的相关性。因此，单纯分别分析生态参数与温度、降水的相关性显然不能真正反映出生态参数与气象因子间的相互响应关系，需要在剔除其他因素的影响的条件下进行生态参数与各个气象因子的相关性分析。基于此，研究采用偏相关分析方法进行生态参数与各个气象因子的相关性分析。

在偏相关分析中，偏相关系数是建立在相关系数基础上的，考虑到生态参数与温度、降水间存在多层的交叉关系，需要分别计算相关系数、一级偏相关系数及二级偏相关系数，其计算过程如下。

1）分别计算出生态参数、降水、温度两两之间的相关系数，计算公式如下：

$$r_{xy} = \sum_{i=1}^{n}\left[(x_i-\bar{x})(y_i-\bar{y})\right] \Big/ \sqrt{\sum_{i=1}^{n}\left[(x_i-\bar{x})^2(y_i-\bar{y})^2\right]} \qquad (1\text{-}8)$$

式中，x、y 代表两个变量；n 为样本量；$\bar{x}$ 与 $\bar{y}$ 为变量 x、y 的平均值。r_{xy} 表示 x 与 y 之间的相关系数。

2）分别计算出生态参数与温度、降水间的一级偏相关系数 $r_{xy\cdot z}$，计算公式如下：

$$r_{xy\cdot z} = \left(r_{xy} - r_{xz}r_{yz}\right)\Big/ \sqrt{\left(1-r_{xz}^2\right)\left(1-r_{yz}^2\right)} \qquad (1\text{-}9)$$

式中，$r_{xy\cdot z}$ 表示在消除 z 因子的影响下，x 与 y 之间的相关系数。根据公式（1-9），可以计算消除降水影响的条件下生态参数与平均温度的一级偏相关系数、消除平均气温影响的条件下生态参数与降水的一级偏相关系数。

3）采用 t 分布检验法对偏相关系数进行显著性检验，确定气象因子对生态参数变化的影响程度。t 分布的计算公式如下：

$$t = r_{xy\cdot za}\Big/ \sqrt{\left(1-r_{xz\cdot za}^2\right)(n-m-1)} \qquad (1\text{-}10)$$

式中，$r_{xy\cdot za}$ 为偏相关系数；n 为样本；m 为自变量个数。由于生态参数与气象因子的样本数为 36，而取显著性水平 0.01、0.05 与 0.1 分别作为显著、弱显著及不显著的判断标准。经过换算与查表，可知当显著性水平为 0.01 时，t 值为 2.4487，而显著性水平为 0.05 时，t 值为 1.3036。

参 考 文 献

蔡博峰, 于嵘. 2008. 景观生态学中的尺度分析方法. 生态学报, 28(5): 2279-2287.
董泰锋, 蒙继华, 吴炳方, 等. 2011. 光合有效辐射(PAR)估算的研究进展. 地理科学进展, 30(9): 1125-1134.
国务院. 2006. 国务院关于落实科学发展观加强环境保护的决定. 中华人民共和国国务院公报, 22(3): 4-8.
鞠洪波. 2003. 国家重大林业生态工程监测与评价技术研究. 西北林学院学报, 18(1): 56-58.

梁顺林, 张晓通, 肖志强, 等. 2014. 全球陆表特征参量(GLASS)产品: 算法、验证与分析. 北京: 高等
教育出版社.

刘纪远, 匡文慧, 张增祥, 等. 2014. 20 世纪 80 年代末以来中国土地利用变化的基本特征与空间格局.
地理学报, 69(1): 3-14.

刘纪远, 岳天祥, 鞠洪波, 等. 2006. 中国西部生态系统综合评估. 北京: 气象出版社.

潘世兵, 李纪人. 2008. 遥感技术在水利领域的应用. 中国水利, 21: 63-65.

彭梅香, 谢莉, 陈静, 等. 2003. 黄河中游泾渭洛河近 50 年降水分布特征及其变化特点分析. 陕西气象,
(1): 19-23.

王长耀, 骆成凤, 齐述华, 等. 2005. NDVI-Ts 空间全国土地覆盖分类方法研究. 遥感学报, 9(1): 93-99.

王希群, 马履一, 贾忠奎, 等. 2005. 叶面积指数的研究和应用进展. 生态学杂志, 24(5): 537-541.

吴炳方, 2011. 三峡库区生态环境监测与评估专辑, 长江流域资源与环境, 20(3).

吴炳方, 等. 2017. 中国土地覆被. 北京: 科学出版社.

吴炳方, 钱金凯, 曾源, 等. 2017. 中华人民共和国土地覆被地图集. 北京: 中国地图出版社.

吴炳方, 孙卫东, 黄签, 等. 2004. 中国西部典型区生态环境本底遥感调查. 水土保持学报, 18(5): 46-50.

吴炳方, 闫娜娜. 2019. 海河流域治理工程生态效应遥感监测与评估. 北京: 科学出版社.

吴炳方, 苑全治, 颜长珍, 等. 2014. 21 世纪前十年的中国土地覆盖变化. 第四纪研究, 34(4): 723-731.

张德宏. 1990. 卫星遥感影像在我国林业中的应用. 世界导弹与航天, 8: 7-9.

张健, 谢正栋, 彭补拙. 2010. 基于遥感技术应用的土地资源调查研究综述. 智能信息技术应用学会,
湖北武汉: 457-460.

张连辉, 赵凌云. 2007. 1953—2003 年间中国环境保护政策的历史演变. 中国经济史研究, (4): 63-72.

朱教君, 郑晓, 闫巧玲, 等. 2016. 三北防护林工程生态环境效应遥感监测与评估研究: 三北防护林体系
工程建设 30 年(1978—2008). 北京: 科学出版社.

Atzberger C. 2004. Object-based retrieval of biophysical canopy variables using artificial neural nets and
radiative transfer models. Remote Sensing of Environment, 93(1-2): 53-67.

Borak J S, Lambin E F, Strahler A H. 2000. The use of temporal metrics for land cover change detection at
coarse spatial scales. International Journal of Remote Sensing, 21(6-7): 1415-1432.

Chen J, Chen J, Liao A P, et al. 2015. Global land cover mapping at 30m resolution: A POK-based operational
approach. ISPRS Journal of Photogrammetry and Remote Sensing, 103: 7-27.

Constable A J, Costa D P, Schofield O, et al. 2016. Developing priority variables ("ecosystem Essential Ocean
Variables" — eEOVs) for observing dynamics and change in Southern Ocean ecosystems. Journal of
Marine Systems, 161: 26-41.

Friedl M A, Mclver D K, Hodges J C F, et al. 2002. Global land cover mapping from MODIS: algorithms and
early results. Remote Sensing of Environment, 83 (1): 287-302.

GCOS. 2003. The Second Report on the adequacy of the global observing systems for climate in support of
the UNFCCC. GCOS-82.

Gitelson A A, Kaufman Y J, Stark R, et al. 2002. Novel algorithms for remote estimation of vegetation
fraction. Remote Sensing of Environment, 80(1): 76-87.

Gong P, Liu H, Zhang M N, et al. 2019. Stable classification with limited sample: transferring a 30-m resolution sample set collected in 2015 to mapping 10-m resolution global land cover in 2017. Science Bulletin, 64(6): 370-373.

Gong P, Wang J, Yu L, et al. 2013. Finer resolution observation and monitoring of global land cover: first mapping results with Landsat TM and ETM+ data. International Journal of Remote Sensing, 34(7): 2607-2654.

Herrmann S M, Anyamba A, Tucker C J. 2005. Recent trends in vegetation dynamics in the African Sahel and their relationship to climate. Global Environmental Change, 15(4): 394-404.

Lavalle C, Mccormick N, Kasanko M, et al. 2002. Monitoring, planning and forecasting dynamics in European areas: the territorial approach as key to implement European policies. CORP: 367-373.

Loveland T R, Reed B C, Brown JF, et al. 2000. Development of a global land cover characteristics database and IGBP DISCover from 1 km AVHRR data. International Journal of Remote Sensing, 21(6-7): 1303-1330.

Martínez B, Camacho F, Verger A, et al. 2013. Intercomparison and quality assessment of MERIS, MODIS and SEVIRI FAPAR products over the Iberian Peninsula. International Journal of Applied Earth Observation and Geoinformation, 21: 463-476.

McCallum A, Wagner W, Schmullius C, et al. 2010. Comparison of four global FAPAR datasets over northern Eurasia for the year 2000. Remote Sensing of Environment, 114(5): 941-949.

Pereira H M, Ferrier S, Walters M, et al. Essential biodiversity variables. Science, 339(6117): 277-278.

Reyers B, Stafford-Smith M, Erb K H, et al. 2017. Essential variables help to focus sustainable development goals monitoring. Current Opinion in Environmental Sustainability, 26: 97-105.

Tuominen S K, Eerikainen A, Schibalski M, et al. 2010. Mapping Biomass Variables with a Multi-Source Forest Inventory Technique. Silva Fennica, 44(1): 109-119.

Weiss M, Baret F, Garrigues S, et al. 2007. LAI and FAPAR Cyclopes global products derived from vegetation (Part 2): validation and comparison with MODIS collection 4 products. Remote Sensing of Environment, 110(3): 317-331.

Zhao M, Zhou G S. 2005. Estimation of biomass and net primary productivity in major planted forests in China based on forest inventory data. Forest Ecology and Management, 207(3): 295-313.

第2章　植被覆盖度遥感监测及变化格局

2.1　概　　述

　　植被是覆盖地表的植物群落的总称，包括森林、灌丛、草地、农田、果园等（张一平等，1997），是生态系统的重要组分，是生态系统存在的基础，是联结土壤、陆地水体和大气之间物质、能量交换的关键环节，在陆地表面的能量交换、生物地球化学循环过程和水文循环过程中起着至关重要的作用（孙红雨等，1998），具有截留降水、调节地面径流、防风固沙、保持水土、涵养水源、提高土壤肥力等生态功能。在全球气候变化效应对人类生存发展威胁日益加剧的今天，植被在温室气体减排中的作用得到重视，寄托着人类降低大气二氧化碳含量、减缓全球变暖趋势的希望（史军等，2004）。

　　遥感技术的发展，为区域甚至全球尺度的植被覆盖度（fractional vegetational coverage，FVC）的获取提供了强有力的手段。利用多波段、多时相遥感影像数据估测植被覆盖度已成为国内外研究和应用的热点。目前，通过遥感技术估算植被覆盖度已有比较成熟和可靠的算法，但适用于大尺度监测的并不多。像元二分模型具有简单、参数少、不依赖实测数据、物理含义明确等优点，是目前大尺度遥感监测中应用最为广泛的方法之一。但是在以往的研究应用中，模型参数的选取常基于经验，精度有待进一步提高。本书对像元二分模型的参数获取方法进行改进，旨在发展快速、精度较高的全国尺度植被覆盖度估算方法，进而计算全国2000～2010年时间序列的植被覆盖度，掌握11年来我国植被空间分布格局及时间变化趋势。

　　遥感技术具有周期性、宏观性、现势性和经济性等优点，为大区域尺度上的植被覆盖度的定性、定量动态变化监测提供了可能。目前植被覆盖度遥感估测的方法很多，但适用于大区域尺度的方法相对较少，主要包括植被指数法、分类回归树法、混合像元分解模型法等。

本章执笔人：曾源，李晓松，郑朝菊，张瑾

2.1.1 植被指数法

植被指数是指对多光谱遥感数据的波段进行线性组合或非线性组合,得到的对植被长势、覆盖状况、生物量、叶面积指数等有一定指示意义的数值(赵英时,2003)。常用的植被指数有比值植被指数(ratio vegetation index,RVI)、归一化植被指数(normalized difference vegetation index,NDVI)、差值植被指数(difference vegetation index,DVI)、绿色植被指数(green vegetation index,GVI)、垂直植被指数(perpendicular vegetation index,PVI)、增强植被指数(enhanced vegetation index,EVI)等。植被指数法描述了植被覆盖度与植被指数之间的近似关系,公式表达为

$$F_c \approx N^{*2} \tag{2-1}$$

式中,F_c 为植被覆盖度;N^* 为植被 NDVI 比例,其计算公式为 $N^*=(\text{NDVI}-\text{NDVI}_0)/(\text{NDVI}_s-\text{NDVI}_0)$,其中 NDVI_0 为无植被像元的 NDVI,而 NDVI_s 为全植被覆盖像元的 NDVI(Carlson and Ripley,1997)。

Boyd 等(2002)研究发现 NDVI 模型与乔木层覆盖度的相关性不甚理想,他用 NOAA AVHRR 数据计算了两个新的植被指数(channel 1*channel 4)/channel 5 和(channel 1* Channel 5)/channel 4,将这两个植被指数代入植被指数模型,获得了美国西北部针叶林的森林覆盖度。结果表明乔木层覆盖度与这两个植被指数间在 99% 的置信度上相关性达到 0.55,高于与 NDVI 的相关性。

植被指数法在局部范围内的估算精度可能会低于传统的回归模型法,但经验证后可以推广到大范围地区,可形成通用的植被覆盖度计算方法,更具有普遍意义。

2.1.2 分类回归树法

分类回归树是一种基于统计理论的非参数识别技术,具有强大的数据挖掘能力。该方法的原理是建立遥感光谱信息与实测植被覆盖度之间的分类回归树模型,分类回归树法是一种具有发展潜力、可大面积推广、精度较高的遥感估测方法。研究表明其在估测乔木层覆盖度时的精度优势尤其明显。美国马里兰大学地理系的 Defries 等(2000)对利用分类回归树模型提取乔木层覆盖度(郁闭度)做了深入的研究。目前分类回归树法已被应用于全球尺度上乔、灌、草的估算上。Hansen 等(2002)从高分辨率数据的土地

分类结果中提取植被覆盖度作为样本，与一年时间序列 NOAA AVHRR 数据的波段反射率和植被指数之间建立分类回归树模型，估算了全球的森林覆盖度，结果显示整体均方根误差（RMSE）仅为 9.06%。同样 Tottrup 等（2007）利用 MODIS 反射率数据，基于分类回归树模型计算了南亚群岛的森林覆盖度，结果显示，成熟森林、次生林和非森林区域的估算均方根误差分别为 14.6%、21.6% 和 17.1%。Goetz 等（2003）采用 IKONOS 高分辨率影像通过该方法估算了大西洋中部的乔木层覆盖度，估算精度高达 97.3%。

分类回归树法的最大优势是不需要训练样本基于正态或中心分布的假设，因而比传统的回归分析模型更适合于处理非正态、非同质的数据集。分类回归树法还具有其他优势：具有很强的稳健性，允许输入数据和预测数据存在缺失值；能很好地显示所有独立变量的层次特性、相互关系及其在决策中的重要性（权重）；经验知识的引入灵活方便，可以在不同层次间、以不同形式介入，便于遥感与地学等知识的融合；回归树的每次分裂都能自动选择分割样本数据集的最佳变量，而不必人工自动筛选，避免了数据的冗余，减少了数据的维数，能更充分地挖掘数据的潜力（黄健熙等，2005）；算法自动化等。但该方法的缺点是需要大量高精度的训练样本。

2.1.3　混合像元分解模型法

中、低分辨率遥感影像中混合像元普遍存在，尤其是在地物分布复杂的区域。混合像元分解模型法认为图像中的一个像元实际上可能由多个组分构成，每个组分对遥感传感器所观测到的信息都有贡献，因此可以将遥感信息分解，建立混合像元分解模型，并利用该模型估算植被的面积百分比，即植被覆盖度，该方法具有一定的物理意义。混合像元分解模型根据原理不同主要包括线性模型、概率模型、几何光学模型、随机几何模型和模糊分析模型 5 种（马超飞等，2001）。

Pech 等（1986）选取裸土、灌木、草地和阴影为端元，用混合像元分解模型估算了澳大利亚半干旱灌木林地的植被覆盖度。Quarmby 等（1992）利用 AVHRR 数据建立了线性混合像元分解模型，并估算了作物覆盖度。马超飞等（2001）采用 ETM+影像，选取植被、阴影、云、裸露土壤、积雪和耕地 6 种端元，经线性光谱分解，得到 6 种土地覆被类型的丰度（百分比）。

像元二分模型是线性像元分解模型中最简单、最常用的一个模型，该模型假设像元中只包括植被和裸土两种组分，最初由 Gutman 和 Ignatov 于 1998 年提出，因此又称 GI

模型。从形式上来看，该模型是植被指数模型的一次表达形式，Gutman 和 Ignatov 的研究表明线性模型的精度已经足够，且物理意义更明确，因此比植被指数模型的应用更为广泛。具体应用时通常用植被指数（如 NDVI）来表示遥感信息。例如，Gutman 和 Ignatov（1998）运用 AVHRR NDVI 数据计算了全球的植被覆盖度。Yang H 和 Yang Z（2006）运用 AVHRR NDVI 的 10 天最大值合成产品估算了中国的植被覆盖度。Gallo 等（2003）用 AVHRR NDVI 的 14 天合成数据估算了美洲大陆的植被覆盖度等。该模型具有一定的理论基础，且简单易行，只需纯植被像元和纯土壤像元的光谱信息两个参数即可，易于推广，另外能在很大程度上削弱大气、土壤背景与植被类型对遥感信息的影响，被广泛应用于大区域尺度植被覆盖度的估测。

2.1.4 其他方法

除了上面介绍到的模型，还有很多模型在区域尺度上得到了较深入的研究和广泛的应用，但在大尺度推广时受到诸多限制，如物理模型、回归分析模型、FCD 模型、人工神经网络模型等。下面分别对它们的原理和局限性作简要介绍。

物理模型的理论基础是植被覆盖度与叶面积指数（LAI）之间存在一个转换关系，因此植被覆盖度的求解可转换为 LAI 的求算。目前，叶面积指数的物理反演模型主要包括辐射传输模型［SAIL（任意倾斜叶片散射）模型］、几何光学模型（Li-Strahler 几何光学模型、4-scale 模型等）、计算机模拟和辐射传输模型与几何光学模型结合的混合模型等。物理模型需要较多参数，如 SAIL 模型需要输入叶片的反射率、透过率、背景土壤的光学特性、平均叶片倾斜角度和太阳的入射与漫散射分量等，通常情况下这些参数难以准确获取，且需要基于很多假设，限制了模型的精度和推广。

回归分析模型是通过建立植被覆盖度与遥感数据的某一波段、某几个波段的组合或植被指数之间的经验模型，并且空间外推以获得大范围区域的植被覆盖度。对局部区域的估测精度较高，但存在很大的局限性：①只适用于特定的区域与特定的植被类型；②模型准确建立要求大量样本点，这在一定程度上忽略了遥感的优势；③需要样本数据具有正态分布或中心分布特征，需要遥感数据波段之间具有独立性等，在实际运用中，难以满足这些要求。回归分析模型的这些缺陷使得其不能用于大范围植被覆盖度的监测。

FCD 模型法是国际热带木材组织（International Tropical Timber Organization，ITTO）在总结众多学者研究的基础上发展的一种新方法，该模型是基于森林的生物-物理特性提出的，设置 4 个指数，即植被指数（VI）、裸土指数（BI）、阴影指数（SI）和热量指数（TI），首先在植被指数和裸土指数二维空间内提取植被覆盖度轴（VD），然后应用裸土指数、阴影指数和热量指数进行修正，消除下垫面、阴影等因素的影响，获得植被覆盖度（李晓琴，2003）。该方法估算精度较高，能反映植被的生长状况，但需要计算裸土指数、阴影指数和热量指数，计算烦琐，且对光谱数据要求较高，因此目前应用较少。

人工神经网络模型是以模拟人大脑进行数据接收、处理、存储和输出的一种数据分析处理系统。在获取知识时，由研究者提供样本和相应的解，通过特定的学习算法对样本进行训练，通过网络内部自适应算法不断修改权值分布以达到要求，在输入模式接近样本的输入模式时，获取与样本解接近的输出结果。该方法同样不需要对数据集作诸多的假设，耐噪声数据干扰，容易集成多源数据，并且能够给使用的判别变量赋予不同的权重，有助于提高遥感技术估算植被覆盖度的精度。但网络的建立存在着较多的个人主观成分，需要大量样本数据且对样本数据有阈值要求，目前该方法在植被覆盖度的定量计算方面还处于探索阶段。

2.2　植被覆盖度遥感监测方法

2.2.1　像元二分模型

要获取 10 年时间序列的全国植被覆盖度，缺乏足够的样本数据，利用经验模型或物理模型是不合适的。像元二分模型不依赖实测数据，可大面积推广，因此被选作全国植被覆盖度的遥感估算方法。

该模型是混合像元分解模型的一个简化，认为像元中只包括植被和土壤两种组分，则植被覆盖度可以由下式来计算：

$$F_{\mathrm{c}} = (S - S_{\mathrm{soil}})/(S_{\mathrm{veg}} - S_{\mathrm{soil}}) \tag{2-2}$$

式中，S、S_{veg} 和 S_{soil} 分别代表像元、纯植被组分和纯土壤组分的光谱信息。可见该模型的关键在于纯植被组分和纯土壤组分光谱信息的选取。

NDVI 是植被长势和覆盖度的重要指示因子，具有能消除地形和群落结构的阴影及辐射干扰，削弱太阳高度角、大气条件、卫星观测所带来的噪声等优势，可代入像元二

分模型进行植被覆盖度的计算，公式为

$$NDVI = (NIR - R) / (NIR + R) \qquad (2\text{-}3)$$

$$F_c = (NDVI - NDVI_{soil}) / (NDVI_{veg} - NDVI_{soil}) \qquad (2\text{-}4)$$

式中，$NDVI_{veg}$、$NDVI_{soil}$ 分别代表纯植被像元和纯土壤像元的 NDVI。NIR 为近红外波段反射率，R 为红波段反射率。

Gutman 和 Ignatov（1998）在像元二分模型的基础上，又提出了像元分解的密度模型，将像元又分为全覆盖、等密度、非密度和混合密度亚像元。不同的亚像元类型采用不同的植被覆盖度计算模型。其中的等密度模型即上面提出的像元二分模型。陈晋等（2001）利用 TM NDVI 数据，基于土地覆被数据，综合运用等密度模型和非密度模型计算了北京市海淀区的植被覆盖度。其中对森林和处于成熟期的农田采用了等密度模型，而对草地、LAI 较小的农田和城镇用地采用非密度模型，估算的总体精度达 75.4%，比所有土地覆被类型均使用等密度模型（像元二分模型）的精度提高了 5.8%。但是由于该方法需要较多参数且不易获取，没有得到广泛的应用，在目前的大多数研究和应用中，还是基于像元中植被类型单一且垂直密度较高的假设（LAI→∞），运用等密度模型。

像元二分模型的算法关键在于确定 $NDVI_{veg}$ 和 $NDVI_{soil}$。前人已提出了很多选择方案，但多基于经验选取，理论依据不强。本章围绕两个参数的选取开展研究，提出了新的参数选取方法，并评价不同选择方案的估测精度。

2.2.2 精度验证方法

对通过遥感方法提取的植被覆盖度进行验证主要采用实地采样，通过在样地中均匀布设样点并取多点平均值来代表样地的测量值。本研究中使用的 MODIS 数据分辨率较低，如果采用常规的以点代面的方式，需要在一个 250m×250m 的样方内布设多个样点，并且要求在 250m×250m 范围内植被覆盖度是均匀一致的。事实上这一点很难达到，同时，这种大数量、大区域的地面调查也是很难完成的。高分辨率遥感数据可用来代替实测数据对估算精度进行定量验证。在这种情况下，可以借助高分辨率数据代替实地观测数据以获得大尺度上的植被覆盖度。戴俣俣等（2009）用 ETM+影像 30m 分辨率的多光谱波段和 15m 的全色波段融合为 15m 分辨率影像，假设 15m 像元为纯净像元，通过统计一个 MODIS 像元内 15m 纯植被像元的个数从而验证了 MODIS 估算结果的精度。

Google Earth 提供了全国范围的海量的高分辨率遥感影像,部分地区的分辨率可达 0.6m,植被与非植被的区分非常明显,可方便提取植被覆盖度,而且 Google Earth 上的影像拍摄时间点丰富,恰好可以验证不同时相的植被覆盖度估算结果。因此也可以利用 Google Earth 上的高分辨率影像的植被覆盖度提取结果对遥感估测结果进行精度验证。

2.2.2.1 样点布设

结合 ChinaCover 土地覆被数据,在全国范围内均匀布设了 400 个样点(图 2.1),涵盖除水体、荒漠以外的所有一级土地覆被类型,重点包括森林、灌木、草地和农田等植被类型。样地的选取原则是该区域处的影像清晰、植被与非植被区分明确,为了与遥感估算结果进行比较,还需要提供影像拍摄日期。水体、冰川等土地覆被类型内未选取样本,另外裸露地类型中除了稀疏植被类型在 Google Earth 中可发现少数植被,其余覆盖度几乎为 0,某些二级类型如森林沼泽、果园、交通用地、工业用地、苔藓/地衣、盐

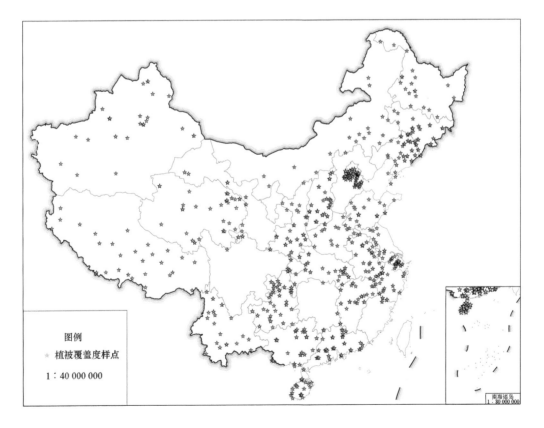

图 2.1 全国样点空间分布图

碱地等，或面积很小（不超过 0.01%）、分布零散，或分布范围内影像的分辨率不高，或受到云的干扰，或没有提供影像的拍摄时间，未选择样点。而沙漠、裸岩、裸土类型的植被覆盖度极低，在高分辨率影像中常表现为零覆盖，遥感误差估算结果也多低于 5%，用来作验证意义不大，也未选取样点。

2.2.2.2 样地植被覆盖度的提取方法

Google 影像不提供免费下载，不能与遥感影像叠加分析，但可用经纬度进行定位。影像分辨率较高，可认为不存在混合像元，所有像元都可分为植被、非植被两类。通过调整视角将影像调整为俯视图并截图，用图像处理软件提取所有植被像元，计算植被像元的比例，即该样地的植被覆盖度。

为了防止由 Google Earth 与 MODIS 影像的几何偏差造成的误差，每个样地的大小定为 500m×500m，记录样地的 4 个角点的经纬度坐标和影像拍摄时间。截图时将观测高度调整为 750~850m，使得影像最大、最清晰地显示在屏幕上。影像的分类处理在 Photoshop 软件中进行，利用魔棒工具，结合计算机自动分类和目视判读选出所有植被像元，查看直方图统计中选区的像素个数，与整幅影像的像素个数相比，得到样点的植被覆盖度。

图 2.2 给出了几种土地覆被类型的 Google Earth 影像截图及分类图，其中虚线为植被与非植被的区分边界。可看出影像的分辨率较高，可得到较高的植被提取精度。

样地对应的遥感估测值的提取方法为：选择与拍摄时间最近的遥感影像（如果 Google Earth 的拍摄时间为 2010 年以后，则用与 2010 年相近时间的影像代替），用经纬度定位 4 个角点所在的 4 个像元，取 4 个像元植被覆盖度的估测平均值作为该样地的遥感估测值。

评价估测精度的指标为均方根误差（RMSE）。其计算公式为

$$\text{RMSE} = \sqrt{\left(\sum_{i=1}^{m} \varepsilon_i^2\right)\bigg/m} \qquad (2\text{-}5)$$

式中，ε 为遥感估算值与样本值之差；m 为样本数。

2.2.3 NDVI$_{veg}$ 的选取

2.2.3.1 NDVI$_{veg}$ 的选取研究

NDVI$_{veg}$ 代表植被覆盖度为 100% 的像元的 NDVI。研究表明，NDVI$_{veg}$ 的取值受到

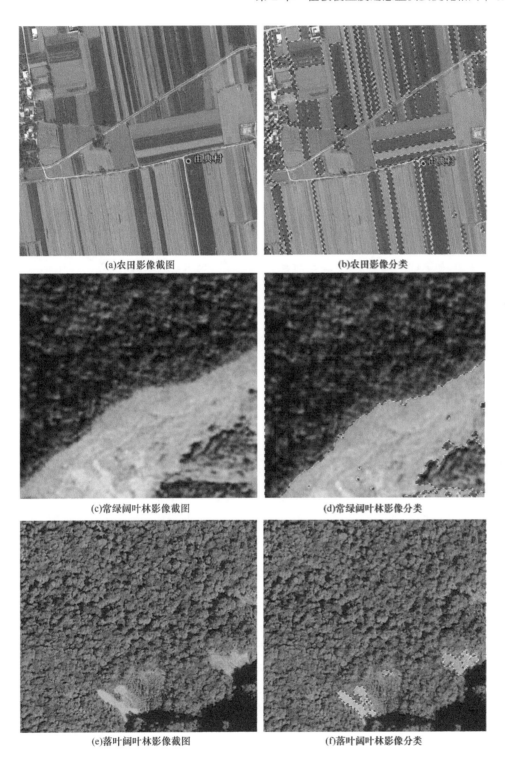

(a)农田影像截图　　　　　　　　　　(b)农田影像分类

(c)常绿阔叶林影像截图　　　　　　　(d)常绿阔叶林影像分类

(e)落叶阔叶林影像截图　　　　　　　(f)落叶阔叶林影像分类

图 2.2　Google Earth 影像截图及分类图

植被类型、植被健康状况、叶片含水量，以及潮湿地面、雪、枯叶等叶冠背景等因素的影响，会随着空间和时间的改变而改变。一般来说，相同的植被类型其 $NDVI_{veg}$ 也相似。因此，土地覆被数据可以用作计算 $NDVI_{veg}$ 值的依据。

很多学者在 $NDVI_{veg}$ 取值方法上做了研究和实验。当研究区不存在纯植被像元或纯裸地像元时（如本研究中的裸地、沙漠、稀疏植被、人工表面等土地覆被类型），可以基于两组实测数据求解方程，得到 $NDVI_{veg}$ 和 $NDVI_{soil}$（李苗苗，2003）。霍艾迪等（2008）采用了这种方法，并在中分辨率影像的 NDVI 与 MODIS 数据的 NDVI 之间建立转换模型，获得了毛乌素沙地的 $NDVI_{veg}$。但这种方法需要精确的实测数据。牛宝茹等（2005）利用高分辨率数据 QuickBird 获得了干旱半干旱研究区内最大的 NDVI，并建立了 QuickBird 与 ETM+植被指数之间的转换关系，转换后代入 ETM+影像估算模型中。

若影像中存在纯植被像元，则认为影像中的 NDVI 最大值为 $NDVI_{veg}$。例如，Gutman 和 Ignatov（1998）取全球 AVHRR NDVI 数据在常绿植被中的年最大值。Li 等（2003）取 AVHRR NDVI 数据在干草原的年最大值。而有些学者认为需要去除大气和图像本身噪声的影响，需要对 NDVI 的取值给定一个置信区间，取置信上限处的 NDVI 作为 $NDVI_{veg}$。例如，Matsui 等（2005）选择了 1981～2000 年 20 年逐年 NDVI 最大值的 97% 作为 $NDVI_{veg}$。Oleson 和 Bonan（2000）则取 98%。

目前大部分应用都是取一个经验值作为置信上限，但本研究中不能如此简单确定。NDVI 对高覆盖度的植被敏感性降低，全植被覆盖的像元 NDVI 不一定是最大值，也不可能所有全植被覆盖像元的 NDVI 全部相同。置信上限若选择为 98%，则计算结果中会有 2%的面积植被覆盖度达 100%，然而，全国范围内的森林在生长季达到全覆盖的比例可能会大于 2%，这样选取可能造成森林类型中的植被覆盖度被低估（$NDVI_{veg}$ 取值过大）。

Zeng 等（2000）收集了美国的高分辨率影像（1m 正射航空影像或 2m 卫星影像），结合土地覆被数据，通过目视判读确定了美国各土地覆被类型中覆盖度达 100%的面积比例。他为郁闭灌丛、城市和建成区类型选择了 90%的置信上限，而其他植被类型则为 75%，取 AVHRR NDVI 数据累积频率置信上限处的 NDVI 作为每种土地覆被类型的 $NDVI_{veg}$。开放灌丛、裸地和稀疏植被类型中几乎不存在全植被像元，其 $NDVI_{veg}$ 值同落叶阔叶林 $NDVI_{veg}$ 的取值一致（Zeng et al.，2000）。基于该方法的估算结果较符合实际情况，但需要海量的高分辨率数据和大量的人工成本。

在中国区域，对于森林、灌木、草地、耕地等植被类型，250m×250m 像元大小的全覆盖植被区域是存在的，因此 $NDVI_{veg}$ 可以直接从 MODIS NDVI 数据中获取。Google

Earth 提供了免费的全球高分辨率影像的浏览功能，虽然不能直接提供 NDVI，但能提供纯植被像元的大致位置，通过经纬度定位到 MODIS 影像中。本研究利用 Google Earth 软件，对 Zeng 的方法进行了改进，获得了各个植被类型的 $NDVI_{veg}$。对于不存在纯植被像元的土地覆被类型，由于缺乏相应的多光谱高分辨率影像，且其植被覆盖度普遍较低，对 $NDVI_{veg}$ 的取值不敏感，因此未单独选取 $NDVI_{veg}$，而是用落叶阔叶林的 $NDVI_{veg}$ 代替。下一小节具体介绍了 $NDVI_{veg}$ 的选取方法。

2.2.3.2　$NDVI_{veg}$ 的选取方法

依据土地覆被数据，在 Google Earth 中为每种土地覆被类型选取多个植被覆盖度较高的区域，区域面积至少为 2km×2km（8 个像元×8 个像元），其中至少有一半为全植被覆盖。大面积区域的选取一方面减弱了 Google Earth 和 MODIS 数据的几何偏差所带来的影响，另一方面减小了由噪声、目视判读带来的误差。为减少因土地分类误差传递所导致的误差，全植被覆盖区应选在大片匀质植被的内部。每种土地覆被类型的全植被覆盖样区要达到一定数量（至少 10 个）。记录影像的拍摄时间和样区 4 个角点的经纬度坐标。将每个区域用 250m×250m 的网格划分，统计该区域内全植被覆盖的网格比例。

根据每个区域影像的拍摄时间选择最接近的 NDVI 和土地覆被影像，根据 4 个角点经纬度坐标的定位在 NDVI 影像和土地覆被影像中提取对应数据，以该区域的优势土地覆被类型作为该区域的土地覆被类型。统计这个区域内所有像元的 NDVI 累积频率。根据目视判读的全植被覆盖比例确定置信上限。例如，某个区域内全覆盖的网格占 80%，则选择 NDVI 累积频率 20% 处的 NDVI 作为这个区域的 $NDVI_{veg}$。若所有网格均为全覆盖，则选择这个区域的 NDVI 最小值作为 $NDVI_{veg}$。计算每种土地覆被类型中所有统计区的 $NDVI_{veg}$，取平均值作为该类型的 $NDVI_{veg}$。

图 2.3 是某一森林高覆盖区域的截图，在截图的范围内共有 15 个 250m×250m 网格，其中达到全覆盖的有 7 个（红色方框），对应 MODIS 数据的 15 个像元中，应取由大到小的第 7 个像元的 NDVI 值，这样可保证 15 个像元中有 7 个植被覆盖度为 100%。这种方法利用了高分辨率数据作为辅助数据，在一定程度上避免了由经验选择造成的误差。

由于 $NDVI_{veg}$ 的选择是基于土地覆被数据进行的，因此估算结果的精度很大程度上受到土地覆被数据分类精度的影响。在选择全植被覆盖区域时，若土地覆被数据分类

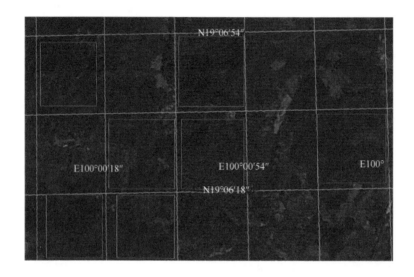

图 2.3　森林高覆盖区域示意图

错误，如将森林误分为草地，则可能导致草地类型的 $NDVI_{veg}$ 取值过高，影响研究区内草地类型的反演精度。而在植被覆盖度的计算过程中，像元的土地覆被类型若被错误识别，也会影响该像元的估测精度。为减少这种估算误差，既要为每种土地类型多次统计 $NDVI_{veg}$ 从而取平均值，也需要尽量使用精度较高的土地覆被数据。

MODIS 地表分类产品由于时间分辨率高，在土地覆被分类研究中得到较广泛的应用。由于产品多由计算机分类（监督和非监督分类）自动生成，在实地验证上有所欠缺，其分类精度的验证是国内外学者的研究热点。截至 2008 年，全球 MOD12Q1 土地覆被产品的总体精度为 75%～80%，各土地覆被类型的分类精度为 60%～90%，而对 MCD12Q1 产品的分类精度研究较少。夏文韬等（2010）验证了 MCD12Q1 数据在甘南藏族自治州的分类精度，结果表明其总体精度、Kappa 系数、草地和林地的分类精度都较低，其中草地和林地用户精度分别为 51% 和 61%，其中草地多为漏测，林地多为多测，林地错判为草地是该地区分类的主要误差来源。由此可见，MCD12Q1 数据的分类精度有待提高。相比较而言，ChinaCover 产品在生产过程中建立了海量的覆盖全国的样本库，决策规则更适用于中国区域，且经过实测数据的验证与修改，精度相对更有保证。

本研究比较了 ChinaCover 和 MODIS IGBP 两种土地覆被数据在 400 个验证样点上的植被覆盖度估测结果，旨在探索不同土地覆被数据对结果精度的影响，并选择其中精度较高的土地覆被数据和 $NDVI_{veg}$ 来计算全国植被覆盖度。下文将对这两种土地覆被数据的估算结果进行比较和评价。在未使用新的 $NDVI_{soil}$ 提取方案前，首先将所有样本的

$NDVI_{soil}$ 都取作 0.05。为了叙述方便，将两种方案分别简称为 $NDVI_{veg}$_MODIS 和 $NDVI_{veg}$_ChinaCover。

2.2.3.3 两种方案的 $NDVI_{veg}$ 选取结果和估测精度比较

首先选取每种土地覆被类型的 $NDVI_{veg}$，然后利用 NDVI 数据和时间相近的两种土地覆被数据，估测 400 个样点的植被覆盖度。表 2.1 和表 2.2 分别给出了基于两种土地覆被产品提取的 $NDVI_{veg}$ 值。

表 2.1 基于 MODIS IGBP 提取的 $NDVI_{veg}$

土地覆被类型	$NDVI_{veg}$	土地覆被类型	$NDVI_{veg}$
常绿针叶林	0.81	稀树草原	0.76
常绿阔叶林	0.86	草原	0.74
落叶针叶林	0.88	永久湿地	0.86
落叶阔叶林	0.90	作物	0.84
针阔混交林	0.87	城市和建成区	0.86
郁闭灌丛	0.86	作物和自然植被的镶嵌体	0.82
开放灌丛	0.86	雪、冰	0.86
多树的草原	0.75	裸地或低植被覆盖地	0.86

表 2.2 基于 ChinaCover 提取的 $NDVI_{veg}$

土地覆被类型	$NDVI_{veg}$	土地覆被类型	$NDVI_{veg}$
常绿阔叶林	0.86	水田	0.84
落叶阔叶林	0.89	旱地	0.87
常绿针叶林	0.86	园地	0.87
落叶针叶林	0.88	居住地	0.86
针阔混交林	0.86	工业用地	0.86
常绿灌木林	0.89	交通用地	0.86
落叶灌木林	0.86	稀疏植被	0.86
草甸	0.74	苔藓/地衣	0.86

续表

土地覆被类型	NDVI$_{veg}$	土地覆被类型	NDVI$_{veg}$
草原	0.74	裸岩	0.86
草丛	0.76	裸土	0.86
森林沼泽	0.86	沙漠/沙地	0.86
灌丛沼泽	0.86	盐碱地	0.86
草本沼泽	0.86	冰川/永久积雪	0.86
湖泊	0.86	河流	0.86
水库/坑塘	0.86	运河/水渠	0.86

从表 2.1 和表 2.2 可以看出，基于两种土地覆被产品选出大多数土地覆被类型的 NDVI$_{veg}$ 值相近。多数土地覆被类型的 NDVI$_{veg}$ 值为 0.85～0.9，而草地的 NDVI$_{veg}$ 值较低，在 0.75 左右，原因是其反映垂直密度的叶面积指数（LAI）较低。可见这两种土地覆被数据对 NDVI$_{veg}$ 取值的影响不大。由于草地 NDVI$_{veg}$ 低于普遍值，因此将草地像元误分为其他类型，或将其他类型误分为草地，是不同土地覆被数据估测误差不同的主要因素之一。

图 2.4 显示了基于两种土地覆被产品计算植被覆盖度的样本值与估测值散点图。可以看出两种方案的估测结果在植被为 0～0.5 时多造成高估，而在 0.5～1 时高估和低估都存在。NDVI$_{veg}$_MODIS 方案的整体估测均方根误差为 0.208，NDVI$_{veg}$_ChinaCover

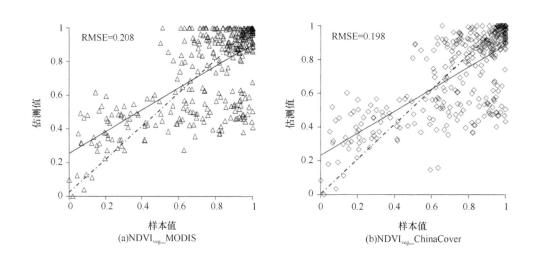

图 2.4 基于两种土地覆被产品计算植被覆盖度的样本值与估测值散点图

的整体估测均方根误差为 0.198，比 NDVI$_{veg}$_MODIS 精度略有提高。为比较两者的区别和优势，我们给出了两种土地覆被数据的主要一级植被类型估测值与样本值散点图和估算均方根误差（图 2.5）。

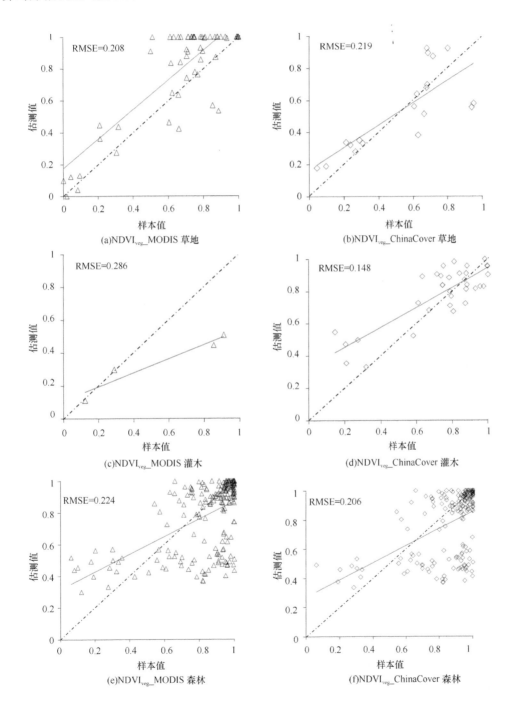

(a)NDVI$_{veg}$_MODIS 草地　　　　　　　(b)NDVI$_{veg}$_ChinaCover 草地

(c)NDVI$_{veg}$_MODIS 灌木　　　　　　　(d)NDVI$_{veg}$_ChinaCover 灌木

(e)NDVI$_{veg}$_MODIS 森林　　　　　　　(f)NDVI$_{veg}$_ChinaCover 森林

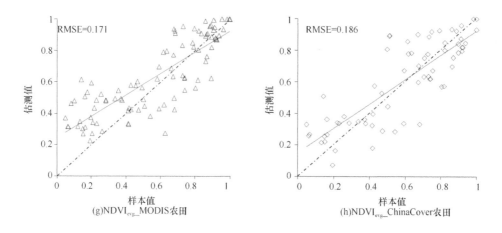

图 2.5 不同土地覆被类型估测值与样本值散点图对比

从图 2.5 中可以看出，$NDVI_{veg}$_ChinaCover 方案的估测均方根误差最大的土地覆被类型是森林，为 0.206，其次为农田，为 0.186，造成样本值 0.5～1 的高估现象多出现在森林样点中，表明像元二分模型在森林覆盖度中的估算精度略低。估算精度最高的是草地，均方根误差为 0.129。$NDVI_{veg}$_MODIS 方案估测误差最大的是灌木，为 0.286，其次是森林，为 0.224，除了农田的估测精度比 $NDVI_{veg}$_ChinaCover 略高，其余均低于 $NDVI_{veg}$_ChinaCover。这一统计结果显示了 ChinaCover 土地覆被数据在草地和灌木植被覆盖度估测方面的优势。

两种土地覆被数据产品对样点的分类结果差异很大。MODIS 对灌木估算结果精度很低的原因是被 MODIS IGBP 数据识别为灌木的样点仅有 4 个，且其中两个估测误差很大，造成了这一类型的均方根误差很大。而被 MODIS IGBP 识别为草地的 60 个样点中仅有 6 个被 ChinaCover 识别为草地（表 2.3）。这 60 个样点在利用 ChinaCover 数据估算时精度较高，均方根误差仅为 0.15。可见 MODIS IGBP 数据中存在很多其他植被类型样点误分为草地的现象，造成较大的估测误差。

综上所述，$NDVI_{veg}$_ChinaCover 的估测精度高于 $NDVI_{veg}$_MODIS 的估测精度，在草地和灌木中的优势尤为明显，$NDVI_{veg}$_MODIS 方案草地估测误差的主要来源是将其他植被类型误分为草地。$NDVI_{veg}$_ChinaCover 方案的估测结果将用于 $NDVI_{soil}$ 的研究中。

表 2.3　**MODIS IGBP 中的草地样点在 ChinaCover 中的土地覆被类型**

土地覆被类型	样点数
森林	17
灌木	17
草地	6
湿地	10
农田	10
总计	60

2.2.4　NDVI$_{soil}$ 的选取

2.2.4.1　NDVI$_{soil}$ 的选取研究

NDVI$_{soil}$ 代表纯土壤像元的 NDVI，理论上接近 0。然而，受土壤结构、土壤粗糙度、土壤颗粒大小、土壤颜色、土壤中矿物质和有机质含量、大气、地表湿度等因素的影响，土壤 NDVI 是随时间和空间的变化而变化的，其变化范围一般为 $-0.1 \sim 0.2$。

由于土壤 NDVI 较难精确确定，且对结果的影响小于 NDVI$_{veg}$ 取值的影响，因此很多研究常常假定 NDVI$_{soil}$ 不随时间和空间的变化而变化，为整个研究区取一固定值，Zeng 等（2000）认为植被覆盖度对 NDVI$_{soil}$ 的变化不敏感，因为在模型中 NDVI$_{soil}$ 同时存在分子与分母上，以常绿针叶林为例，NDVI$_{soil}$ 为 $-0.3 \sim 0.3$ 只能影响覆盖度平均值的 1%。他们利用 AVHRR 数据，提取了裸地和稀疏植被类型累积频率 5% 处的 NDVI，得到 NDVI$_{soil}$ 值为 0.05。Gutman 和 Ignatov（1998）选取沙漠地区的 NDVI 年最小值 0.04，这一数值后来被很多研究采用。Gallo 等（2005）在用 AVHRR 数据估算美洲植被覆盖度时，计算了 2002 年和 2003 年的 NDVI 平均值，选取平均值影像内草地、农田 NDVI 累积频率的 50%（0.09）作为 NDVI$_{soil}$。也有研究根据研究区的特点，通过 NDVI 影像的频率分布直方图选取 NDVI$_{soil}$，如刘琳和姚波（2010）在估算合肥市植被覆盖度时，发现 NDVI 直方图在负值和正值区都有一个波峰，分别是水和植被 NDVI 的主要分布区域，在 0 附近也有一个明显的峰值，该部分的像元主要是纯裸露的建筑物表面以及部分水和建筑物的混合像元。取该波峰的中心对应的 NDVI 作为 NDVI$_{soil}$ 值。该方法只适用于特定区域，在大范围 NDVI 直方图中很难确定土壤 NDVI 分布区。

Montandon 和 Small（2007）通过计算 2906 个实测土壤样本的 NDVI，发现平均值为 0.2 左右，远远高于以往研究的值。以往对 NDVI$_{soil}$ 的低估会造成植被覆盖度的高估，这一现象在植被覆盖度较低的区域表现得更为明显，他用 AVHRR 数据和 MODIS 数据分别作了实验，分别以 0.05 和实测土壤 NDVI 分别作为 NDVI$_{soil}$，估算了草地和落叶阔叶林的植被覆盖度并对比了两者的误差，结果表明，用 AVHRR 数据估算时，在草地类型中，对 NDVI 在 0.17～0.39 的像元，高估最高达 0.24，而在落叶阔叶林中，对 NDVI 在 0.22～0.43 的像元，高估最高达 0.18。用 MODIS 数据估算时，高估有所减小，但仍达 0.1 左右（Montandon and Small，2007）。我国境内分布着 50 多种土壤（一级土种），不同土壤类型的 NDVI 的差距最大可达 0.2 左右，而我国存在许多植被覆盖度较低的区域，NDVI$_{soil}$ 的选取误差可造成很大影响，因此全国的 NDVI$_{soil}$ 不能一概而论。

相同土壤类型的结构中，颗粒大小、矿物质和有机质的含量相似，光谱特征相似，因此以土壤类型数据作为依据选择 NDVI$_{soil}$ 是可行的。李苗苗（2003）则结合土壤类型图，取每种土壤类型累积频率 2% 处的 NDVI。

本研究为不同的土壤类型分别选取 NDVI$_{soil}$，对西北干旱半干旱区，250m 尺度上的纯土壤像元是存在的，但有些土种只分布在气候湿润、植被比较茂密的地区，很难找到这样大面积的纯土壤区域，因此从 250m MODIS 数据中直接寻找 NDVI$_{soil}$ 是不合适的。而目前我国尚不存在完整的土壤光谱库，因此本研究采用了另外一种方法，旨在获得尽可能符合实际情况的纯土壤 NDVI。下一小节将对该方法与结果进行介绍。

2.2.4.2 NDVI$_{soil}$ 的选取研究方法与结果

Hyperion 高光谱数据具有较高的空间分辨率，可以从中提取纯裸土像元。由于受多种因素影响，同种类型土壤的 NDVI 也具有时空变异性，本研究收集到的 Hyperion 影像空间上均匀覆盖我国大部分地区（图 2.6），时间跨度为 2002～2010 年，每年 12 个月内的影像数量均匀分布（图 2.7），广泛采样后取平均值可以减少由偶然性造成的较大误差。

Hyperion 数据中存在大量云、雪和阴影，与土地覆被数据叠加提取裸土像元的效果不佳。因此本书没有借助其他数据，而是利用土壤的光谱曲线特征直接在 Hyperion 影像中提取裸土像元。土壤光谱曲线的最大特征是没有明显的峰值和谷值。而植被最明显的光谱特征为在绿波段有一明显吸收谷，而近红外波段有明显的反射峰，据此可以很好地

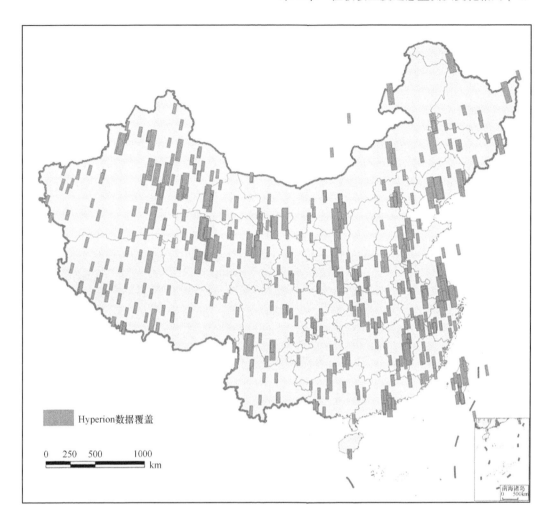

图 2.6　全国 Hyperion 影像分布图

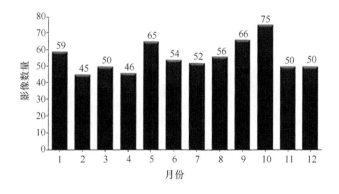

图 2.7　全国 Hyperion 影像的月份分布

将裸地和植被区分开。图2.8给出Hyperion影像上裸土像元和植被像元的光谱曲线。提取所有影像中所包含的裸土像元NDVI及其对应的土壤类型，计算每种土壤类型裸土像元NDVI的平均值。由于南方地区植被覆盖非常密集，而Hyperion数据有限，某些土种没有找到裸土像元，统一用0.05代替。

传感器各通道受元器件特性的制约，每个通道在特定光谱区间对不同光谱辐射的响应能力不同，用辐射传输模型模拟Hyperion数据和MODIS数据红光通道及近红外通道的光谱响应函数，获得两种传感器之间的NDVI转换函数。利用转换函数计算每种土壤的MODIS通道上的$NDVI_{soil}$。

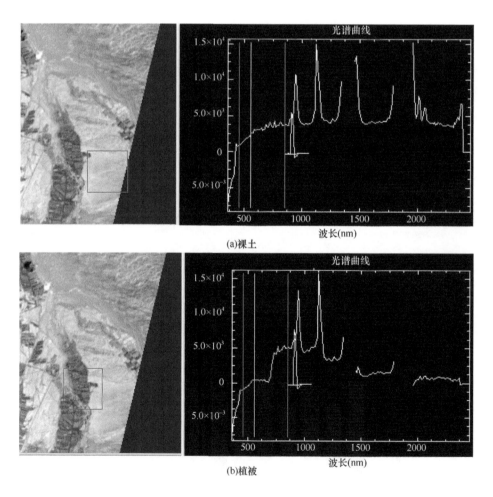

图2.8 Hyperion影像（假彩色合成）上的裸土像元与植被像元的光谱曲线

$$NDVI_{\_modis} = 1.022 NDVI\_Hyperion - 0.002 \tag{2-6}$$

图 2.9 显示了不同土壤类型的 $NDVI_{soil}$，可以看出基于该方法选出的不同土壤类型 $NDVI_{soil}$ 值为 $0.01\sim0.2$，大多高于 0.05，平均值为 0.09，标准差为 0.053。2.2.4.3 小节将研究该 $NDVI_{soil}$ 取值方案对植被覆盖度估算精度的影响。将经 Hyperion 数据辅助选出的 $NDVI_{soil}$ 估测结果与上文 $NDVI_{soil}$ 统一取 0.05 的 $NDVI_{veg}\_ChinaCover$ 方案的估测结果进行比较，为叙述方便，这两种方案对比时，分别简称为 $NDVI_{soil}\_Hyperion$ 和 $NDVI_{soil}\_0.05$。

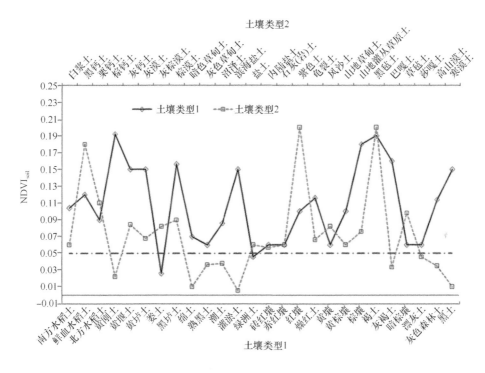

图 2.9　从 Hyperion 影像上提取的不同土壤类型纯裸土像元的 NDVI

2.2.4.3　两种 $NDVI_{soil}$ 取值方案的估算结果比较

图 2.10 给出了两种方案选取 $NDVI_{soil}$ 的样本估测结果与样本值的散点图。基于该方案选取 NDVIsoil 值进行植被覆盖度的估测均方根误差为 0.191，与 $NDVI_{soil}\_0.05$ 相比，整体均方根误差降低了 0.007。样本中共包含 22 种土壤类型，统计每种土壤类型的样本 $NDVI_{soil}\_Hyperion$ 和 $NDVI_{soil}\_0.05$ 的估算均方根误差，得表 2.4，可以看出 22 种土壤类型中，只有黄垆土、绵土、潮土和褐土 4 种的 $NDVI_{soil}\_Hyperion$ 估算均方根误差比

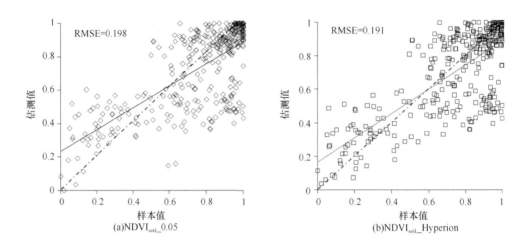

图 2.10 两种方案估测值与样本值的散点图

表 2.4 两种 NDVI$_{soil}$ 取值方案的均方根误差对比

土壤类型	RMSE_Hyperion	RMSE_0.05	土壤类型	RMSE_Hyperion	RMSE_0.05
南方水稻土	0.148	0.184	褐土	0.108	0.071
鲜血水稻土	0.1	0.12	暗棕壤	0.28	0.34
黄垆土	0.2	0.167	漂灰土	0.31	0.31
娄土	0.123	0.127	栗钙土	0.025	0.273
绵土	0.09	0.082	暗色草甸土	0.22	0.24
潮土	0.128	0.115	滨海盐土	0.196	0.214
赤红壤	0.143	0.144	石灰（岩）土	0.164	0.165
红壤	0.082	0.093	紫色土	0.124	0.175
黄壤	0.125	0.125	风沙土	0.022	0.03
黄棕壤	0.13	0.136	山地草甸土	0.029	0.029
棕壤	0.16	0.2	草毡土	0.014	0.059

NDVI$_{soil}$_0.05 大，分别增加了 0.033、0.008、0.013 和 0.037，其余减小或不变。其中栗钙土估测精度提高幅度最大，提高了 0.248，其次是紫色土和草毡土，分别提高了 0.051 和 0.045。其余土壤类型估测精度提高不大，大多低于 0.02。

根据像元二分模型的特点，低植被覆盖区的植被覆盖度计算结果对 NDVI$_{soil}$ 取值的响应更敏感，因此本书分析了两种方案估算植被覆盖度小于 0.5 的精度。从图 2.11 的对

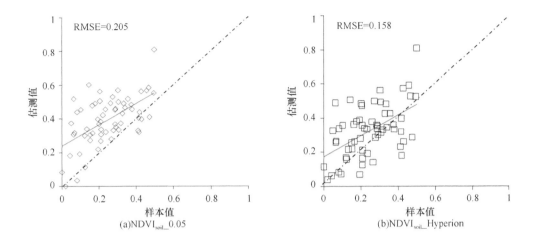

图 2.11　植被覆盖度小于 0.5 的样本估测值与样本值散点图

比可以看出，$NDVI_{soil}$-Hyperion 新方案的估算结果中高估现象明显减少，趋势线更接近 1：1 轴，且 RMSE 从 0.205 降低到 0.158，精度明显提高。

综上所述，$NDVI_{soil}$_Hyperion 方案在一定程度上可提高估测精度，尤其是在低植被覆盖区效果明显。因此，合理的 $NDVI_{soil}$ 取值在干旱半干旱地区的植被覆盖度估算中尤为重要。在以下的研究中将利用本部分所选出的 $NDVI_{soil}$ 进行全国植被覆盖度的计算。

2.3　全国植被覆盖度数据成果与变化格局

2.3.1　数据成果

2.2 节讨论了像元二分模型中的两个参数——纯植被像元 NDVI 和纯土壤像元NDVI 的取值方法，并为每种土地覆被类型和土壤类型都选取了参数。因此首先根据土地分类代码——$NDVI_{veg}$ 和土壤类型代码——$NDVI_{soil}$ 之间的一一对应关系，制作全国 $NDVI_{veg}$ 和 $NDVI_{soil}$ 的空间分布影像。数据的读入、参数的赋值和写出都利用 IDL 编程实现。图 2.12 和图 2.13 分别是全国 $NDVI_{veg}$ 及 $NDVI_{soil}$ 分布影像（显示值为真实 NDVI 乘以 10 000）。得到参数空间分布影像后，利用 IDL 编程实现 2000～2010 年全国 250m 分辨率月度植被覆盖度的批量计算（其中 2010 年偶数月的最大值分布见图 2.14）。为了节省

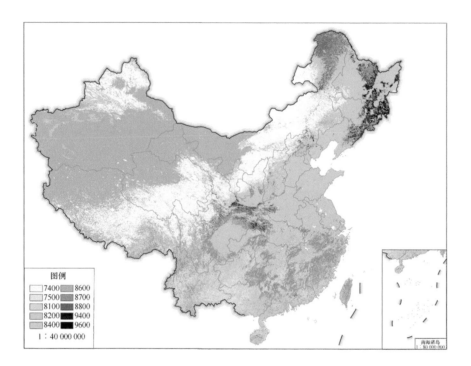

图 2.12　全国 NDVI$_{veg}$ 估算结果

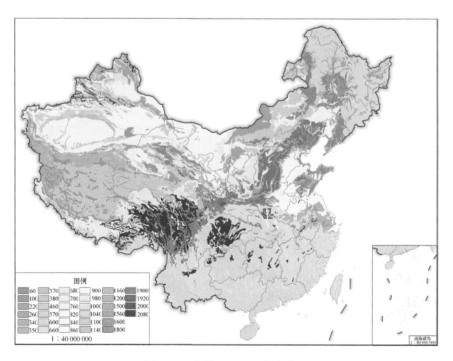

图 2.13　全国 NDVI$_{soil}$ 估算结果

数据为真实 NDVI×10 000

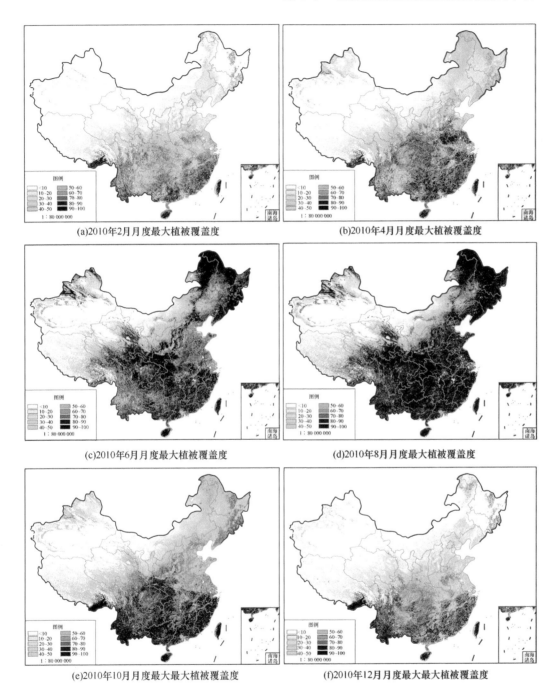

(a)2010年2月月度最大植被覆盖度　　　(b)2010年4月月度最大植被覆盖度

(c)2010年6月月度最大植被覆盖度　　　(d)2010年8月月度最大植被覆盖度

(e)2010年10月月度最大最大植被覆盖度　　　(f)2010年12月月度最大最大植被覆盖度

图 2.14　2010 年全国地表植被覆盖度分布图（%）

存储空间，将最终结果都乘以 100，存为整型，即计算结果为百分比，在计算过程中，若像元的运算值大于 100，则赋值为 100，若小于 0，则赋值为 0。

2.3.2 植被覆盖度变化格局

2.3.2.1 不同植被类型植被覆盖度年变化曲线

在全国范围内选择 8 个典型生态类型样点，提取它们的植被覆盖度变化曲线，如图 2.15 所示。可以看出，内蒙古农田、内蒙古草地、青藏高原草地和大兴安岭森林的植被覆盖度变化曲线具有明显的季节性物候特征，且变化曲线相对平滑，每年均有一个明显的波峰和波谷，植被覆盖度最大值与最小值相差较大，是典型的落叶植被与单季作物特征；但四川盆地的农田、福建和海南的森林虽也有明显的年内变化，但变化幅度较小，最大值与最小值相差不大，这体现了南方常绿植被和多季作物的生长特征。

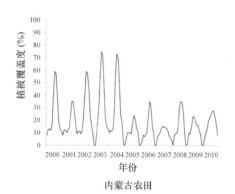

内蒙古农田

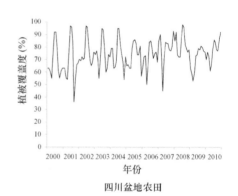

四川盆地农田

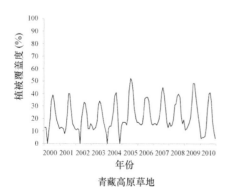

青藏高原草地

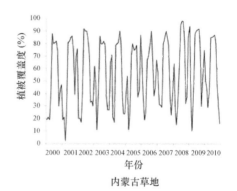

内蒙古草地

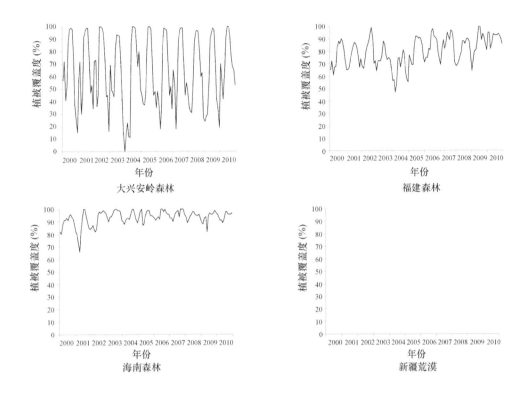

图 2.15　典型生态类型样点植被覆盖度的变化曲线

2.3.2.2　全国植被覆盖度的时空分布与变化格局

为了定量分析我国植被覆盖度的大致空间分布，统计了 2010 年年最大和年平均植被覆盖度各省（自治区、直辖市）平均值（图 2.16）。可以看出，年平均覆盖度最高的是黑龙江，达 84.4%，其次是贵州和吉林，分别达 84.3%和 82.8%，年平均覆盖度最低的是新疆，仅为 13.9%，其次是西藏和宁夏，分别为 26.1%和 33.3%。但是北方地区的植被覆盖度年内变化较大，年最大植被覆盖度低于南方省份。年最大植被覆盖度最高的省份是海南，平均覆盖度为 75.4%，其次为福建、广西、广东、浙江等。最小的为新疆，为 6.5%。年内覆盖度变化最大的是东北各省，变化超过 40%，变化最小的是海南，全年覆盖度都很高，最大值和平均值的差值不到 4%。

从空间分布格局来看（图 2.17），我国东南大部分地区的植被覆盖度较大，而西北大部分地区则较低，包括干旱半干旱区及青藏高原。具体到各植被类型，全国林地植被覆盖度普遍较高，华北地区灌丛的植被覆盖度较低，而新疆的稀疏林植被覆盖度在林地中最低。草地植被覆盖度具有明显的地带性特征，内蒙古东部相对湿润的地区草地植被

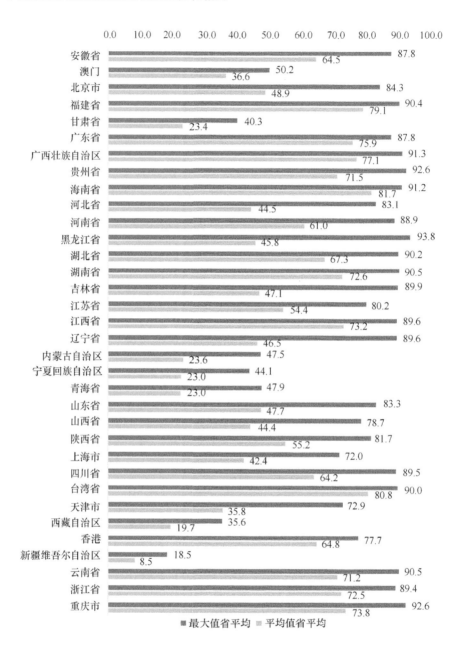

图 2.16 2010 年年最大和年平均植被覆盖度各省（自治区、直辖市）平均值统计

覆盖度较高，而到中西部的干旱半干旱区明显降低；青藏高原的草地植被覆盖度则与海拔有关，海拔越高，植被覆盖度越低，尤其是青藏高原西部。农田植被覆盖度相对较为均衡，仅西北干旱半干旱区略低，农田植被覆盖度与当年的气候、种植作物类型等人为干扰因素有关，不具备时间连续性。

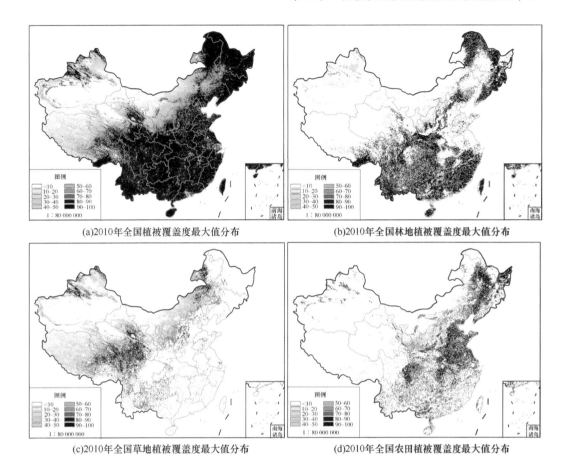

图 2.17 2010 年全国植被覆盖度最大值分布

从 2000～2010 年全国植被覆盖度时空变化趋势看（图 2.18），全国植被覆盖度大多处在升高态势，仅在东北、华南、西藏西部和新疆局部地区出现了降低的情况。全国林地的植被覆盖度大多处在上升阶段，虽然在东北、华南、台湾及西南存在一些显著下降情况，但是根据最大值分布，同时考虑到林地植被覆盖度受外部因素影响较小，除了发生火灾和地震等灾害的地区外，这些区域的林地应未出现较大异常。全国草地植被覆盖度的变化情况喜忧参半，青藏高原东部、干旱半干旱区的草地覆盖度在升高，而其他地方的草地大多出现显著降低情况，这与 10 年间的气候变化及放牧等因素有关。农田的植被覆盖度大多呈现升高趋势，部分出现下降趋势，可能与休耕、退耕还林、还草等因素有关。

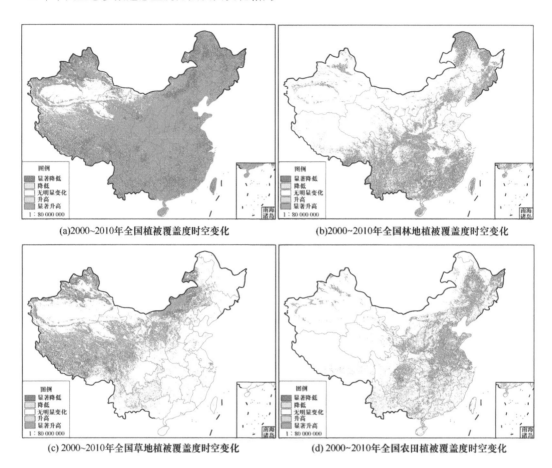

(a)2000~2010年全国植被覆盖度时空变化   (b)2000~2010年全国林地植被覆盖度时空变化

(c) 2000~2010年全国草地植被覆盖度时空变化   (d) 2000~2010年全国农田植被覆盖度时空变化

图 2.18　2000～2010 年全国植被覆盖度时空变化图

2.3.3　气候变化格局对植被覆盖度变化的驱动分析

从温度对植被覆盖度的影响分析结果（图 2.19）中可以看到，全国植被覆盖度大多数与气温呈现正相关趋势，但是根据林地、草地和农田的具体分析，呈现正相关的大多是农田，以及青藏高原东部地区的草地。森林生态系统的植被覆盖度受气候的影响较低，变化相关性较草地和农田都要低，仅在东北大兴安岭出现了部分较为明显的负相关。草地和农田生态系统对温度变化的响应则较为明显，其中青藏高原地区的草地植被覆盖度变化在相对较低海拔的地区与温度呈正相关，但在高海拔地区呈现负相关；在内蒙古，草地植被覆盖度变化与温度同时出现较大的负相关和正相关，原因可能包括温度升高带来的干旱，以及放牧等人为因素的影响。农田的植被覆盖度变化多数与温度

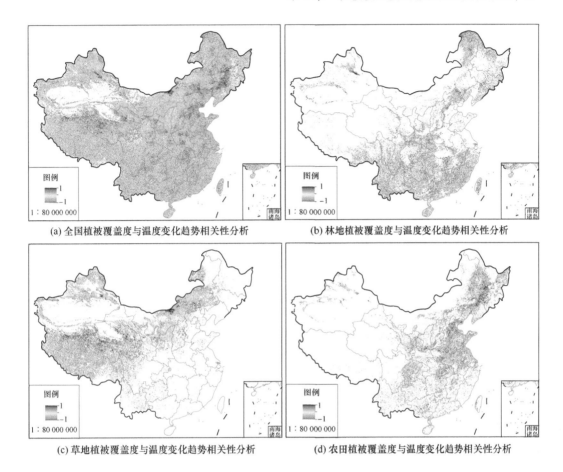

(a) 全国植被覆盖度与温度变化趋势相关性分析   (b) 林地植被覆盖度与温度变化趋势相关性分析

(c) 草地植被覆盖度与温度变化趋势相关性分析   (d) 农田植被覆盖度与温度变化趋势相关性分析

图 2.19 FVC 与温度变化趋势相关性分析

呈正相关，只有东北部分地区出现了大面积的负相关，这说明当地农作物生长与雨水的相关性更强。

从降水对植被覆盖度的影响分析结果（图 2.20）中可以看到，全国植被覆盖度变化与降水具有明显的地域性，在干旱半干旱区及其周边出现了强正相关，在南方湿润多雨区域相关性则较为不明显，在其他区域总体上呈现一定程度的正相关。林地植被覆盖度在华北部分地区和新疆出现了强烈正相关，原因是这两个地区的林地主要是灌丛和稀疏林，且位于干旱半干旱区，降水势必对植被生长具有直接促进作用；其他区域的林地植被覆盖度变化与降水的相关性则较为不明显。草地和农田生态系统同样也对降水的响应明显，其中草地生态系统在干旱半干旱区出现强烈的正相关；在青藏高原海拔相对较低的东北部也出现正相关，但是在海拔相对较高的西南部则相关性不明显，原因应该是该

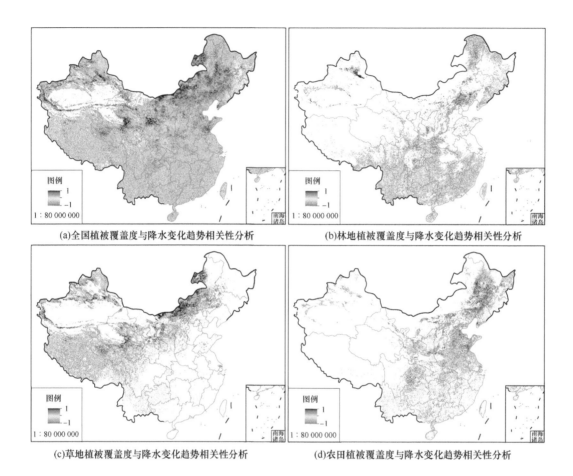

(a)全国植被覆盖度与降水变化趋势相关性分析　　　　(b)林地植被覆盖度与降水变化趋势相关性分析

(c)草地植被覆盖度与降水变化趋势相关性分析　　　　(d)农田植被覆盖度与降水变化趋势相关性分析

图 2.20　植被覆盖度与降水变化趋势相关性分析

区域存在较为强烈的人类活动（过度放牧等）。农田植被覆盖度在北方地区与降水呈现强烈正相关，在南方降水充沛的湿润区则相关性不明显。

2.4　小　　结

本章研究了全国尺度上 250m 分辨率植被覆盖度的遥感估算方法，重点关注基于中国 30m 空间分辨率土地覆被数据集的像元二分模型 $NDVI_{soil}$ 和 $NDVI_{veg}$ 两个参数的改进及效果分析，并进行了中国植被覆盖度的空间格局及时间变化趋势分析。研究的主要创新点在于利用高分辨率数据辅助提取纯植被信息和利用高光谱数据辅助提取纯土壤信息。得出的主要结论如下。

1）相比传统的基于 MODIS IGBP 土地覆被数据选取 $NDVI_{veg}$，整个研究区 $NDVI_{soil}$ 取一个固定值的方案，本章提出的方法更适用于中国区域植被覆盖度的计算，均方根误差从 0.208 降低到 0.191。

2）ChinaCover 比 IGBP 土地覆被数据更适于 $NDVI_{veg}$ 的计算，将有助于提高植被覆盖度的估算精度。基于 ChinaCover 的植被覆盖度估算的整体均方根误差为 0.198，略低于运用 MODIS IGBP 土地分类数据的 0.208，统计森林、灌木、草地、农田 4 种植被类型的均方根误差，结果显示，ChinaCover 方案仅农田的精度略低于 MODIS IGBP 方案，其中草地和灌木的估测精度明显高于 MODIS IGBP 方案。$NDVI_{veg}$_MODIS 方案草地估测误差的主要来源是将其他植被类型误分为草地。结果表明利用 ChinaCover 估测草地植被覆盖度有较大优势。

3）$NDVI_{soil}$_Hyperion 方案分别确定了不同土壤类型的 $NDVI_{soil}$，计算得到的植被覆盖度估测值整体均方根误差为 0.191，相比 $NDVI_{soil}$_0.05 方案减少了 0.007；样本包含 22 种土壤类型，其中只有黄垆土、绵土、潮土和褐土 4 种的 $NDVI_{soil}$_Hyperion 估算精度比取固定值 0.05 有所降低，降低幅度不大，其余绝大多数为提高。样本植被覆盖度小于 0.5 的样本基于 $NDVI_{soil}$_Hyperion 方案的估测均方根误差为 0.158，低于 $NDVI_{soil}$_0.05 方案的 0.205，高估现象明显减少，植被覆盖度估算的精度得到了有效提高，表明新方案使低覆盖区估算精度有明显提高。

4）对 2000～2010 年植被覆盖度变化进行显著性分析，结果表明 11 年来显著减少面积最多的依次是西藏、新疆和内蒙古，而减少面积百分比最大的依次是上海、浙江和江苏。显著增加面积最多的依次是陕西、青海和新疆，增加面积百分比最大的则是陕西、山西和宁夏。显著减少百分比较大的省市多为经济发展迅速的地区，植被覆盖度降低与快速城市化有很大关系。西藏、新疆和内蒙古植被覆盖度降低较多的原因可能是气候变暖加速了干旱区的水分消耗，使其更为干旱，更不利于植被生长。而植被覆盖度增加与"三北"防护林等生态工程的建设有很大关系。

参 考 文 献

陈晋, 陈云浩, 何春阳, 等. 2001. 基于土地覆盖分类的植被覆盖率估算亚像元模型与应用. 遥感学报, 5(6): 416-422, 481.

戴侎俣, 丁贤荣, 王文种. 2009. 基于 MODIS 影像的植被覆盖度提取研究. 遥感信息, (2): 67-70.

黄健熙, 吴炳方, 曾源, 等. 2005. 水平和垂直尺度乔、灌、草覆盖度遥感提取研究进展. 地球科学进展, 20(8): 871-881.

霍艾迪, 康相武, 王国梁, 等. 2008. 基于 MODIS 的沙漠化地区植被覆盖度提取模型的研究. 干旱地区农业研究, 26(6): 217-223.

李苗苗. 2003. 植被覆盖度的遥感估算方法研究. 北京: 中国科学院(遥感应用研究所)硕士学位论文.

李晓琴. 2003. 基于遥感的北京山区植被覆盖景观格局动态变化研究. 北京: 中国农业大学硕士学位论文.

刘琳, 姚波. 2010. 基于 NDVI 像元二分法的植被覆盖变化监测. 农业工程学报, 26(S1): 230-234.

马超飞, 马建文, 布和敖斯尔. 2001. USLE 模型中植被覆盖因子的遥感数据定量估算. 水土保持通报, 21(4): 6-9.

牛宝茹, 刘俊蓉, 王政伟. 2005. 干旱区植被覆盖度提取模型的建立. 地球信息科学, 7(1): 84-86, 97-131.

史军, 刘纪远, 高志强, 等. 2004. 造林对陆地碳汇影响的研究进展. 地理科学进展, 23(2): 58-67.

孙红雨, 王长耀, 牛铮, 等. 1998. 中国地表植被覆盖变化及其与气候因子关系——基于 NOAA 时间序列数据分析. 遥感学报, 2(3): 204-210.

夏文韬, 王莺, 冯琦胜, 等. 2010. 甘南地区 MODIS 土地覆盖产品精度评价. 草业科学, 27(9): 11-18.

张一平, 张克映, 马友鑫, 等. 1997. 西双版纳热带地区不同植被覆盖地域径流特征. 土壤侵蚀与水土保持学报, 3(4): 26-31.

赵英时. 2003. 遥感应用分析原理与方法. 北京: 科学出版社.

Boyd D S, Phipps P C, Foody G M, et al. 2002. Exploring the utility of NOAA AVHRR middle infrared reflectance to monitor the impacts of ENSO-induced drought stress on Sabah rainforests. International Journal of Remote Sensing, 23(23): 5141-5147.

Carlson T N, Ripley D A. 1997. On the relation between NDVI, fractional vegetation cover, and leaf area index. Remote Sensing of Environment, 62(3): 241-252.

Defries R, Hansen M, Townshend J. 2000. Global continuous fields of vegetation characteristics: a linear mixture model applied to multi-year 8 km AVHRR data. International Journal of Remote Sensing, 21(6-7): 1389-1414.

Gallo K, Ji L, Reed B, et al. 2005. Multi-platform comparisons of MODIS and AVHRR normalized difference vegetation index data. Remote Sensing of Environment, 99(3): 221-231.

Gallo K, Owen T, Reed B. 2003. Land use and seasonal green vegetation cover of the Conterminous USA for use in numerical weather models. Paper presented at 17th Conference on Hydrology, Annual Meeting of the American Meteorological Society, Long Beach, California, 9-13 February.

Goetz S J, Wright R K, Smith A J, et al. 2003. IKONOS imagery for resource management: tree cover, impervious surfaces, and riparian buffer analyses in the mid-Atlantic region. Remote Sensing of Environment, 88(1-2): 195-208.

Gutman G, Ignatov A. 1998. The derivation of the green vegetation fraction from NOAA/AVHRR data for use in numerical weather prediction models. International Journal of Remote Sensing, 19(8): 1533-1543.

Hansen M C, Defries R S, Townshend J R G, et al. 2002. Towards an operational MODIS continuous field of percent tree cover algorithm: examples using AVHRR and MODIS data. Remote Sensing of Environment, 83(1-2): 303-319.

Li X B, Chen Y H, Shi P J, et al. 2003. Detecting vegetation fractional coverage of typical steppe in northern China based on multi-scale remotely sensed data. Acta Botanica Sinica, 45(10): 1146-1156.

Matsui T, Lakshmi V, Small E E. 2005. The effects of satellite-derived vegetation cover variability on simulated land-atmosphere interactions in the NAMS. Journal of Climate, 18(1): 21-40.

Matsunaga H, Kiriike N, Matsui T, et al. 2005. Impulsive disorders in Japanese adult patients with obsessive-compulsive disorder. Comprehensive Psychiatry, 46(1): 43-49.

Montandon L M, Small E E. 2007. The impact of soil reflectance on the quantification of the green vegetation fraction from NDVI. Remote Sensing of Environment, 112(4): 1835-1845.

Oleson K W, Bonan G B. 2000. The effects of remotely sensed plant functional type and leaf area index on simulations of boreal forest surface fluxes by the NCAR land surface model. Journal of Hydrometeorology, 1(5): 431-446.

Pech R P, Graetz R D, Davis A W. 1986. Reflectance modelling and the derivation of vegetation indices for an Australian semi-arid shrubland. International Journal of Remote Sensing, 7(3): 389-403.

Quarmby N A, Townshend J R G, Settle J J, et al. 1992. Linear mixture modelling applied to AVHRR data for crop area estimation. International Journal of Remote Sensing, 13(3): 415-425.

Tottrup C, Rasmussen M S, Eklundh L, et al. 2007. Mapping fractional forest cover across the highlands of mainland Southeast Asia using MODIS data and regression tree modelling. International Journal of Remote Sensing, 28(1): 23-46.

Yang H, Yang Z. 2006. A modified land surface temperature split window retrieval algorithm and its applications over China. Global and Planetary Change, 52(1): 207-215.

Zeng X B, Dickinson R E, Walker A, et al. 2000. Derivation and evaluation of Global 1-km Fractional Vegetation Cover Data for land modeling. Journal of Applied Meteorology, 39(6): 826-839.

第 3 章 叶面积指数遥感监测及变化格局

3.1 概 述

叶面积指数（leaf area index，LAI）是研究植被垂直分布的一个重要参数，它调控着植被的许多生物物理过程，同时也为植被冠层表面最初能量的交换提供结构化定量信息。LAI 可以定义为单位面积上所有叶子表面积的一半，这种定义的好处在于当叶子的角度呈随机分布时，所有凸面形状叶子的相对消光系数可以看作常数 0.5。LAI 是计算植物蒸散量和干物质积累量的最重要参数，且直接反映遥感数据与植物生长状态密切相关的关系，因此，研究 LAI 动态变化模式具有重要理论和应用价值。

地面实测叶面积指数的方法可以分为直接测量法与间接测量法两类。直接测量的方法有很多，包括计算纸法、纸重法、干重法、求积仪法、长宽系数法、叶面积仪法。通过按不同植物种类"收割"植被样区内的叶量，再根据比叶面积（specific leaf area，SLA）与叶生物量推算样区的叶面积指数。直接测量法虽然准确，但耗时费力、操作复杂，只适用于小型或少量样区及矮小植被。间接测量法是指借助各种光学测定仪（如 LAI-2000、DEMON、TRAC、MVI 等）来测量植物冠层间隙度并通过相应公式得到最终的植物冠层叶面积指数。与直接测量法相比，间接测量法更易行且可用于大范围及多种植被生态系统的测量，但由于受到太阳光照及角度的限制，无法达到直接测量法的精准度。

3.1.1 叶面积指数常见遥感监测方法

利用遥感定量统计分析叶面积指数的依据是植被冠层的光谱特征。绿色植物叶片的叶绿素在光照条件下发生光合作用，强烈吸收可见光，尤其是红光，因此，红光波段反射率反映了树冠顶层叶片的大量信息。在近红外波段，植被有很高的反射率、透射率和

本章执笔人：赵旦，范闻捷，张淼，赵玉金

很低的吸收率，因此，近红外反射率反映了冠层内叶片的很多信息。植被的这种光谱特征与地表其他因子的光学特性存在很大差别。这就是 LAI 遥感定量分析的依据。

叶面积指数的遥感估算方法可以归纳为两类：统计模型法和光学模型法。

统计模型法是以 LAI 为因变量，以光谱数据或其变换形式（如植被指数）作为自变量建立的估算模型，即 LAI=f(x)。其中 x 为光谱反射率或植被指数。以植被指数作为统计模型的自变量是经典的 LAI 遥感估算方法，在多光谱和高光谱领域均有通过植被指数估算叶面积指数的研究和应用。传统的多光谱植被指数是从红光和近红外波段得到的。在众多的两波段植被指数中，常应用于 LAI 定量计算的是简单比值植被指数（SR）、归一化植被指数（NDVI）和垂直植被指数（PVI）。NDVI 具有从−1 到 1 的固定变化区间，避免了当红波段反射率趋向于 0 时，SR 值会无限增大的情况，因而被广泛应用。SR 被广泛应用的原因之一在于它对植被变化更加敏感且与生物物理参数的线性关系更加显著，根据模型模拟，SR 最适用于 LAI 的反演（Roberts et al.，2004；Goel and Thompson，1984）。

统计模型法形式灵活，但属于经验性的，对不同的数据源需要重新拟合参数，模型需要不断地调整。因此，许多学者致力于研究具有普适性的 LAI 定量模型。目前，相对成熟的是基于物理光学基础的光学模型。LAI 光学模型建立的基础是植被的非朗伯体特性，即植被对太阳光短波辐射的散射具有各向异性，反映在遥感上就是从地表反射回天空的太阳辐射和卫星观测的结果在很大程度上依赖于太阳角和卫星观测角的关系，这种双向反射特性可以用双向反射率分布函数（bi-directional reflectance distribution function，BRDF）来定量表示，这就给 LAI 定量模型的创立提供了理论依据。从 20 世纪 80 年代中期开始，植被双向反射特性研究逐渐成为遥感界十分活跃的研究领域之一，并出现了各种各样的植被双向反射分布函数模型，定量提取 LAI 等生物物理信息成为该类模型的一个重要研究方面。

光学模型就是基于植被的 BRDF、建立在辐射传输模型基础上的一种模型，具有相当强的物理基础，不依赖于植被的具体类型或背景环境的变化，因而具有普适性。辐射传输模型是模拟光辐射在一定介质（如大气和植被）中的传输过程，最初用于研究光辐射在大气中的传输规律，后来应用于植被对太阳光辐射的吸收和散射规律研究中。对于某一特定时间的植被冠层而言，一般的辐射传输模型为

$$S = f\left(\lambda, \theta_s, \psi_s, \theta_v, \psi_v, C\right) \tag{3-1}$$

式中，S 为叶子或冠层的反射率或透射率；λ 为波长；θ_s 和 ψ_s 分别为太阳天顶角和方位

角；θ_v 和 ψ_v 分别为观测天顶角和方位角；C 为一组关于植被冠层的物理特性参数，如植被 LAI、叶面指向和分布、植被生长姿态和叶-枝-花的比例与总量等。一般辐射传输模型以 LAI 等生物物理、生物化学参数为输入值，得到的输出值是 S。从数学角度看，要求获得 LAI，只需得到上述函数的反函数，以 S 为自变量即可得到 LAI 等一系列参数，这就是光学模型反演 LAI 的基本原理。

用于反演 LAI 的光学模型比较多，其中较为常用的是 SAIL（任意倾斜叶片散射）模型、Li-Strahler 几何光学模型和 4-scale 模型等。其中，SAIL 模型简化了对冠层结构的描述，模型的主要输入参数有叶片的反射率和透过率、背景土壤的光学特性、LAI、平均叶片倾斜角度和太阳的入射与漫散射分量（Verhoef，1984）。

需要注意的是，一般比较复杂的光学模型都不能直接用来反演 LAI，而是把 LAI 作为输入值，采用迭代的方式以优化技术逐步调整模型参数，直到模型输出结果与遥感观测资料一致，最后的迭代结果就是反演结果。

3.1.2 叶面积指数数据产品

中分辨率光学传感器使得在区域尺度和全球尺度上监测 LAI 的季节及年际变化成为可能。目前，国内外学者利用遥感传感器获得的信息生成了多种全球或区域 LAI 产品（表 3.1），如基于 NOAA/AVHRR NDVI 数据生产的 ECOCLIMAP LAI 产品，基于 SPOT/VEGETATION 数据生产的两种全球 LAI 产品 CYCLOPES、GLOBCARBON 及一种区域 CCRS LAI 产品，基于 Terra-Aqua/MODIS 生产的 MODIS LAI 产品以及我国基于 AVHRR 和 MODIS 数据生产的全球 GLASS LAI 产品，另外还有一些受时间限制的 LAI 产品，如 PLDER LAI 产品和 MERIS LAI 产品，或覆盖空间有限的 MISR LAI 产品等。

表 3.1　全球不同 LAI 产品精度验证对比结果

数据产品	土地覆被类型	相对误差	均方根误差
MODIS Terra LAI	混合类型 1	—	1.07～2.08（与有效 LAI 对比） 1.42（与真实 LAI 对比）
MODIS Aqua LAI	混合类型 1	—	1.74（与有效 LAI 对比） 1.53（与真实 LAI 对比）
MODIS Terra-Aqua LAI	农田	88%	0.5～1.05
	森林	35%～65%	—

续表

数据产品	土地覆被类型	相对误差	均方根误差
MODIS Terra & Aqua LAI	草地	47%	—
	混合类型 2	—	1.29（与有效 LAI 对比） 1.14（与真实 LAI 对比）
	混合类型 1	—	1.63（与有效 LAI 对比） 1.09（与真实 LAI 对比）
VGT LAI	农田	44%	0.5～1.05
	森林	25%～37%	—
	草地	76%	—
CYCLOPES LAI	混合类型 2	—	0.73（与有效 LAI 对比） 0.84（与真实 LAI 对比）
	混合类型 1	—	0.50～1.34（与有效 LAI 对比） 0.97（与真实 LAI 对比）
GLASS LAI	混合类型 1	—	0.78～0.87

注：混合类型 1 包括草地与粮食作物、灌木、稀树草原、阔叶林和针叶林等下垫面类型；混合类型 2 包括裸土、落叶阔叶林、常绿针叶林、常绿阔叶林、农作物和草地等下垫面类型

下面主要介绍全球 5 种 LAI 产品，即 CYCLOPES LAI、GLOBCARBON、ECOCLIMAP、MODIS LAI 和 GLASS LAI。

（1）CYCLOPES LAI

CYCLOPES LAI 3.1 版，由 http://www.theia-land.fr/en/products/ 发布项，利用 VEGETATION 数据生产，在 1998～2003 年，时间分辨率为 10 天，算法的输入为经过大气校正的红波段、近红外波段、短波红外波段归一化到标准观测角和照射角的反射率，云和雪覆盖已从观测数据中去除。CYCLOPES LAI 使用经过一维辐射传输模型模拟训练的神经网络进行估算。考虑到模型和测量的不确定性，估算中在反射率上有一个 0.04 的误差项。CYCLOPES 算法中没有描述植株和冠层尺度上的耦合。

（2）ECOCLIMAP

ECOCLIMAP 数据库提供了一套气候学上用于建立陆表模型的生物物理参量，以月为步长。ECOCLIMAP 基于结合多种土地覆被类型生成的有 15 个陆表类别的全球土地利用分类结果数据，对每一类 LAI 的范围都从实测数据中确定，这些实测值考虑了植株

和冠层尺度上的耦合,而且只代表了森林底层的绿叶。然后,对于 ECOCLIMAP 栅格上的每一个像元,使用全球 NOAA/AVHRR 的月 NDVI 数据来对 LAI 最大值和最小值之间的 LAI 时相轨迹进行尺度推译。使用这种方法的前提是每一植被类别中 LAI 的空间变化较小。

(3) GLOBCARBON

GLOBCARBON 第一版由 http://due.esrin.esa.int/page-project43.php 发布,利用 VEGETATION 和 AATSR 两个传感器的数据得到了 1998~2007 年的 LAI 数据。单个 LAI 的估算要对每一个传感器数据上的每一个像元进行处理,然后计算每个传感器数据的所有可获得值中以 10 天为步长的中值,进行平滑和插值处理,再对每个月平滑后的结果取平均值。GLOBCARBON 算法依赖于具体土地覆被类型上 LAI 和红波段、近红外波段及短波红外波段的关系。这个算法也通过使用一个依赖于土地覆被类型的耦合指数来解决植株和冠层尺度上的耦合问题。

(4) MODIS LAI

MODIS LAI 数据集于 2000 年 2 月开始生产,正弦投影,1km 空间分辨率,以 8 天为步长。主要算法是基于三维辐射传输模型模拟的查找表法。经过大气校正的 MODIS 红波段和近红外波段反射率以及相应的照射-观测角度被作为查找表的输入项,算法的输出项就是在可接受查找表因子上计算的 LAI 平均值。当主算法失效时,LAI 的估算将使用一个基于 LAI-NDVI 关系的备用算法,这个算法也经过与主算法中建立查找表时所采用的相同的模拟数据校正,备用算法所能达到的精度较低。MODIS 算法通过使用三维辐射传输模型来解决冠层和植株尺度上的耦合问题。

(5) GLASS LAI

GLASS LAI 得到国家 863 计划重点项目"全球陆表特征参量产品生成与应用研究"的资助,是北京师范大学全球变化数据处理与分析中心生产发布的一个长时间序列的全球 LAI 产品。该产品利用广义回归神经网络集成时间序列的遥感观测数据从而反演 LAI。该产品采用正弦投影(SW)的方式,时间分辨率为 8 天,从 1982 年应用至今。其中 1982~1999 年,GLASS LAI 产品基于 NOAA/AVHRR 的反射率生成,空间分辨率为 5km。2000 年以后,该产品基于 MODIS 地表反射率(MOD09A1)生成,空间分辨率为 1km(向阳等，2014）。

3.1.3　主要的叶面积指数反演算法

根据以上数据集的构建方法以及一些常见的 LAI 估算方法，LAI 的反演算法可以分为以下三类：①经验关系法，通过建立植被指数与 LAI 间的经验关系进行 LAI 反演；②物理模型法，基于植被辐射传输模型模拟，通过查找表或使用神经网络等方法进行反演；③半经验半物理方法，基于植被辐射传输模型模拟，建立植被指数与 LAI 间的经验关系，实现半经验半物理反演。

除反演方法外，多源遥感的使用也对 LAI 产品精度有重要影响。目前多数 LAI 产品基于单传感器反演而来，产品精度受天气、反演算法、传感器等多因素影响。多传感器数据的使用可以增加观测信息量，在一定程度上提高反演精度。目前，许多研究已开展基于多源遥感数据的 LAI 反演，并进行了产品生产。

（1）经验关系法

经验关系法通过建立 LAI 与植被指数的统计关系，根据植被指数进行 LAI 反演。通常根据不同植被类型，建立不同的经验关系，反演时不同植被类型选择相应经验关系进行 LAI 反演。这种方法的优点是简单，易于计算。不足之处是不同气候区域、不同的植被类型、不同的土壤信息、不同的观测角度等都会影响两者间的经验关系，这让该方法在大范围使用时难以提高反演精度。

但在对算法改进完善后，该方法也被用于一些全球/地区的 LAI 产品生产。代表性的产品有基于 NOAA/AVHRR 和 SPOT/VEGETATION 数据的加拿大地区 LAI 产品（Canada-wide LAI）、CCRS LAI 和 ECOLEMAP LAI 产品。CCRS LAI 产品是基于 VEGETATION 生成的加拿大地区 1km 分辨率的 LAI 产品，自 1998 年开始生产，基于 10m 无云合成影像，利用站点实测 LAI 数据与植被指数的经验关系，反演 7 种地表覆盖类型下的 LAI（Fernandes et al.，2003）。ECOCLIMAP 产品是基于归一化植被指数（NDVI）与 LAI 的经验关系进行反演的，其产品的空间分辨率是 1/120°，时间分辨率是 1 个月（Masson et al.，2003）。

（2）物理模型法

物理模型法通过辐射传输模型模拟地表植被的辐射传输过程来反演 LAI（Verhoef，1984；Chen et al.，1997）。由于辐射传输方程较复杂，无法直接反演 LAI，通常通过间接使用反演方法计算得到 LAI。常用的反演方法包括查找表法、神经网络法。查找表法首先通过辐射传输模型模拟建立查找表，然后构建代价函数，将代价函数最小时的 LAI 值作为反演的 LAI。查找表法的代表性产品包括 MODIS LAI 和 MISR LAI。神经网络法首先通过对不同植被类型使用辐射传输模型来构建样本数据集，通过样本数据集训练并修正神经网络，利用训练得到的神经网络进行全球 LAI 的反演。神经网络法的代表性产品为 CYCLOPES。

（3）半经验半物理算法

多种传感器联合反演地表参数具有时间和空间分辨率互补的优势，逐渐受到关注。GLOBCARBON 采用 ATSR-2、VEGETATION、AATSR、MERIS 多个传感器，基于四尺度二向反射率模型，针对不同植被类型建立 LAI 值与植被指数的经验关系。产品角度效应一般采用 BRDF 进行修正，但存在一个主要问题：非线性 BRDF 核与光谱反射率和 LAI 有关系，因此很难直接求取从反射率到 LAI 的数值解，这个问题可以通过数值迭代求解来解决，可以利用修正的 Roujean 两核模型和切比雪夫多项式求解核系数。最后，多个传感器反演的 10 天合成的 LAI 产品利用三次样条函数进行时间尺度平滑滤波，得到空间一致性较好的 LAI 产品。

（4）NASA 30m 分辨率 LAI 反演算法

NASA 尝试利用 Landsat 数据生产 30m 分辨率的全球 LAI 产品，但直到目前还没有产品发布。该产品算法基于冠层光谱不变理论，与 MODIS 主算法一致。将冠层反射率参数化，得到双向反射率因子（BRF），并构建其与 LAI、土壤类型、观测几何、传感器波长和空间分辨率的函数。

3.1.4 叶面积指数的遥感监测精度分析

目前，对叶面积指数遥感监测结果的验证表明，1km 分辨率的 LAI 误差为 25%～

50%，这是一个很大的误差范围，因此加强对 LAI 遥感监测结果的验证，利用野外实测数据评价 LAI 的精度，分析其不确定性及主要影响因素，可为进一步提高 LAI 的遥感监测精度打好基础。

对比 MODIS、VGT、CYCLOPES 和 GLASS 产品的精度（表 3.2），MODIS 上午星和下午星双星联合反演的精度较单一卫星数据产品高，而结合多颗卫星搭载的多颗传感器联合反演获得的 CYCLOPES 和 GLASS 数据产品精度较双星反演精度更高。

表 3.2　全球不同 LAI 产品精度验证对比结果

数据产品	植被类型	相对误差	均方根误差
MODIS Terra LAI	混合类型 1	—	1.07～2.08（与有效 LAI 对比） 1.42（与真实 LAI 对比）
MODIS Aqua LAI	混合类型 1	—	1.74（与有效 LAI 对比） 1.53（与真实 LAI 对比）
MODIS Terra & Aqua LAI	农田	88%	0.5～1.05
	森林	35%～65%	—
	草地	47%	—
	混合类型 2	—	1.29（与有效 LAI 对比） 1.14（与真实 LAI 对比）
	混合类型 1	—	1.63（与有效 LAI 对比） 1.09（与真实 LAI 对比）
VGT LAI	农田	44%	0.5～1.05
	森林	25%～37%	—
	草地	76%	—
CYCLOPES LAI	混合类型 2	—	0.73（与有效 LAI 对比） 0.84（与真实 LAI 对比）
	混合类型 1	—	0.50～1.34（与有效 LAI 对比） 0.97（与真实 LAI 对比）
GLASS LAI	混合类型 1	—	0.78～0.87

注：混合类型 1 包括草地与粮食作物、灌木、稀树草原、阔叶林和针叶林等下垫面类型；混合类型 2 包括裸土、落叶阔叶林、常绿针叶林、常绿阔叶林、农作物和草地等下垫面类型

通过与地面测量数据进行对比分析，在对中等（100～1000m）分辨率与低（>1km）分辨率的 LAI 进行验证时，遇到的最大问题是缺乏地面实测数据，以及地面实测数据的尺度（一般小于 10m）与大范围遥感模型估计的像元分辨率不匹配。这种尺度上的不一致首先包括空间结构及地理统计量上的变化，尺度变化产生的误差也将潜在地影响 LAI 的估算结果。由于现场测量存在与遥感数据不匹配的问题和工作量巨大，采用逐个像元

进行对比的方法显然不现实，因此必须开辟基于高分辨率遥感数据验证 LAI 的思路，使通过低分辨率遥感数据提取的 LAI 值是高分辨率 LAI 值的算术平均值，从而通过高分辨率遥感图像来达到地面实测数据与低分辨率遥感像元间的相关匹配，确定数据产品的不确定性，这样才能对更大尺度、低分辨率遥感提取的结果进行验证。

影响 LAI 精度的一个主要因子是像元中的异质性。随着分辨率的降低，像元的异质性增加，像元中的异质性决定了误差的大小。LAI 的误差与像元中主要地类的百分比呈负相关关系，百分比越高，像元越纯，误差也就越小。研究表明，由异质性导致的 LAI 偏差高达 45%。空间分辨率的选择主要从遥感数据的角度考虑，而没有从实际的地面异质性角度出发，在一个 1km 的网格中会有多种土地覆被类型并存，具有不同的 LAI、冠层结构、物候、叶片结构与生产力等，会明显影响到 LAI 遥感监测结果的精度。对于 LAI 建模来说，植被斑块大小的异质性程度比数据分辨率更重要。

不同植被类型不仅影响像元的异质性，而且由于植被类型决定冠层结构，植被生理参数提取模型一般用植被类型图作为先验知识约束参数空间。但当植被类型错误时，将对 LAI 的精度造成很大影响，绝对误差可达 0.5。

总之，影响 LAI 遥感监测精度的因素众多，包括像元的异质性、植被类型、植被的物候期等，而其中最主要的是异质性。由不同分辨率的遥感数据估算 LAI，由于像元内部异质性存在尺度效应，即由高分辨率数据得到的 LAI 重采样之后与由低分辨率数据得到的 LAI 结果不相同，存在尺度误差，因此发展从传统站点观测到多尺度遥感像元间自洽的尺度转换方法，是解决 LAI 产品尺度效应问题的有效途径。

3.2　叶面积指数的遥感监测方法

全国尺度 250m 叶面积指数数据集的构建主要基于已有的 MODIS MCD15A2 产品，通过时空滤波算法、生长曲线滤波算法及尺度下推的方法来完成。

3.2.1　MODIS LAI 数据集的预处理

下载全国 MODIS MCD15A2 产品数据集，时间为 2000~2010 年，空间分辨率为 1000m，时间分辨率为 8 天。利用 MODIS 提供的 MRT 工具从中提取 LAI 波段和数据质量控制（QC）波段，转为 tiff 格式，并将原始正弦投影转换为等积圆锥投影。

MRT 是一种针对 MODIS 数据的处理工具。它可以帮助用户把 MODIS 影像（Level-2G、Level-3 和 Level-4 陆地产品）重新投影到更为标准的地图上，而且可以选择影像中的空间子集（spatial subsetting）和波段子集（spectral subsetting）进行投影转换。软件输出格式为 raw binary、GeoTIFF 和 HDF-EOS（前两种数据格式为大多数软件所支持），而且该工具可以在多种系统平台上运行，包括 Sun Solaris workstations、SGI IRIX workstations、Linux 和 Microsoft Windows。MRT 可以通过命令行或在 MRT 图形用户界面（graphical user interface，GUI）上运行，核心部分便是对影像的重采样和镶嵌。

3.2.2　LAI 产品的改进

MODIS 地面工作组生产 LAI 产品的方法包括主算法和备用算法。主算法基于严格的三向传输理论，利用多达 7 个光谱波段 MODIS 地表反射率的光谱信息，反演结果精度相对较高。当提取的光谱数据值在预期范围之外时，就利用备用算法估计 LAI。备用算法是基于归一化植被指数（NDVI）和 LAI 的回归关系，建立全球 6 种植被类型的简单统计关系。当以上反演算法都不能估计 LAI 时，依据 MODIS 的土地分类标准产品 MOD12Q1，赋予像素相应的填充值。研究分析表明，中国区域的 LAI 产品存在明显的时空不连续现象，原因既包括反演算法本身的缺陷，也包括云、二向性反射等造成的反射率误差，以及传感器造成的数据缺失等（图 3.1）。

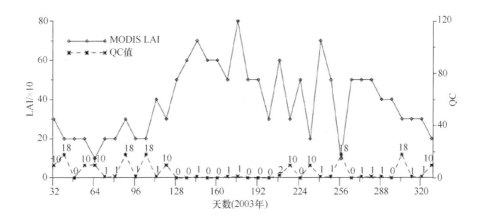

图 3.1　MODIS LAI 产品时间上的不连续性

纵轴数据是原始 LAI 乘以 10 的值

3.2.3 时空滤波算法

为了提高时空连续性，提高 1km LAI 产品的质量，Fang 等（2008）提出了时空滤波算法（TSF）。该算法见表 3.3，时空滤波算法包括 3 个主要步骤：①背景值的计算，以相同植被功能类型 LAI 的多年平均值或空间平均值作为背景值。计算像元连续 11 年（2000~2010 年）的 LAI 平均值。如果像素连续 6 年的 LAI 值均缺失，则多年平均值不存在，此时应用基于植被连续场的生态曲线拟合方法（VCF-ECF）计算像素的背景值。②观测值的计算，当 32≤QC<128 时，将备份算法估计的 LAI 值直接作为观测值；当 QC≥128 时，应用 Savitzky-Golay（S-G）滤波算法计算像素的观测值。③采用数据同化滤波法（DAF）估算新的 LAI 值。对于 QC<32 的像素，由主算法反演得到的 MODIS LAI 值将不做任何修改；对于 QC≥32 的像素，利用前两步计算的背景值和观测值，用下面的公式计算各像素新的 LAI 值。

$$x_a(r_i) = x_b(r_i) + \frac{\sum_{j=1}^{n} W(r_i,r_j)\left[x_0(r_j) - x_b(r_j)\right]}{\sum_{j=1}^{n} W(r_i,r_j)} \tag{3-2}$$

式中，x_b 为背景值，即像素多年的平均值；x_0 为观测值，即 MODIS 标准产品中像素的 LAI 值；$W(r_i,r_j)$ 为权函数，与点 r_i 和 r_j 之间的距离 $d_{i,j}$ 的大小有关，其表达式如下：

$$W(r_i,r_j) = \max\left(0, \frac{R^2 - d_{i,j}^2}{R^2 + d_{i,j}^2}\right) \tag{3-3}$$

式中，R 为预先给定的影响半径。

表 3.3 时空滤波算法

QC 值	MODIS LAI 反演算法	TSF 滤波算法	
		背景值	观测值
QC<32	主算法，反演结果好	好的反演结果、未作任何处理	
32≤QC<64	主算法，饱和	多年 LAI 的平均值或 VCF-ECF 滤波结果	MODIS 标准 LAI 产品
64≤QC<128	备用算法		时间滤波结果
QC≥128	不能反演的像素		

TSF 滤波过程基于超算平台进行，将全国划分为东北、西北、东南、西南 4 个部分，

分别进行滤波处理，然后重新拼接为全国影像。由于输入影像的空间分辨率不同（MODIS 植被类型 MOD12Q1 为 500m，MODIS 植被覆盖因子 MOD44B 为 250m，LAI 为 1000m），需将它们统一为 500m（最邻近像元法重采样）再进行处理。最终得到的 LAI 滤波产品分辨率为 500m。

3.2.4 生长曲线滤波算法

用 TSF 处理后，数据的时空连续性有所改善，但在时间和空间上仍存在明显的跳跃性。原因是 TSF 滤波对 QC<32 的像元未做处理，但部分 QC<32 的像元受到云的影响，仍未反映出植被的真实状况。对此，考虑到地表植被的叶面积指数变化均符合一定的生长曲线，短期内不可能出现剧烈波动，因此本研究采取了保留最大值的生长曲线滤波算法。

具体步骤是以 2×2 窗口搜索时间序列，认为窗口中的最大值反演精度较高，予以保留，对明显小于窗口平均值的像元用 2×2 窗口的代替。图 3.2 为两个典型样点原始 LAI 曲线经 TSF 滤波后 LAI 曲线和最大值滤波后的 LAI 曲线。

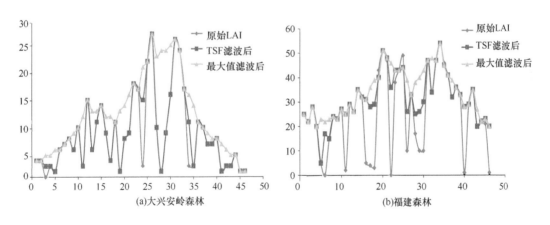

图 3.2 两个典型样点滤波前后 LAI 时间曲线对比（横坐标为天数/8，即 8 天合成；纵坐标为 LAI×10）

3.2.5 尺度下推

假定 LAI 与 NDVI 之间是线性关系，并且在不同空间尺度也呈线性关系，而且大尺度 NDVI 像元值等于组成它的小尺度像元值的平均值，即

$$LAI = \alpha \cdot NDVI \tag{3-4}$$

$$\mathrm{LAI}_{500\mathrm{m}} = \frac{\alpha \cdot \sum_0^n \mathrm{NDVI}_{250\mathrm{m}}}{n} = \alpha \cdot \mathrm{NDVI}_{\mathrm{avg}} \quad\quad （3\text{-}5）$$

$$\alpha = \frac{\mathrm{LAI}_{500\mathrm{m}}}{\mathrm{NDVI}_{\mathrm{avg}}} \quad\quad （3\text{-}6）$$

$$\mathrm{LAI}_{250\mathrm{m}} = \frac{\mathrm{LAI}_{500\mathrm{m}}}{\mathrm{NDVI}_{\mathrm{avg}}} \cdot \mathrm{NDVI}_{250\mathrm{m}} \quad\quad （3\text{-}7）$$

利用上述公式对 500m 分辨率的 LAI 进行尺度下推。具体方法为：将 500m LAI 重采样为 250m，选择 5×5 滑动窗口逐个像元移动，计算窗口中心像元处的 NDVI 与窗口内 NDVI 平均值的比值，再与重采样后的 LAI 相乘。图 3.3 是尺度下推前后影像对比。

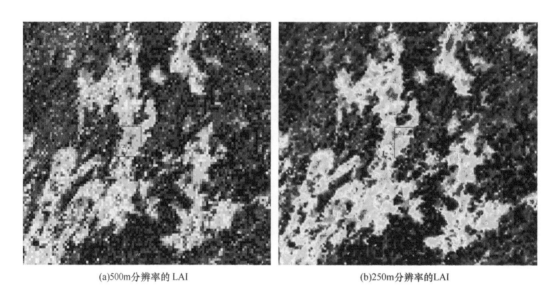

(a)500m分辨率的LAI   (b)250m分辨率的LAI

图 3.3　尺度下推前后影像对比

3.3　叶面积指数数据成果与变化格局

3.3.1　数据成果

应用全国尺度叶面积指数遥感监测方法，获得了 2000～2010 年逐月叶面积指数数据集，图 3.4 展示了 2010 年月度 LAI 最大值。

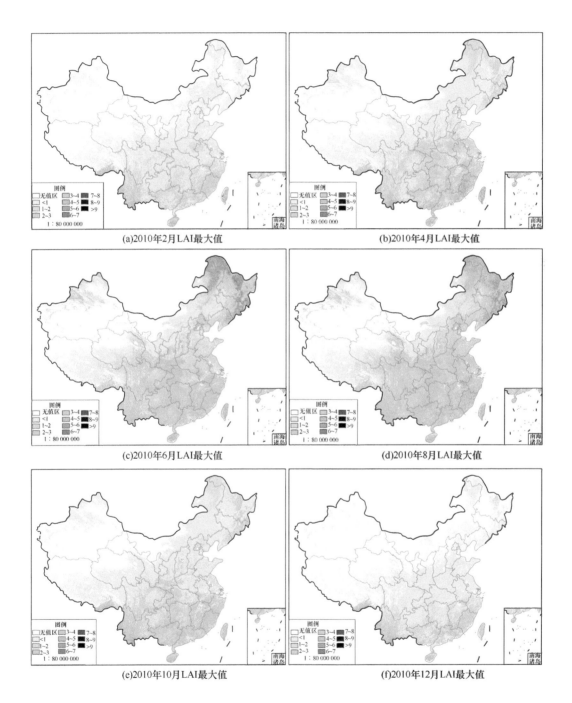

(a)2010年2月LAI最大值　　　(b)2010年4月LAI最大值

(c)2010年6月LAI最大值　　　(d)2010年8月LAI最大值

(e)2010年10月LAI最大值　　　(f)2010年12月LAI最大值

图 3.4　2010 年月度叶面积指数数据集

3.3.2 质量评价

    ChinaCover LAI 的验证采用地面调查数据，在全国范围内均匀布设了 746 个样点，包括 76 个农田样点、47 个草地样点、467 个森林样点和 156 个灌木样点，样点的 LAI 均为在 30m×30m 样地内使用 LAI-2000、LAI-2200 或 TRAC 等专用设备获得的。利用 746 个样点对 LAI 进行精度验证，估测值与实测值的 RMSE 为 1.49，平均精度为 76%；不同生态系统类型中，草地和农田精度最高，其次是森林和灌木（图 3.5）。

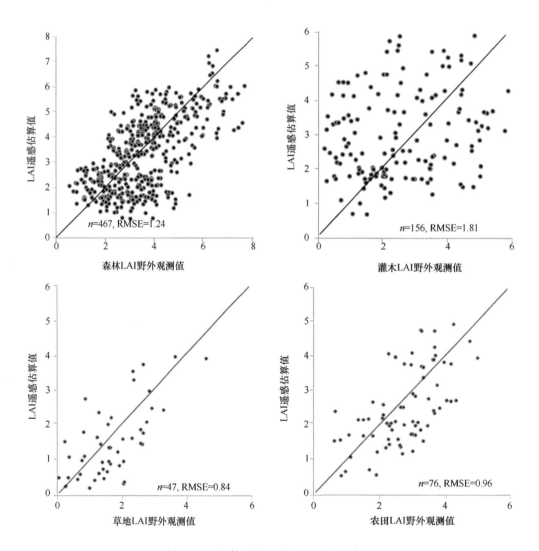

图 3.5　不同植被生态系统 LAI 验证结果

3.3.3　典型生态类型样点的叶面积指数曲线

与植被覆盖度取点一致，提取 8 个典型生态类型样点的 LAI 曲线如图 3.6 所示。由图中可看出的 8 个生态类型样点的 LAI 都呈现出明显的季节特征，其中年最大 LAI 森林>农田>草地。内蒙古农田的 LAI 最大值在 1.5 左右，低于四川盆地农田。青藏高原的草地 LAI 最大值略低于内蒙古草原。北方森林的 LAI 为 0～6，南方森林的 LAI 则是 2～6。南方森林的 LAI 变化曲线波动较多，主要原因还是受云层干扰较大，反射率数据质量不高。

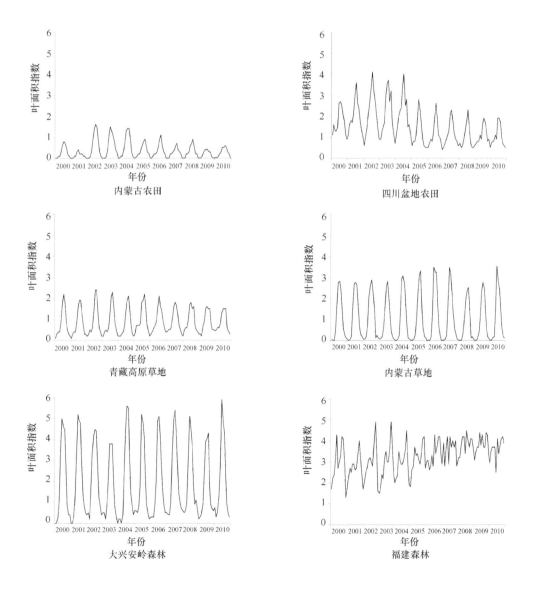

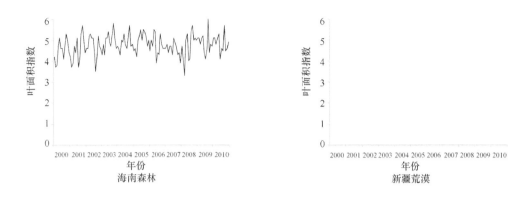

图 3.6　典型生态类型样点的 LAI 变化曲线

3.3.4　叶面积指数时空变化格局

图 3.7 展示了 2010 年全国 LAI 年度最大值分布，我国 LAI 年度最大值较高的区域主要分布在大兴安岭、小兴安岭、西藏东南、云南南部、福建和台湾大部；结合各地 2010 年逐年 LAI 最大值的平均值（图 3.8），可以看出我国植被 LAI 较高的省份包括黑龙江省、福建省和台湾省，分别为 4.47、4.53 和 4.54，而它们是全国森林覆盖率较高的 3 个省份。

具体到不同的植被类型，林地 LAI 平均值最高（3.77）、农田其次（2.69）、草地最低（1.14），这也符合植被的实际情况。全国林地 LAI 分布较高的地区在大兴安岭、小兴安岭、福建和西南山区。华北的灌木林、西北的稀疏林 LAI 较低。全国草地 LAI 分布较高的地区为青藏高原东部及内蒙古东部；青藏高原西部和内蒙古大部草原 LAI 较低，彰显出这些地区的草地退化现状。全国农田 LAI 大部分较高，但在西北黄土高原和内蒙古东部地区的旱地出现了部分较低的 LAI。

由 2000～2010 年全国逐年 LAI 最大值的平均值数据统计（图 3.9）可知，我国整体 LAI 水平呈上升趋势，表明我国植被质量在逐步提高。图 3.10 展示了 2000～2010 年全国 LAI 时空变化情况，从中可以看出大部分地区的 LAI 在 10 年间显著升高（斜率大于 0.05），LAI 显著降低的地区主要出现在内蒙古东部的草原、中南地区的森林，以及川西、藏东与新疆北部地区。林地方面，LAI 显著降低主要发生在川西地区，大部分是因为自然灾害造成的林地损失；另外在东北和华南有小区域 LAI 显著降低。草地 LAI 显著降低则较为严重，内蒙古草原东部、青藏高原南部及新疆北部都存在大面积的显著降低，这一方面与这些地区的过度放牧有关，另一方面也与气候变化有一定的关系。农田方面，

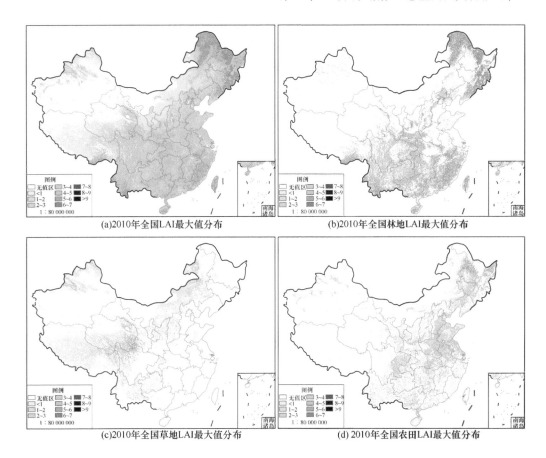

(a)2010年全国LAI最大值分布　　　　(b)2010年全国林地LAI最大值分布

(c)2010年全国草地LAI最大值分布　　　　(d) 2010年全国农田LAI最大值分布

图 3.7　2010 年全国 LAI 最大值分布

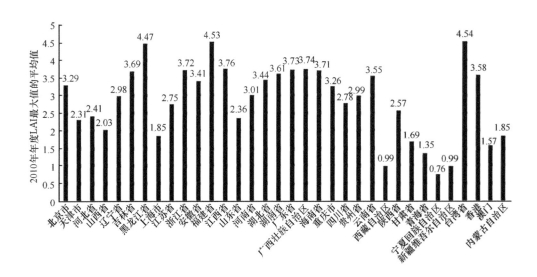

图 3.8　各省（自治区、直辖市）2010 年年度 LAI 最大值的平均值

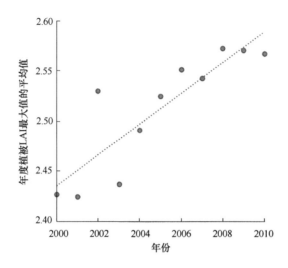

图 3.9 全国年度植被 LAI 最大值的平均值统计图

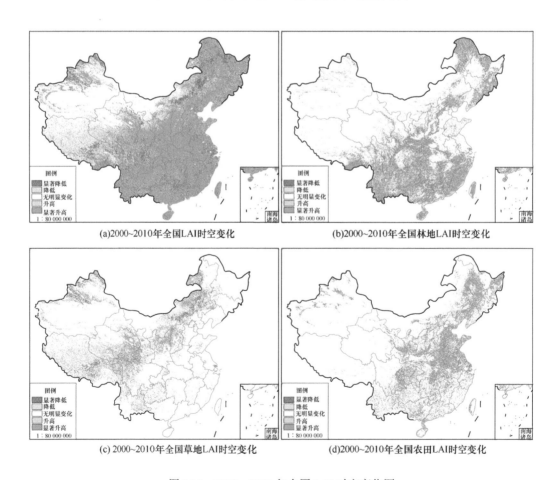

图 3.10 2000~2010 年全国 LAI 时空变化图

LAI 显著降低主要在四川地质灾害地区存在。

3.3.5　气候变化格局对叶面积指数变化的驱动分析

从 LAI 对于温度的影响分析结果（图 3.11）中可以看到，全国植被大多数与气温呈现正相关，但是根据具体林地、草地和农田的分析，呈现正相关的大多是农田，以及青藏高原东部地区的草地。森林生态系统的 LAI 受到气候的影响较小，仅在东北大兴安岭部分地区出现明显负相关，以及在福建西南部地区出现明显的正相关。草地生态系统总体上受温度的影响较为显著，如在青藏高原的三江源地区，由于保护得当，可以认为该地区的草地未受到太多的人类干扰，该区域的 LAI 也与温度因子出现了强烈正相关；而在青藏高原的西南部，LAI 与温度出现了强烈的负相关，这是由于温度越高，牛羊活动

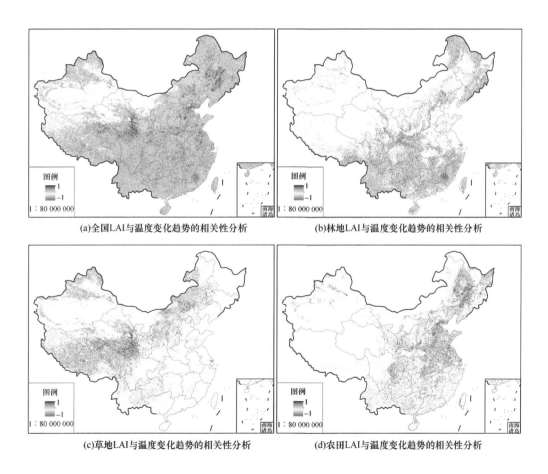

(a)全国LAI与温度变化趋势的相关性分析　　(b)林地LAI与温度变化趋势的相关性分析

(c)草地LAI与温度变化趋势的相关性分析　　(d)农田LAI与温度变化趋势的相关性分析

图 3.11　LAI 与温度变化趋势的相关性分析

量越大，造成草地退化的进一步加剧。农田生态系统大多与温度呈现正相关，仅在东北部分地区出现了一定程度的负相关情况。

从 LAI 对于降水的影响分析结果（图 3.12）中可以看到，全国植被与降水的关系具有明显的地域性，即干旱半干旱区大多呈正相关，在东北林区出现了负相关，南方降水充沛区域的相关性则不明显。森林生态系统的 LAI 受降水的影响较小，仅在东北大兴安岭部分地区出现明显负相关。草地生态系统总体上受降水的影响较为显著，如干旱半干旱地区的草地 LAI 与降水呈强烈正相关；而在青藏高原的西南部，LAI 与降水呈现一定的负相关。农田生态系统大多与降水无明显相关性，尤其是水稻等灌溉农业，只要不出现较大规模的干旱，其与降水的相关性必然较低；而在部分干旱半干旱地区，降水对农业的影响较大。

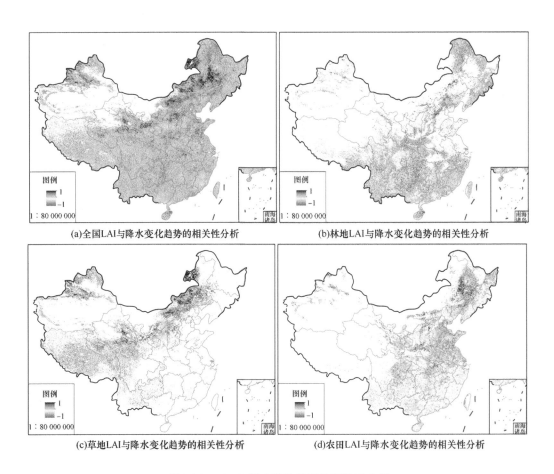

(a)全国LAI与降水变化趋势的相关性分析　　　　(b)林地LAI与降水变化趋势的相关性分析

(c)草地LAI与降水变化趋势的相关性分析　　　　(d)农田LAI与降水变化趋势的相关性分析

图 3.12　LAI 与降水变化趋势的相关性分析

3.4　小　　结

利用遥感技术在区域尺度上提取 LAI 是最有效的途径,国际上已经生成全球和区域尺度的 LAI 数据产品,并公开对外发布。例如,美国 EOS 计划(对地观测计划)利用 TERRA/AQUA 平台上的 MODIS 数据提取的每天 1km 空间分辨率的 LAI 数据产品和基于最大 FPAR 值生成的 8 天合成的 LAI/FPAR 数据产品。遥感提取 LAI 采用的方法主要有光谱指数模型法和辐射传输模型法两类,经过精确的辐射标定和大气纠正的遥感数据是提取高精度 LAI 的前提。

本章的 LAI 监测主要基于 MODIS LAI 标准产品,但该产品仍然存在一些问题,造成 MODIS LAI 标准产品在时间和空间上的不连续性,既有 LAI 反演算法的原因,也有 MODIS 反射率数据质量的原因。本章在时空滤波算法的基础上,针对中国区域作物生长季节云覆盖比较严重从而导致反射率数据质量下降的特点,充分利用 MODIS 数据产品中的数据质量控制信息,对时空滤波算法进行了改进,发展了生长曲线滤波技术,构建了 2000～2010 年 250m 分辨率中国国家尺度的 LAI 数据集。实验结果表明,相对于时空滤波算法,改进后的算法能更好地生产中国区域 MODIS LAI 标准产品,生成了中国区域 2000～2010 年时间和空间上更为连续的 LAI 产品,已有的研究结果为数据产品与应用模型的衔接提供了更为合理、可靠的数据。

参 考 文 献

吴炳方, 曾源, 黄进良. 2004. 遥感提取植物生理参数 LAI/FPAR 的研究进展与应用. 地球科学进展, 19(4): 585-590.

向阳, 肖志强, 梁顺林, 等. 2014. GLASS 叶面积指数产品验证. 遥感学报, 18(3): 573-596.

Chen J M, Rich P M, Gower S T, et al. 1997. Leaf area index of boreal forests: theory, techniques, and measurements. Journal of Geophysical Research, 102(D24): 29429-29443.

Fang H, Liang S, Townshend J, et al. 2008. Spatially and temporally continuous LAI data sets based on an integrated filtering method: examples from North America. Remote Sensing of Environment, 112(1): 75-93.

Fernandes R, Butson C, Leblanc S, et al. 2003. Landsat-5 TM and Landsat-7 ETM+ based accuracy assessment of leaf area index products for Canada derived from SPOT-4 VEGETATION data. Canadian Journal of Remote Sensing, 29(2): 241-258.

Goel N S, Thompson R L. 1984. Inversion of vegetation canopy reflectance models for estimating agronomic variables. V. Estimation of leaf area index and average leaf angle using measured canopy reflectances.

Remote Sensing of Environment, 16(1): 69-85.

Masson V, Champeaux J L, Chauvin F, et al. 2003. A global database of land surface parameters at 1-km resolution in meteorological and climate models. Journal of Climate, 16(9): 1261-1282.

Roberts D A, Ustin S L, Ogunjemiyo S, et al. 2004. Spectral and structural measures of northwest forest vegetation at leaf to landscape scales. Ecosystems, 7(5): 545-562.

Verhoef W. 1984. Light scattering by leaf layers with application to canopy reflectance modeling: the SAIL model. Remote Sensing of Environment, 16(2): 125-141.

第4章 植被生长期遥感监测及变化格局

4.1 概　　述

一年中植物显著可见的生长期间，称为生长期，也可称为植被物候（phenology）。生长期与温度条件有着密切的关系，在一定温度以上可继续生长的时间就称为生长期。植被物候变化影响生态系统结构和功能。例如，生态系统内不同物种间物候对环境变化敏感性的差异可能会引起物种间竞争关系的变化，导致植物群落组成发生变化，影响生态系统结构和功能，进而影响赖以生存的动物的分布（Gill et al.，1998；Augspurger et al.，2005；Chuine，2010）。另外，气候变暖和春季提前也可能增加野火发生频率（Westerling et al.，2006）或引起夏季干旱（Kljun et al.，2006；Hu et al.，2010）。植被物候变化也可能影响候鸟迁徙格局进而影响流行病的传播。

生长期在农业上的应用较为广泛，基于生长期提出的复种指数是一个实用性强、应用广泛、对农业生产具有重要意义的指标（刘玉华和张立峰，1998），是耕作制度研究中衡量耕地资源集约化利用程度的基础性指标，也是国家宏观评价耕地资源利用基本状况的重要技术指标（刘巽浩，1997）。复种指数反映了农业生产在时间尺度上利用农业资源的程度，其实质是沿时间序列，从对耕地利用次数的角度反映某一种植制度对耕地的利用状况及利用程度（刘玉华，1999），其定义的基础就是不同地区、不同作物的生长期不同。在许多关于农业的研究（如农业区划、农业地理、土地资源和土地利用等）中将生长期作为耕地利用程度的指标。有关研究表明，中国粮食种植面积有很大比例来自复种面积。1995 年中国复种面积为 0.53 亿 hm^2，间套作面积为 0.33 亿 hm^2 以上，在以复种、间种、套种为中心的多熟制土地上所生产的粮食产量约占全国的 75%，复种在中国农业生产中具有举足轻重的地位（刘巽浩，1997）。进入 21 世纪，尤其是 2010 年以来，随着中国耕地面积的逐年减少（吴炳方等，2015），作物产量的稳定主要依靠复种面积的增加，显然，复种面积的变化将影响中国粮食总产的变化。监测中国耕地

本章执笔人：赵旦，范锦龙，衣海燕，熊杰

的复种指数变化，将为粮食估算提供间接的参考依据，对预测未来粮食生产有非常重要的意义。

4.1.1 植被物候遥感监测

4.1.1.1 物候学与陆表物候观测

在生态系统尺度上，植被物候是植被对气候系统反馈的媒介，对生态系统过程（如碳循环、水循环和能量循环）有重要影响，是研究生态系统与环境交互的重要"线索"（Schwartz，1999；Piao et al.，2008；Penuelas et al.，2009；葛全胜等，2010）。Baldocchi（2008）与 Churkina 等（2005）研究发现，生长季长度与落叶阔叶林、草地和作物年净碳吸收的空间分布存在正相关关系。而在年际变化上，Richardson 等（2010）基于遥感物候观测与 CO_2 通量数据研究发现，落叶林春季返青的提前和秋季休眠的推迟通常会导致生态系统年初级生产力的增加。但在秋季变暖条件下生态系统呼吸速率较光合速率的提升可能更快，进而导致生态系统的碳流失（Piao et al.，2008；Barichivich et al.，2013）。Keenan 等（2014）结合长期地面物候观测、遥感物候观测、CO_2 通量数据与多个陆地生物圈模型的研究发现，在温带森林，尽管返青提前和休眠推迟会增加生态系统碳排放量，但碳吸收效应更加明显，进而增加生态系统净碳吸收量。物候对生态系统碳循环的影响，在温带草地和地中海热带稀树草原也有所报道（Ma et al.，2007）。

物候观测数据（尤其是传统地面观测数据）缺乏是目前制约物候研究的重要因素。长时间序列地面物候数据有限，如美国系统的物候观测主要从 20 世纪中期开始，我国现代物候学先驱竺可桢先生倡导建立的中国物候观测网（http://cpon.ac.cn/）建成于 1963 年，但因 20 世纪 90 年代的观测中断导致物候数据不完整，降低了数据可用性（葛全胜等，2010）。目前，许多国家如美国、加拿大、德国等已建成或正在建立国家级物候观测网。全球物候监测网（The Global Phenological Monitoring Network，GPM）目前也正处于发展中（Chmielewski et al.，2013）。传统地面物候观测网能够获取植物个体或物种水平的物候信息，对物候阶段的观测较为精细，但其空间覆盖范围有限，在人迹罕至或欠发达地区数据获取困难。

4.1.1.2　基于遥感数据的物候监测

遥感数据能够获取时空相对连续的陆表特征，以描述像元分辨单元内陆表变化动态，自 1972 年地球资源技术卫星（Earth Resource Technology Satellite，ERTS-1，Landsat-1）首次应用于植被物候提取以来，遥感物候研究迄今已有近 50 年的历史。但高时间分辨率遥感数据（NOAA/AVHRR）应用于植被物候研究始于 1985 年（Justice et al.，1985）。而 Schwartz（1999）认为 Reed 等（1994）关于物候提取的论文是遥感物候观测领域的奠基性研究。近二十几年，遥感物候研究得到了长足发展，尤其是在长时序高时间分辨率遥感数据集的生成以及基于植被指数时间序列的物候提取方法上（Reed et al.，2009；Henebry and de Beurs，2013）。

遥感观测物候与传统地面尺度植物个体或种群物候不同，遥感观测尺度（一般30m～8km）为景观尺度，其描述的是地表一定空间范围内的综合变化，因此适用于景观尺度陆表动态研究，如生态系统物质循环（Reed et al.，2009）。当前学术界比较认可的一个概念是陆表物候（land surface phenology，LSP），即遥感观测的有植被覆盖的陆表季节性变化，它反映的是作为一个整体的生态系统的变化过程，比较清晰地表述了遥感观测物候与植物物候的本质差别（de Beurs and Henebry，2004）。由于不局限于植物个体的生命事件，陆表物候的内涵得到丰富扩展，如陆表绿度、植被覆盖度、水分、温度、粗糙度和反照率等季节性变化均属于陆表物候范畴。

陆表物候观测依赖于高时间分辨率卫星数据，卫星重返周期一般应小于半个月。表 4.1总结了当前适用于植被物候观测的卫星遥感数据的相关参数（Reed et al.，2009）。其中NOAA/AVHRR 数据是当前长时序遥感物候研究使用最为广泛的数据，其最大的优势在于提供了 1982 年至今共三十几年的存档数据，目前已发布多种类型的 AVHRR 数据产品，如GIMMS NDVI 3g 产品（15 天合成，8km 空间分辨率；Pinzon and Tucker，2014）。该数据适用于分析大尺度陆表物候的长期变化特征，但只能提供 NDVI 时间序列且空间分布率较低。

MODIS 数据是近年来物候研究最为关注的数据源（Henebry and de Beurs，2013）。相比 AVHRR，MODIS 在空间和光谱分辨率上均有显著提高。MODIS 共有 36 个光谱通道，涵盖光学和热红外波段，能够提供更丰富的陆表变化信息，其红光和近红外波段的空间分辨率为 250m，可见光和短波红外波段的空间分辨率为 500m。MODIS 标准数据产品体系相对比较完整，在物候观测方面，可供选择的数据产品主要有 16 天合成的NDVI/EVI、8 天合成的反射率、逐日反射率及 8 天合成的 LAI 等产品。

表 4.1　当前植被物候观测的主要卫星遥感数据

遥感数据	时间跨度	空间分辨率	时间分辨率
NOAA/AVHRR	1982 年至今	1.1km	逐日、15 天
Terra/MODIS	2000 年至今	250m	逐日、8 天、16 天
SPOT VGT	1998 年至今	1km	逐日、10 天
ENVISAT MERIS	2002 年至今	300m	1~3 天
Landsat	1973 年至今	30m	16 天
AMSR	2002 年至今	25km	逐日
SeaWinds	1997~2010 年	25km	逐日
Proba-V	2013 年至今	100m	逐日、10 天

除 MODIS 外，其他适用于物候研究的中分辨率遥感数据主要为 SPOT VEGETATION 和 ENVISAT MERIS。SPOT VEGETATION 数据包括 4 个波段，即蓝光、红光、近红外和短波红外，可以提供 NDVI、EVI 和 NDWI（归一化差值水体指数）等植被和水体指数。SPOT 10 天合成的 1km 分辨率 NDVI 产品应用相对广泛。尽管 MERIS 数据包括 15 个波段，但与 MODIS 相比其优势不突出，应用较少。

2013 年由比利时发射的 Proba-V 卫星能够提供 100m、300m 和 1km 尺度上的遥感数据，但由于空间分辨率的提高，100m 分辨率的数据幅宽降低（517km），成像周期约为 5 天，因此，数据质量受云、雪的影响较大，但 Proba-V 能够同时提供 300m 分辨率数据，几乎每天均能成像，其 10 天最大值合成的影像质量能够得到充分保证，由于获取这两种数据的传感器相似，因此，相比使用 MODIS 和 Landsat 进行的数据融合，Proba-V 100m 和 300m 相应波段的融合效果更好（郑阳，2017）。

基于 Landsat 系列数据的物候研究近年来逐渐受到重视（Henebry and de Beurs，2013）。最近，美国地质调查局（USGS）发布 Landsat 标准植被指数产品（Landsat Analysis Ready Data，ARD），将有效推动基于 Landsat 的陆表物候研究。Landsat 数据的优势主要包括两方面：一是较高的空间分辨率（30m）；二是较长时序的存档数据（1973 年起），是目前存档数据时间跨度最长的卫星遥感数据。对于陆表物候研究，Landsat 数据的主要不足是其 16 天的重访周期，如果获取图像时感兴趣区恰好有云覆盖，则其时间序列的时间间隔会过长，影响特定物候期的观测。因此，缺失数据插值（Baumann et al.，2017；Pouliot and Latifovic，2018；范菁等，2017）或融合 Landsat 与 MODIS 数据受到广泛关

注（Zhu et al.，2010；Wei et al.，2017）。

微波遥感能够测量陆表含水量和结构参数的季节性变化，且受云、雨等气象因素的影响很小，在陆表物候提取上具有独特优势（Frolking et al.，2006；Jones et al.，2011；Lu et al.，2013；Guan et al.，2014）。目前，适用于陆表物候提取的微波遥感数据主要为被动微波数据，如高级微波扫描辐射计（advanced microwave scanning radiometer，AMSR）和散射计 SeaWinds，但二者空间分辨率较低（皆为 25km），仅适用于大尺度物候研究。另外，被动微波数据可探测土壤冻融状态等非生物物候，对气候变化研究具有重要意义（Frolking et al.，1999；Kim et al.，2011）。尽管主动微波遥感数据如 RadarSat-2 具有较高的空间分辨率且具有物候探测能力（Canisius et al.，2018；Yang et al.，2017），但其获取成本较高且存档数据不足，不适用于长时序物候变化研究。

4.1.1.3　陆表物候度量与提取方法

陆表物候度量是植被季节性变化的最终表现，基本物候度量主要包括生长季开始时间（返青）、生长季峰值、生长季结束时间（休眠）、生长季长度、成熟和衰老等（White et al.，1997；Ganguly et al.，2010）。遥感能够提供高频率地表参数变化信息，从地表参数变化的时间序列曲线中不仅能获取植被状态转换期，还能获取植被状态和由物候期、相应植被状态及时间序列变化特征构建的衍生物候度量，即遥感物候过程信息，或称为衍生陆表物候度量，如返青速率、衰老速率、生长季植被指数积分、生长季植被指数振幅及各物候期植被指数值等（Reed et al.，1994）。

陆表物候提取的主要方法一般可分为两种，即阈值法和导数法。阈值法可分为绝对阈值法和相对阈值法。绝对阈值法即植被指数达到某一阈值时，表明植被即将进入某一物候相，如春季 NDVI 值达到 0.2 代表生长季开始。相对阈值法以生长季植被指数振幅为基础，当植被指数值达到其振幅的某个百分比时认为植被进入某一物候相。返青期的相对阈值一般为 10%、20% 和 30%。阈值的选取依据还不明确，需要先验知识的支撑（de Beurs and Henebry，2010），且在不同生态系统中，相同阈值代表的植被状态不同。

在导数法中，以返青为例，有研究以生长季一阶导数最大值代表返青期开始，其意义为此时绿度上升速率最快（Piao et al.，2006；Balzter et al.，2007）。导数法要求输入平滑的时间序列，不适用于易受扰动的生态系统。Zhang 等（2003）以植被指数时间序列经 Logistic 函数拟合后二阶导数局部极值点确定物候期，其意义为此时植被指数的变化率出现拐点，是植被状态改变的转折点。

目前，没有任何一种方法适用于所有生态系统，且不同方法之间物候提取的差异明显，发展适用于不同生态系统的特定方法逐渐成为陆表物候观测领域的共识（Henebry and de Beurs，2013；陈效逑和王林海，2009；夏传福等，2013；范德芹等，2016）。本质上，陆表物候提取方法的区别在于对陆表物候定义的区别。Henebry 和 de Beurs（2013）认为即使是最常用的陆表物候度量，如生长季开始，也是病态定义，但在植物个体或物种尺度上，发芽、展叶等物候现象并无定义上的分歧。

4.1.2 基于 AVHRR 时间序列数据的生长期监测

NOAA 系列卫星的发射，使得 AVHRR 数据已经形成较长跨度的时间序列，由它制作的 NDVI 数据集得到了广泛应用。其中最为典型的就是美国 NASA 的 Pathfinder NOAA/AVHRR 8km×8km 时间序列 NDVI 数据集。长时间序列数据的形成为生长期的监测提供了数据源，基于 AVHRR 数据的生长期监测为后续利用其他数据源监测生长期提供了技术基础。

4.1.2.1 应用概况

国内，AVHRR 应用于气候变化与植被响应研究（孙睿等，2001；赵茂盛等，2001；张军等，2001；朴世龙和方精云，2001；陈云浩等，2001，2002a；龚道溢等，2002；香宝和刘纪远，2002）、净初级生产力估算（朴世龙和方精云；2002）、土地覆被监测（温刚，1998；温刚和符淙斌，2000；朴世龙和方精云，2001；孙睿等，2001；徐兴奎等，2001；张军等，2001；陈云浩等，2002a；香宝和刘纪远，2002；赵茂盛等，2002）、植被覆盖与沙尘暴关系研究（顾卫等，2002）等。也有一些研究人员将自己制作的 NOAA/AVHRR NDVI 数据集应用于气候变化与植被响应研究（肖乾广等，1997；齐晔，1999；延昊等，2001，2002）、净初级生产力估算（肖乾广等，1996；郑元润和周广胜，2000；孙睿和朱启疆，2000；郭志华等，1999，2001a，2001b）、蒸散量估算（郭亮等，1997）、土地覆被分类（李晓兵和史培军，1999；潘耀忠等，2000）等方面。使用的主要方法有相关分析法（孙睿等，2001；陈云浩等，2002b）、主成分分析法（温刚，1998；郭庆华等，1999；潘耀忠等，2000；延昊，2001，2002；陈云浩等，2002a）、矢量分析方法（陈云浩等，2002a）、正交函数分析法（EOF）（温刚和符淙斌，2000；徐兴奎等，2001）、奇异值分解分析法（龚道溢等，2002；香宝和刘纪远，2002）等。

国外，Benedetti 等（1994）用低分辨率卫星（NOAA）的 NDVI 来研究长时间跨度的植被时间动态变化。Schultz 和 Halpert（1993）研究了 NDVI、温度和降水之间时间相关性的变化性，进一步研究了 NDVI 与温度数据用于监测全球生物气候的潜力。Li 和 Kafatos（2000）使用主成分分析和小波变换的方法从时间序列的植被信号中提取内在的气候波动信息，如厄尔尼诺（El Niño）和拉尼娜（La Nina）。Hill 和 Donald（2003）使用 5 点移动平滑的 AVHRR NDVI 时间序列曲线构造 NDVI 时间序列曲线积分，用于估算农业生产力的时空格局。Mika 等（2002）利用统计回归方法建立了匈牙利 NOAA/AVHRR NDVI 与小麦、玉米单产的估算模型。Hartmann 等（2003）开发了一套与税收、国家信用体制有关的旱情评价系统，辅助政府决策（阿根廷）。该系统使用 NOAA/AVHRR NDVI 数据监测旱情，对当年与历史同期（1996～2000 年）NDVI 的最小值、平均值、最大值进行比较，比较结果分成 5 级，对有疑问的地区用 Landsat TM 进行重新评价。

时间序列的 NOAA/AVHRR NDVI 数据还包含植被季节性变化的信息，这些信息有助于分析土地覆被的季节和结构性特征（Justice et al.，1985；Malingreau，1986；Townshend and Justice，1986）。特别是全球尺度的时间序列植被动态信息，有助于加深研究人员对全球物质循环如水分循环、二氧化碳循环等的理解（Running and Nemani，1988；Sellers et al.，1997）。

4.1.2.2 生长期的监测

生长期数据是重要的植被信息，是农牧业生产、田间管理、计划决策等的重要依据，也是植物模拟模型的重要参数（辛景峰等，2001）。为此，研究人员开展了广泛的研究，通常使用的方法主要是两种：一是采用气象数据预测物候。例如，Daniel 等（2001）利用气象数据研究生长季长度。Ati（2002）利用降水数据预测生长季的开始时间等。二是采用遥感数据监测作物的生育期。由于 NDVI 时间序列指示植被的生长和枯萎的年循环节律，已用于监测植物生长期。

国外，Gallo 和 Flesch（1989）使用 3 种方法（积温法、地面调查、植被指数）监测玉米吐丝期，认为差值植被指数（DVI）周合成值与积温法估计的吐丝期均表现较好，建议使用 DVI 周合成值或 3 周平滑值监测大面积玉米种植区域的吐丝期。Reed 等（1994）、Moulin 等（1997）、White 等（1997）和 Zhou 等（2001）采用遥感数据监测生长季的开始时间。Jonsson 和 Eklundh（2002）用不对称高斯模型的非线性最小二乘法，从像元分辨率为 8km×8km 10 天最大值合成的 Pathfinder AVHRR Land（PAL）数据集中提取非洲植被物候参数。

国内，王延颐和 Malingreau（1990）用空间分辨率为 15km 的 GVI 监测江苏省冬小麦-水稻一年两熟轮作体系的 6 个生育期。辛景峰等（2001）利用 6km 10 天合成的 NOAA/AVHRR 数据集经条件时间内差平滑法监测中国华北平原冬小麦-夏玉米轮作体系中的 6 个关键生育期。江东等（2002）利用 NOAA/AVHRR 数据，分析 NDVI 时间序列曲线的波动与农作物生长发育阶段及农作物长势的响应规律，并以华北冬小麦为例，探讨了 NDVI 在冬小麦各生育期的积分值与农作物单产之间的相关关系。侯英雨和王石立（2002）用最小二乘法对 NDVI 时间序列曲线进行平滑处理，认为曲线最低点是返青初始期，最高点是抽穗初期，并利用返青至抽穗期间植被指数累积值、孕穗至灌浆初期温度累积值两个因子建立作物产量估算模型。

遥感监测生长期的一个关键就是需要结合 NDVI 时间序列曲线特征定义生长期度量的标准。一般认为当 NDVI 出现快速与稳定增长时就定义为生长季的开始，还可以取 NDVI 最大值与 NDVI 最小值的中点出现的时间作为生长季的开始和结束（Schwartz et al.，2002）。研究人员利用 NDVI 时间序列曲线监测农作物物候已积累了丰富的经验（Gallo and Flesch，1989；Ehrlich et al.，1994；Munden et al.，1994；Reed et al.，1994；Moulin et al.，1997；White et al.，1997；Zhou et al.，2001；辛景峰等，2001；Xin et al.，2002），从农作物一年内的种植次数考虑，进一步有可能提取复种指数，范锦龙和吴炳方（2005）提出了一种基于 AVHRR 数据时间序列分析的农作物复种指数监测方法。

4.1.2.3 时间序列数据的缺陷与改进

一些研究表明，NOAA/AVHRR NDVI 数据仍然存在一些问题。虽然许多数据都经过了标准的几何校正、辐射校正甚至大气校正，但是 NDVI 值仍然受传感器的波段、残余的几何误差、云、水蒸气、气溶胶、表面异质性和云的阴影的影响。Lioubimtseva（2003）认为 NOAA/AVHRR 最初主要是为气象观测设计的，它的光谱波段不是很适合监测植被。Kogan 和 Zhu（2001）调查了 1985～1999 年 NOAS 发布的全球植被指数数据集 NDVI 的稳定性，发现 NDVI 存在随着时间衰减和在不同卫星之间具有偏差的问题。Gutman 等（1996）发现 NOAA/AVHRR NDVI 月合成数据存在不连续性和残差趋势，不利于精确探测中等尺度的生态系统变化,他认为残差趋势是由卫星轨道漂移和定标的固定误差造成的。

为了减少这些偏差的影响,通常使用最大值合成(maximum value composites,MVC)法将逐日数据合成每旬或每月的数据再使用(Holben,1986;Eklundh,1995)。研究表明 MVC 方法仍然存在两个主要缺陷:第一,NDVI 仍然受太阳、目标、传感器几何位置的影响(Gutman,1991;Cihlar et al.,1994;Li et al.,1996;Duchemin,1999);第二,它们对反射率的直接影响可能全部反映到 NDVI 上(Breon et al.,1997)。另外,MVC 也没有考虑地面的直接影响(Saint,1999),所以,MVC 法得到的是同一影像不同轨道镶嵌而成的人工产物。全球合成的 NDVI、反射率图像表现出不正常的变化,像噪声一样的波动影响了监测生态系统和植被动态的效果(Duchemin and Maisongrande,2002)。

采用 MVC 法合成的时间序列数据仍然受云的影响,于是研究人员对其进一步进行平滑处理。平滑的目的是最大限度地去除数据中的噪声、误差甚至错误,尽可能保持数据的局部变化规律,确保建模数据的准确性、合理性和完整性。主要的平滑方法有滑动平均法(Malingreau,1986)、中值法(Kogan and Sullivan,1993)、条件时间内差平滑法(辛景峰等,2001)、最小二乘法(侯英雨和王石立,2002),还有比较常用的 3 点、5 点、7 点移动平滑方法。这些平滑方法都尽可能紧密地拟合原始数据,消除短时间的脉动值,形成平稳变化的时间序列。

上述提及的平滑方法都比较真实地描述了曲线的特征,但都是一般特征,没有反映出曲线内部蕴涵的周期性,如移动平均法、中值法和复杂平滑法只减少了一些短频率的波动(Van Dijk et al.,1987)。因此,又有人探索新的处理方法,试图通过函数逼近使得数据平滑,开发了时间序列谐波分析法(harmonic analysis of time series,HANTS)(Roerink et al.,2000)。

HANTS 的核心算法是傅里叶转换,与常用的快速傅里叶转换(fast Fourier transformation,FFT)有所不同。FFT 也是用不同频率的谐波函数的振幅和相位来描述时间序列的图像,但 FFT 要求时间序列的图像等间距、没有云污染,而 HANTS 没有这些要求,仅考虑时间序列的频率数。

傅里叶分析对植被的系统变化敏感,而对非系统的数据噪声不敏感,而且高阶傅里叶分解可以捕捉到精细植被类型的物候以及与扰动事件有关的快速表面变化,如林火、森林砍伐、洪水等(Moody and Johnson,2001)。Moody 和 Johnson(2001)选用 6 个实验点,用 AVHRR NDVI 数据,采用离散傅里叶分析法(discrete Fourier transform)研究了陆地表面的物候，用相位和振幅来描述季节属性。Olsson 和 Eklundh（1994）及 Andres 等（1994）采用 FFT 的方法研究植被的时间动态。Menenti（1993）利用 FFT 算法分析 NDVI 时间序列数据，发现现有的农业气候图上制图单元间的植被生长发育差异不明显，但使用 FFT 分析发现制图单元间的差异非常明显。陆文杰和李正浩（1996）尝试用傅里叶级数对时间序列的 NDVI 数据进行二次拟合处理。

HANTS 是一种新的农作物物候分析手段，可以用于定量测量植被动态。Azzali 和 Menenti（1999）采用 HANTS 研究植被物候节律，通过几个不同频率的谐波函数的振幅和相位来描述时间跨度为 9 年的 NDVI 月合成数据集。Jakubauskas 等（2001）用时间跨度为 1 年的 NOAA/AVHRR 2 周合成的 NDVI 数据经 HANTS 提取堪萨斯州西南部 Finney 县的自然、农业植被土地利用/土地覆被的季节变化特征。Jakubauskas 等（2002）根据 NDVI 的时间动态变化，使用 HANTS 识别作物类型。

4.2　农作物复种指数的遥感监测方法

低分辨率数据中应用最广、成效最大的就是时间序列植被指数。一般认为植被指数是反映作物生长状态最为直接的遥感指标（Justice et al.，1985），使用最为广泛的是归一化植被指数（NDVI），通常定义为近红外与可见光红光波段反射率之差和这两个波段反射率之和的比值。如果将植物生长的 NDVI 值以时间为横坐标排列，则形成时间序列 NDVI 动态变化曲线。本小节将以农作物物候为例，介绍利用时间序列遥感数据监测生长期的经典方法。时间序列 NDVI 曲线中以农作物的曲线最为复杂，主要有 4 种典型类型，图 4.1 是耕地农作物 NDVI 值随时间变化的情况。图 4.1（a）表明 NDVI 在一年内形成单峰曲线，呈现 1 个周期的特征，图 4.1（b）表明 NDVI 形成双峰曲线，呈现 2 个周期的特征，图 4.1（c）表明 NDVI 形成三峰曲线，呈现 3 个周期的特征，图 4.1（d）表明 NDVI 形成较平直的曲线。

4.2.1　复种指数与 NDVI 时间序列曲线的关系

复种指数实质是沿时间序列，从对耕地利用次数的角度反映某一种植制度对耕地的利用状况及利用程度。复种指数大，说明复种次数多，对耕地利用程度高。反之，复种

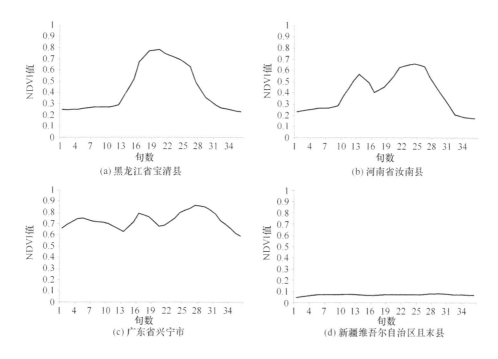

图 4.1　农作物 NDVI 动态变化曲线（纵坐标为[（NDVI+0.1）/0.004]）

指数小，说明复种次数少，对耕地利用程度低（刘玉华，1999）。而耕地利用程度决定着耕地的物候规律，如果耕地一年种植一季作物，就呈现出一季作物的物候循环规律，如果耕地一年种植两季作物，就呈现出两季作物的物候循环规律。陈阜（2000）的实验表明小麦-玉米种植模式的叶面积指数为"双峰曲线"，而小麦/玉米/玉米模式的叶面积指数为"三峰曲线"。这也说明复种指数与时间序列 NDVI 曲线有明确的关系。

联系 NDVI 时间序列曲线与复种指数的纽带是农作物年内循环规律。根据 NDVI 时间序列曲线的周期性捕捉到的耕地农作物的动态信息能够很好地揭示耕地的复种情况。一年一个周期的 NDVI 时间序列曲线反映的是一年一季作物的特征，两个周期的 NDVI 时间序列曲线反映的是一年两季作物的特征，三个周期的 NDVI 时间序列曲线反映的是一年三季作物的特征，没有周期的 NDVI 时间序列曲线反映的是裸地的特征。

NDVI 时间序列的周期性可以通过曲线的"峰"与"谷"确定，而"峰"与"谷"是由农作物的播种、生长、收获产生的。一些研究（王延颐和 Malingreau，1990；辛景峰等，2001；Xin et al.，2002；王人潮和黄敬峰，2002）也表明这些"峰"对应于农作物的抽穗生育期，这些"谷"表明了上一季农作物的收获。因此，从一年内同一地块作物种植的次数考虑，复种指数就等于 NDVI 时间序列峰值的频数。

目前通过对 NDVI 时间系列图像的分析研究,已经成功提取了物候和植被状态参数,如生育期(Gallo and Flesch,1989;辛景峰等,2001)。峰值频数的提取方法与生育期的提取方法不尽相同,目前也尚未见到报道,而且原始的锯齿状曲线也不适合直接提取峰值频数。如果对这些曲线不加以处理,那么曲线既不代表真实情况,研究人员也没有合适的办法避开每一个锯齿构成的小"峰"而将曲线真正的"峰"自动提取出来。只有根据 NDVI 时间序列曲线锯齿形成的原因,寻求一种较好的重构办法,处理成平滑的曲线,才能够顺利地将"峰"自动提取出来。因此,时间序列 NDVI 去云处理与峰值频数的提取是复种指数提取的关键。

4.2.2 NDVI 时间序列数据去云重构

4.2.2.1 NDVI 时间序列数据的噪声影响

卫星遥感数据是卫星从八九百千米的高空获取的,难免要受到传感器本身噪声、大气扰动等的影响。NDVI 通过红光波段与近红外波段的线性组合,削弱了这些噪声的影响,但不是很理想,随后又通过 MVC 法将日 NDVI 数据合成旬 NDVI 数据,进一步减弱了这些噪声的影响,但仍然没有完全去除噪声。一些研究表明 MVC 法本身仍存在缺陷(Gutman,1991;Cihlar et al.,1994;Li et al.,1996;Breon et al.,1997;Duchemin et al.,1999)。Saint(1999)认为,MVC 法合成 NDVI 时没有考虑地面的直接影响,得到的 NDVI 图像是同一区域不同轨道的影像镶嵌而成的人工产物。Duchemin 和 Maisongrande (2002)采用双向直接合成法合成的 VGT 10 天合成数据集,反射率、NDVI 的季节和空间一致性较 MVC 法高。

单景 NDVI 存在噪声影响,NDVI 时间系列也存在噪声影响。尽管对遥感数据可以进行精确的大气校正,但局部地区长时间云的遮挡和阴霾的影响以及单个像素点内小于一个像素的小块云、薄云的影响都无法去除。而且,MVC 法合成 NDVI 时没有综合考虑较长周期内的遥感图像像元值的变化规律与趋势,合成的 NDVI 时间序列曲线是一种锯齿状的曲线,仍然受云的负向影响,有时候抖动非常剧烈,具体应用还不方便,有必要首先对这些曲线进行去云处理,即对曲线重构。图 4.1 所示的 4 种 NDVI 动态曲线是选出的较好的曲线,事实上许多曲线受云的影响很大。因此,如何有效地去除云的负面影响,是运用 NDVI 时间序列曲线提取耕地作物复种指数的关键问题。

4.2.2.2　时间序列图像去云重构原理

NDVI 时间序列图像每个像元构成离散点系列，由于云、雾、水汽等的影响，像元值减小（Holben and Fraser，1984；Holben，1986），通过时间序列的去云重构处理，主要目的是保持原时间序列周期性的同时恢复这些像元值的在无云值。本章提取复种指数所使用的时间序列去云重构方法是时间序列谐波分析法（Roerink et al.，2000），它的核心算法是傅里叶转换。傅里叶转换在信号处理中常用于去除噪声，如条带、斑点、影像的周期性波动等。

傅里叶理论最适合分析周期性的时间序列（Roerink et al.，2000），常用来描述时间序列的变化规律（魏淑秋，1985）。连续函数的傅里叶转换是波形分析的有力工具，在理论分析中具有很大的价值，离散傅里叶转换使得数学方法与计算机技术之间建立了联系，为傅里叶转换的实际应用开辟了道路。快速傅里叶转换是在分析离散傅里叶转换中多余运算的基础上，进而消除这些重复工作的思想指导下得到的，在运算中大大节省了工作量，达到了快速运算的目的（阮秋琦，2001）。

时间序列谐波分析法常常把一个复杂函数看作由许多简单函数叠加而成，最简单和常用的周期函数就是三角函数中的正弦函数、余弦函数。由离散数据构成的 NDVI 时间序列可以用三角函数来表达，公式（4-1）表示由 N 个等间距数据点构成的时间序列 y（Roerink et al.，2000）。

$$y_i = a_0 + \sum_{j=1}^{N/2} a_j \cos\left(\omega_j t - \varphi_j\right) \quad (i=1,\cdots,N; j=0,\cdots,N/2) \qquad (4\text{-}1)$$

式中，y_i 为 NDVI 时间序列图像中第 i 时间图像像元点的值；a_0 为频率数为 0 时的振幅值，即图像像元的平均值；t 等于 i；a_j 为频率数为 j 时的振幅值；ω_j 为频率；φ_j 为频率数为 j 的相位值。

式中频率 ω_j 根据情况取定值，当频率数为 0 时是基础频率，其值根据公式（4-2）计算，其他非 0 频率数的频率等于 j 与基础频率的积。

$$\omega_0 = 2\pi/N \qquad (4\text{-}2)$$

公式（4-1）中的未知量是振幅 a_j、相位 φ_j，傅里叶转换是求取这两个未知数最有效的手段。通过傅里叶正转换，从时间域变为频率域，就可以得到该频率的振幅和相位，详细证明过程可参见魏淑秋（1985）的研究。公式（4-1）用矩阵表达时即为公式（4-3），y 为 NDVI 时间序列数据构成的矢量矩阵，a 为振幅矢量矩阵，F 为由 N 决定维数的矩阵。

$$y = Fa \tag{4-3}$$

当 y、F、a 的元素是复数时，公式（4-3）就可以转换成公式（4-4）。

$$Fy = Na \tag{4-4}$$

求解公式（4-4）的关键是求解出矩阵 F。快速傅里叶转换（FFT）是求解本方程效率最高的算法，但它有自己的适用条件，要求时间采样为等间隔采样，并且采样的总数 N 必须能够分解为一些较小整数（如 2、3、4、5）的乘积。当 N 是 2 的幂时，效率最高，且容易实现。商业图像处理软件中，ERDAS、PCI 基于 2 的幂实现 FFT，ENVI3.4 版以上可以基于 2、3 和 5 的幂实现 FFT。

使用傅里叶分析是想把受云污染的 NDVI 值恢复原值，可是在重构的过程中，受云污染的 NDVI 值的参与将影响重构的结果。如果这些值不参与曲线重构，就相当于缺值，而快速傅里叶转换（FFT）无法解决缺值问题，只能寻求其他解决途径。公式（4-4）两边同时乘以一个由 0、1 组成的权重矩阵，就能够解决缺值问题，如给某个值赋予权重 0，就能把这个值去掉。如果输入的权重由权重矩阵 W 表示，那么公式（4-4）可以表示为公式（4-5）。

$$Wy = WFa \tag{4-5}$$

进一步变换得到，

$$F^{\mathrm{T}}Wy = F^{\mathrm{T}}WFa \tag{4-6}$$

这样就转化成最小二乘法的曲线匹配问题。公式（4-6）可等同于一般的傅里叶分析，时间可以是不等间隔的，可以给采样点赋予权重，基函数是任意的甚至是非周期的。但是这个拟合过程要比 FFT 方法需要更多的时间，因为它需要多次矩阵相乘和一次矩阵求逆，而 FFT 只需要一次矩阵相乘。

求解得到振幅 a_j 和相位 φ_j 之后，就能够得到描述该时间序列的模型，然后将真实值与拟合值相比较，这里需要设定阈值进行判断，如果真实值与拟合值的差大于阈值，则认为云的负向作用比较大，去除此点，再对剩余的点进行拟合、判断、去点，依据这样的规则逐点计算。每剔除一个点，就得改变权重矩阵，因此就得重新计算。这种算法的迭代过程将在两种情况下停止进行：①剩余点的个数小于点数的阈值；②虽然没有达到点数的阈值，但曲线拟合的效果非常好，最大误差小于设定的曲线匹配阈值。

通过以上变换，公式（4-1）中未知的参数得到了具体的数值，然后就可以据此来重构图像。可以看出，在拟合时，重构的图像是基于去除云污染之后的点的序列，比 FFT 算法基于所有点值的结果更加可信。

4.2.2.3   时间序列图像重构的关键参数

时间序列图像重构通过 HANTS 程序实现，运行过程主要由输出频率数、噪声方向及阈值、曲线匹配阈值、剩余点的个数等决定。

频率数（number of frequencies，NF）如果设置太小，则结果曲线过于平滑，丢掉大量的图像周期性信息；如果设置太大，曲线周期短，不平滑，可能会存在大量的噪声信息。特别是如果曲线的频率等于 FFT 得出的频率，也就是曲线经过所有的点，就不可能消除云的噪声影响。

噪声方向及阈值（Hilo-flag）指定噪声的影响是正向的还是负向的，同时给定阈值。NDVI 时间序列图像噪声的来源主要是云污染，一般认为是负方向的影响。

曲线匹配阈值（fit error tolerance，FET）指拟合的曲线值与实际值的差值可接受的最大值。如果设定的这个阈值偏大，则只有一些点被发现和剔除，如果大到一定程度则全部点都被保留下来，没有达到去云的目的。如果设定的阈值偏小，在曲线拟合过程中，大量的点被剔除，拟合结果也不真实。

剩余点个数（the degree of overdeterminedness，DOD）影响一些点的剔除和迭代，同时也是控制曲线拟合程度的重要参数。一般描述曲线的最少参数个数应是 2×NF（频率数）+1。如果运算过程中，剩余点数小于描述曲线的最少参数个数，程序则停止运行。也就是说程序运行过程中，剩余点数必须大于 2×NF（频率数）+ 1，这样才能组建基础矩阵。

以上 4 个参数没有明确的规则来决定取值大小，只能靠经验或反复实验确定。因此，NDVI 时间序列图像重构的质量也取决于这 4 个参数的取值。

4.2.2.4   农作物物候区划

上文提取的 4 个参数对 NDVI 时间序列数据的重构非常重要，要求合理取值。对于 NDVI 时间序列的频率数要求给定一个具体的数值，如果这个数值设得过小，时间序列数据将忽略许多细节，造成信息的丢失，而如果这个数值设定过大，时间序列数据描述过于详细，也会引入不必要的误差。事实上只有这个值与其实际情况相符时，重构的时间序列数据才能够真实地反映作物的物候规律。

这 4 个参数与作物的熟制密切相关。中国幅员辽阔，气候、地貌、土壤、作物及社会经济条件差异甚大，因而形成了多种多样、复杂且精细的耕作制度。如果全国采用一套参数，势必造成重构的北方、南方物候出现偏差，因此必须根据各地的作物熟制进行区划，然后分区设定参数。

刘巽浩（1993）的《中国耕作制度》根据热量条件、水分、地貌及社会经济条件、熟制特点、作物类型，将中国耕作制度分成 3 个带、12 个一级区、38 个二级区。分区时兼顾了自然条件与社会经济条件，基本上保持了县级行政单元的完整性。

将区划结果与时间序列数据以及耕地数据进行叠加分析，发现耕作制度分为 3 个带存在一些问题，特别明显的是一熟带与二熟带的界线，原区划这个界线偏南。河北省西部与山西省接壤地区包括石家庄，在原区划中被划为一熟带，山西省东南部、河北省西南部、河南省北部交叉地区在原区划中也被划为一熟带。实际上这些地区的耕地 NDVI 曲线呈双峰态，可见这些区域的原区划存在一些问题。为此在此区划的基础上进行了修订。由于一熟带与二熟带的界线、二熟带与三熟带的界线确定非常困难，因此未做修改。修订时保证了县级行政区划的完整性，适当地向一熟带偏移，原一熟带的北界取消，从一熟带与二熟带的界线往北全部归为一熟带，在其原区划一熟带内部划出的二熟带没有进行重新划分，如南疆部分地区在原区划中被划为二熟带，但在修订过程中，考虑到这部分耕地面积不大，同时又无法保证县级行政单元的完整性，就没有再划分为二熟带。

4.2.2.5　NDVI 时间序列重构结果

图 4.2 为吉林双阳样区原始 NDVI 与重构后的 NDVI 的对比曲线。受云影响最严重的是第 17 旬的 NDVI，第 3 旬、7 旬、16 旬的 NDVI 也受到微弱的影响，重构以后成为相对平滑的曲线。

图 4.3 为江苏江宁样区原始 NDVI 与重构后的 NDVI 的对比曲线。夏季作物生育期NDVI 受云影响很严重，如第 7 旬、12 旬、18 旬的 NDVI 降低幅度很大，第 2 旬、4 旬、9 旬、13 旬、15 旬的 NDVI 也有不同程度的降低。但是，重构以后成为一条平滑曲线。

4.2.3　峰值频数的提取

4.2.3.1　峰值频数提取算法

复种指数的提取最终相当于 NDVI 时间序列曲线峰值频数的提取。从数学的观点分析，可以认为是提取函数的极大值个数。对于连续函数，如果该函数可导，那么可以通

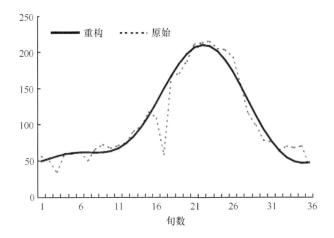

图 4.2　一熟区（双阳）NDVI 时间序列曲线

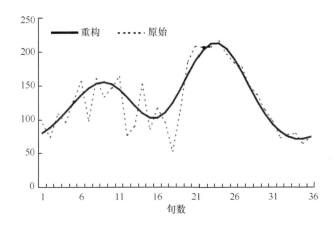

图 4.3　二熟区（江宁）NDVI 时间序列曲线

过求导的办法得到极大值个数；如果不可导，则需要寻求其他的办法求取极大值个数。事实上，NDVI 时间序列经过 HANTS 重构以后仍然是离散点序列，不是连续函数。因此，提取峰值频数应采用离散点求极大值的方法，本小节使用差分法求取离散点极大值的个数。详细原理如下。

假设一个像素构成了包含 N 个元素的离散点系列 S，由 S 的前后两个元素值的差构成包含 $N-1$ 个元素的点系列 S_1，即公式（4-7）。

$$S_1 = \text{diff}(S) \tag{4-7}$$

式中，diff 为取前后两个元素值差的函数。

接着判断 S_1 各个元素值的正负，如果 S_1 的某个元素值小于 0，就把这个元素赋值为 -1，如果大于等于 0，就把这个元素赋值为 1，存为点系列 S_2，即

$$S_2 = \text{sign}\,(S_1) \tag{4-8}$$

式中，sign 为判断元素值正负的符号函数。

然后，再求 S_2 前后两个元素值的差，形成点系列 S_3，即

$$S_3 = \text{diff}\,(S_2) \tag{4-9}$$

最后，将点系列 S_3 的元素值为 -2 的元素进行计数，最终求得的极大值个数即元素值为 -2 的总个数，即

$$\text{Number} = \text{sum}\,(S_3 == -2) \tag{4-10}$$

式中，sum 为求元素值为 -2 的元素的计数函数。

差分法对离散点的峰非常敏感，可以将每一个小峰都提取出来。如图 4.4 所示的离散点情形，该算法可以准确地提取出峰值频数为 5。但是，该算法在实际应用时又遇到了两个问题：一是裸地复种指数提取不准确，这是由于重构后的 NDVI 曲线在裸地区域并不是一条平直的直线（图 4.5），每一个 NDVI 值的波动都将构成一个"峰"，这些"峰"都被提取出来了，结果必然不准确，因此应将裸地的这些"峰"剔除。通常采用阈值法将裸地的"峰"去掉，阈值 85（重构的 NDVI 值）是一个经验值，是在全国农作物复种指数提取时经大量实验后确定的。公式（4-11）中，MI 为复种指数。

$$\text{MI} = \begin{cases} 0, \text{NDVI} < 85 \\ \text{极大值个数}, \text{NDVI} \geqslant 85 \end{cases} \tag{4-11}$$

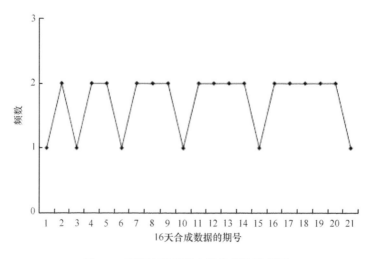

图 4.4 极端情况离散点峰值频数示意图

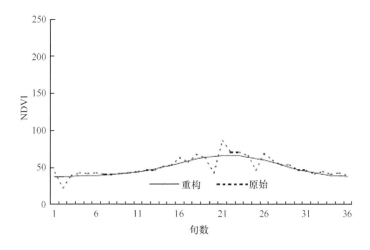

图 4.5　裸地 NDVI 时间序列曲线

二是一熟带、二熟带生长季之外的"峰"以及越冬作物的冬前峰（越冬之前的出苗期对应的峰）都会造成提取结果不准确。生长季的 NDVI 数据反映的是植被的信息，但生长季之外的 NDVI 数据反映的不是植被的信息，它不像植被 NDVI 的增减有规律，而且它对提取 NDVI 时间序列曲线的峰值频数有很大干扰。冬小麦种植区的冬前峰也影响了复种指数的提取结果。因此，为了实现复种指数的统一提取，本小节采用控制时间序列长度的方法来屏蔽生长季之外的"峰"和"冬前峰"，以各熟带农作物的物候历为依据确定时间序列的长度。

4.2.3.2　时间序列长度的确定

在一年时间范围内，农作物的生长季是有限的，在生长季之外，北方大部分地区耕地是裸地，或者农作物处于休眠期，在此期间 NDVI 值的波动没有规律，它也不代表植被的特征，但是这一段时间的 NDVI 值对农作物熟制的自动提取有很大的影响。为了消除这部分的影响，考虑缩短不同熟制的 NDVI 序列，获得生长季期间的 NDVI 序列。根据全国农作物作物历的调查结果，本小节确定一熟带、二熟带、三熟带的 NDVI 时间序列的长度。

一熟带农作物普遍是 5 月上旬播种、9 月底成熟收获，从 10 月之后一直到翌年 4 月，耕地没有农作物覆盖，因此，只考虑截取 5～9 月的 NDVI 序列来提取农作物的种植次数。二熟带主要生产冬小麦，冬小麦一般是 9 月底 10 月初播种，我国南方于 11 月播种，冬小麦长到 12 月中下旬进入休眠期。在 10～12 月下旬，NDVI 也呈现出一个小峰，这个峰同样对提取复种次数有影响。翌年 2 月下旬、3 月初，冬小麦开始返青，NDVI 值开始增加。随着冬小麦成熟、收获，NDVI 值逐渐降低，夏玉米播种、出苗以后，NDVI 值又开始增加，随着夏玉米的成熟、收获，NDVI 值又逐渐降低。实际上在一年内，NDVI 将呈现 3 个峰（图 4.6）。因此，本小节只考虑截取 3～9 月的 NDVI 序列来提取农作物的种植次数。三熟带主要是中国南方早稻、晚稻种植区，一年内农作物不存在休眠的问题。晚稻于 10 月底、11 月初收获，然后种植冬作物，冬作物跨年生长（图 4.7）。因此应将 11 月、12 月期间的 NDVI 序列与次年 1 月的连接，使之形成一个完整的峰。

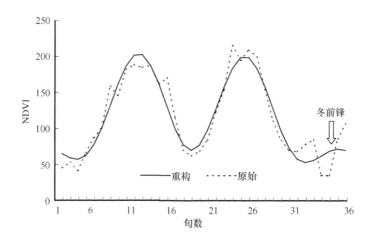

图 4.6　二熟带 NDVI 时间序列曲线

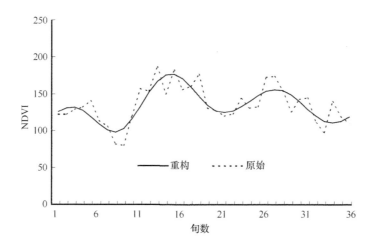

图 4.7　三熟带 NDVI 时间序列曲线

4.3　基于 S-G 滤波和 Logistic 分段拟合方法的生长期遥感监测

4.3.1　MODIS NDVI 数据的时间滤波

与 AVHRR 数据一样，MODIS NDVI 时间序列曲线反映了一段时间内植被的生长状况，理论上应是一条连续平滑的曲线，然而，由于云层干扰、数据传输误差、二向性反射或地面冰雪的影响等，NDVI 时间序列曲线中不免存在明显的突升或突降，尽管采用 16 天最大合成法，但数据产品中仍存在较大误差，对数据的进一步分析利用产生影响，并可能导致得出错误的结论。因此有必要对 MODIS NDVI 数据进行时间域上的滤波处理，对数据集进行重构，以降低噪声水平。

常用的时间序列滤波方法包括中值迭代滤波法、傅里叶滤波法、S-G 滤波法等。边金虎等（2010）对这 3 种滤波方法在 MODIS 植被指数重构方面进行了研究与比较，结果证明傅里叶滤波法虽然能获得非常平滑的时间序列曲线，但滤波后的值相比原始值偏差较大。中值迭代滤波法获取的时间序列曲线与 S-G 滤波法相近，但滤波后的影像清晰度不如 S-G 滤波法。因此 S-G 滤波法是一种较为理想的时间序列滤波方法。

S-G 滤波法由 Savitzky 和 Golay 于 1964 年提出，又称最小二乘法或数据平滑多项式滤波。它的设计思想是使用高阶多项式实现滑动窗口内的最小二乘拟合。基本原理是通过将点 X_i 附近固定个数的点拟合一个多项式，则多项式在 X_i 处的值就是滤波后的值。基于该原理，NDVI 时间序列的 S-G 滤波过程可由下式描述：

$$Y_j^* = \sum_{i=-m}^{i=m} \frac{C_i Y_{i+1}}{N} \tag{4-12}$$

式中，Y_j^* 为滤波后的 NDVI 时间序列；Y_{i+1} 代表原始 NDVI 时间序列数据；C_i 为滤波系数；m 为滑动窗口大小；N 为滑动窗口所包含的数据点（$2m+1$）（朱墨子和包鑫，2008）。

在本研究中，以一年的所存数据为一个时间序列进行滤波。首先对数据集进行一次大窗口（3×3）S-G 滤波，获取每个像元的长期变化趋势。由于云层、冰、雪等造成的噪声会使 NDVI 发生负偏差，我们认为低于长期变化趋势的 NDVI 为噪声，用总体趋势上的点代替，而高于或等于总体变化趋势的为正常值，予以保留。然后设置一个平滑指数，用小窗口（2×2）不断循环 S-G 拟合过程，计算每次拟合后的效果，直到平滑指数不再减小，则拟合效果最接近总体趋势的上包络线，得到较为合理的 NDVI 时间序列曲线。S-G 滤波的具体流程见图 4.8。平滑指数（factor）的计算公式为

$$\text{factor} = \sum_{i=0}^{m} w_i \cdot \left| \text{dis}_i \right| \qquad (4\text{-}13)$$

式中，m 为参与滤波的时间序列总数；w_i 和 dis_i 为第 i 个时间点的权重和距离，两者根据下列公式计算得出：

$$\text{dis} = \text{NDVI}_{\text{sg}} - \text{NDVI}_{\text{init}} \qquad (4\text{-}14)$$

$$w = \begin{cases} 1, \text{dis} \geqslant 0 \\ 1 - \dfrac{\text{dis}}{\max(\text{dis})}, \text{dis} < 0 \end{cases} \qquad (4\text{-}15)$$

式中，NDVI_{sg} 为经过 S-G 滤波的 NDVI 值；$\text{NDVI}_{\text{init}}$ 为对应的原始 NDVI 值。

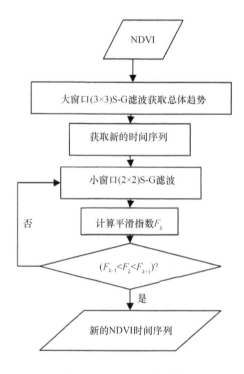

图 4.8　S-G 滤波流程图

　　图 4.9 给出了 4 个典型像元一年内的 NDVI 时间序列曲线滤波前后的对比。其中红色线与点是原始 NDVI，蓝色是滤波插值后的结果，横坐标为时间（1～365 天），纵坐

标为 NDVI 乘以 10 000 后的结果。可以看出，我国北方地区的植被具有明显的年际变化特征，在每年的第 200 天左右到达生长顶峰。其中大兴安岭森林像元在第 17 天和第 49 天处可能受到云或冰雪的影响，NDVI 突降，滤波函数将这两个点的数据进行了重构。同样，内蒙古草地像元第 16 天的突降值也得到重构。与北方相比，南方全年多雨，传感器获取影像时更易受到云层干扰，噪声更多，NDVI 曲线的平滑性略逊于北方。如图 4.9（a）所示广东森林像元原始 NDVI 时间序列多次出现突降，如第 17 天、第 65 天等，经滤波处理后在第 180～200 天仍存在较小的低谷。而四川农田像元的 NDVI 一年中有多次突降，滤波后噪声基本被消除，获得合理的植被生长曲线，一年有两个波峰，与该地的耕作制度相符（一般为一年两作到一年三作）。对比效果显示，该滤波方法较大程度上保留了原始生长趋势，并可对大多数噪声点进行重构，尤其保留了时间序列中较大的 NDVI，效果较为理想。

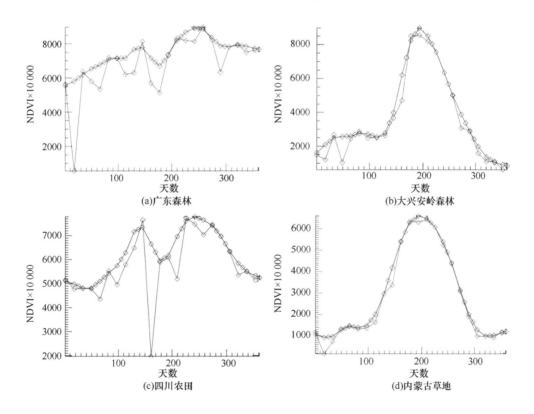

图 4.9　不同植被类型 S-G 滤波前后时间序列曲线对比

4.3.2 基于 Logistic 分段拟合的生长期监测

在生态学中，Logistic 分布是个具有较大实用价值的连续型分布，最初起源于生物群体的 Logistic 增长曲线。Logistic 累计分布曲线呈 "S" 形，在经济学、政治学、人口统计学、人类肿瘤增生、化学、植物种群动态、昆虫生态、林木生长与直径结构或病情指数预测等诸方面都有广泛的应用。

Logistic 模型可以描述植被在有限空间呈 "S" 形增长的数学模型，描述如下：

$$N = \frac{K}{1 + \exp(a - rt)} \tag{4-16}$$

式中，N 是 NDVI 值或其他时间序列数量指标；t 为时间序列；r 是常数，常称为自然增长率；K 是常数，常称为最大承载量；a 为积分常量。

求出 Logistic 拟合函数后，分别求解其一阶导数和二阶导数，可求出拟合曲线的曲率 K。为了研究方便，曲率没有取其绝对值，亦会出现负值，在 NDVI 时间序列曲线上分别求出曲率最大值和最小值，在这两点曲线弯曲程度最大。说明在最大曲率点对应日期之后植被绿度迅速增加，在最小曲率点对应日期之后植被绿度迅速减少，植被进入衰亡或休眠阶段。

4.4 植被生长期数据成果与变化格局

4.4.1 数据成果

针对 2000～2010 年全国植被生长期，使用基于 S-G 滤波 Logistic 分段拟合方法的生长期遥感监测方法，基于 MODIS 数据集进行处理，获得了 2000～2010 年全国 250m 空间分辨率植被生长期数据集，每年四期，分别为植被变绿初始期、植被成熟初始期、植被凋落初始期和植被休眠初始期（图 4.10）。

在全国范围内选择 4 个典型生态类型样点，结合 NDVI 时间序列数据展示其生长期变化情况（图 4.11）。其中，北方草地地区的变绿期为 90～120 天；成熟期为 120～270 天；凋落期为 270～300 天；其余时间为休眠期。中部双季农田地区的第一季变绿期为 45～80 天；第二季变绿期为 190～220 天。北方落叶林地区的变绿期为 100～130 天；成

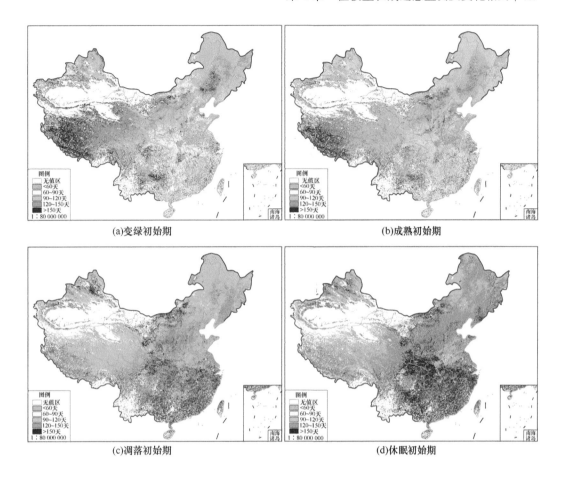

(a)变绿初始期

(b)成熟初始期

(c)凋落初始期

(d)休眠初始期

图 4.10 中国 250m 植被生长期数据集（2010 年）

熟期为 130～290 天；凋落期为 290～325 天；其余时间为休眠期。南方落叶林地区的变绿期为 70～140 天；成熟期为 140～260 天；凋落期为 260～320 天；其余时间为休眠期。可以看出，基于 S-G 滤波和 Logistic 分段拟合的生长期监测能够有效地反映不同地区生长期的分布情况，且该方法能够有效地滤除雨和云对时间序列数据的影响。

4.4.2 生长期变化时空格局

2000～2010 年 4 个植被生长期的变化格局如图 4.12 所示，可以看出植被变绿初始期和植被成熟初始期均显示出大面积的提前，而植被凋落初始期和植被休眠初始期却出现大面积的延后，这与全球变暖的趋势相吻合。具体到类型，草地和农田的变绿初始期

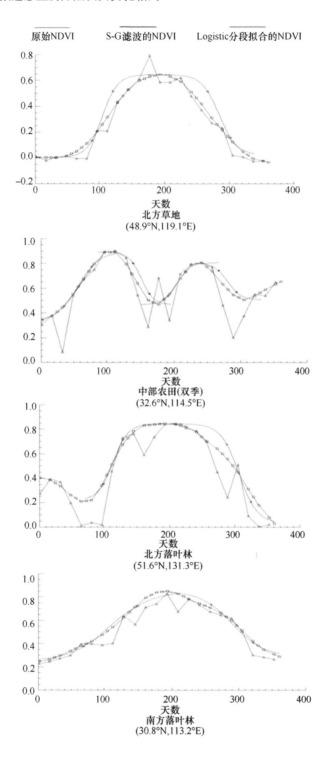

图 4.11　典型生态类型样点的生长期变化

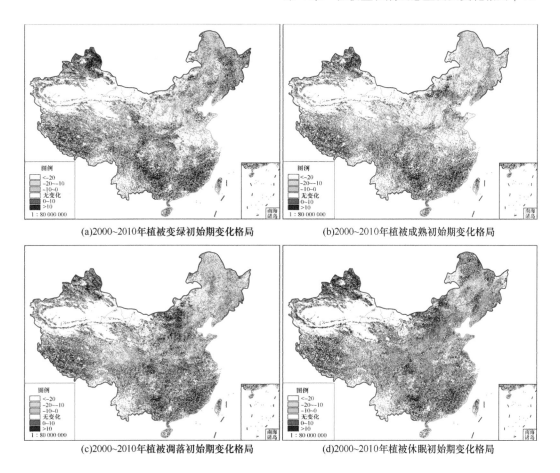

图 4.12　2000～2010 年植被生长期变化格局

和成熟初始期均提前，而林地表现出一定程度的推迟；草地和农田的凋落初始期在东北和青海表现出提前趋势，而在华北地区和西藏则表现为推迟，林地表现为推迟；绝大多数植被休眠初始期都出现推迟趋势。

4.5　小　　结

随着全球变化研究的不断深入，植被物候遥感监测已成为陆地生态系统对全球气候变化快速响应研究的前沿领域。利用时间序列遥感数据对植被物候开展监测已经成为标准化的监测手段，具有精度高、空间连续、易操作等特点。尤其是利用时间序列遥感监测农作物的物候、复种指数等指标，能够有效提高农作物产量、农情等农业指标的监测精度，为粮食安全提供技术支撑。

为适应未来发展需求，植被物候遥感监测需在多个方面继续深化研究：①从机制层面创新植被物候遥感监测方法。目前遥感物候研究多基于经验知识或采用数学方法，关于植物物候过程对气候变化的响应机制，以及对植物光谱的影响机制还不清楚，应深入研究植被物候事件发生时的气候、生理、生态机制，并将基础原理与植被物候遥感监测模型进行耦合。②为验证植被物候遥感监测结果，亟待创建标准化地面验证数据源。基于全球现有的地面物候观测网、碳通量站点和传感器网络，制定标准化、定量化的物候观测方法，加密生长起点、生长终点等重要物候期的观测。通过构建一套完整的、覆盖典型植物类型和各种气候类型的植被物候全球地面观测网络，提供覆盖全球的标准化验证数据源。③充分利用多源遥感数据获取高时间分辨率的原始遥感数据源，一方面提高遥感数据的时间分辨率，另一方面尽可能提高数据的空间分辨率，进而在提高植被物候遥感监测的时间分辨率和测算精度的同时，以更好地表达其空间异质性。

参 考 文 献

边金虎, 李爱农, 宋孟强, 等. 2010. MODIS 植被指数时间序列 Savitzky-Golay 滤波算法重构. 遥感学报, 14(4): 725-741.

陈阜, 逢焕成. 2000. 冬小麦/春玉米/夏玉米间套作复合群体的高产机理探讨. 中国农业大学学报, 5(5): 12-16.

陈效逑, 王林海. 2009. 遥感物候学研究进展. 地理科学进展, 28(1): 33-40.

陈云浩, 李晓兵, 陈晋, 等. 2002a. 1983—1992 年中国陆地植被 NDVI 演变特征的变化矢量分析. 遥感学报, 6(1): 12-18.

陈云浩, 李晓兵, 史培军. 2001. 1983～1992 年中国陆地 NDVI 变化的气候因子驱动分析. 植物生态学报, 25(6): 716-720.

陈云浩, 李晓兵, 史培军. 2002b. 基于遥感的 NDVI 与气候关系图式研究. 中国图象图形学报, 7(4): 332-335.

范德芹, 赵学胜, 朱文泉, 等. 2016. 植物物候遥感监测精度影响因素研究综述. 地理科学进展, 35(3): 304-319.

范锦龙, 吴炳方. 2005. 复种指数遥感监测方法. 中国数字农业与农村信息化学术研究研讨会论文集: 10.

范菁, 余维泽, 吴炜, 等. 2017. 知识引导的稀疏时间序列遥感数据拟合. 遥感学报, 21(5): 749-756.

葛全胜, 戴君虎, 郑景云. 2010. 物候学研究进展及中国现代物候学面临的挑战. 中国科学院院刊,

25(3): 310-316.

龚道溢, 史培军, 何学兆. 2002. 北半球春季植被 NDVI 对温度变化响应的区域差异. 地理学报, 57(5): 505-514.

顾卫, 蔡雪鹏, 谢锋, 等. 2002. 植被覆盖与沙尘暴日数分布关系的探讨——以内蒙古中西部地区为例. 地球科学进展, 17(2): 273-277.

郭亮, 杜鹏, 肖乾广, 等. 1997. 用气象卫星遥感方法监测中国季风区气候敏感带蒸散量的年际变化. 植物学报, 39(9): 841-844.

郭庆华, 喻红, 曹艳丽, 等. 1999. 北方森林草原生态过渡带的遥感研究. 北京大学学报(自然科学版), 35(4): 550-557.

郭志华, 彭少麟, 王伯荪, 等. 1999. GIS 和 RS 支持下广东省植被吸收 PAR 的估算及其时空分布. 生态学报, 19(4): 441-446.

郭志华, 彭少麟, 王伯荪. 2001a. 基于 GIS 和 RS 的广东陆地植被生产力及其时空格局. 生态学报, 21(9): 1444-1449.

郭志华, 彭少麟, 王伯荪. 2001b. 基于 NOAA-AVHRR NDVI 和 GIS 的广东植被光能利用率及其时空格局. 植物学报, 43(8): 857-862.

侯英雨, 王石立. 2002. 基于作物植被指数和温度的产量估算模型研究. 地理学与国土研究, 18(3): 105-107.

江东, 王乃斌, 杨小唤, 等. 2002. NDVI 曲线与农作物长势的时序互动规律. 生态学报, 22(2): 247-252.

李晓兵, 史培军. 1999. 基于 NOAA/AVHRR 数据的中国主要植被类型 NDVI 变化规律研究. 植物学报, 41(3): 314-324.

刘巽浩. 1993. 中国耕作制度. 北京: 中国农业出版社.

刘巽浩. 1996. 耕作学. 北京: 中国农业出版社.

刘巽浩. 1997. 论我国耕地种植指数(复种)的潜力. 作物杂志, (3): 1-3.

刘玉华. 1999. 复种效果定量评价初探. 耕作与栽培, (3): 61-62.

刘玉华, 张立峰. 1998. 土地当量比和复种指数的应用研究. 沈阳农业大学学报, 29(3): 220-223.

陆文杰, 李正浩. 1996. 植被指数序列中的天气影响评估. 中国农业气象, 17(2): 36-40.

潘耀忠, 李晓兵, 何春阳. 2000. 中国土地覆盖综合分类研究——基于 NOAA/AVHRR 和 Holdridge PE. 第四纪研究, 20(3): 270-281.

朴世龙, 方精云. 2001. 最近 18 年来中国植被覆盖的动态变化. 第四纪研究, 21(4): 294-302.

朴世龙, 方精云. 2002. 1982~1999 年青藏高原植被净第一性生产力及其时空变化. 自然资源学报, 17(3): 373-380.

齐晔. 1999. 北半球高纬度地区气候变化对植被的影响途径和机制. 生态学报, 19(4): 474-477.

阮秋琦. 2001. 数字图像处理学. 北京: 电子工业出版社.

孙睿, 刘昌明, 朱启疆. 2001. 黄河流域植被覆盖度动态变化与降水的关系. 地理学报, 56(6): 667-672.

孙睿, 朱启疆. 2000. 中国陆地植被净第一性生产力及季节变化研究. 地理学报, 55(1): 36-45.

王人潮, 黄敬峰. 2002. 水稻遥感估产. 北京: 中国农业出版社.

王延颐, Malingreau J P. 1990. 应用 NOAA-AVHRR 对江苏省作物进行监测的可行性研究. 环境遥感, 5(3): 221-227.

魏淑秋. 1985. 应用贝叶斯(Bayes)准则研究作物生态适应性. 北京农业大学学报, (2): 197-203.

温刚. 1998. 利用 AVHRR 植被指数数据集分析中国东部季风区的物候季节特征. 遥感学报, 2(4): 270-275.

温刚, 符淙斌. 2000. 利用卫星遥感数据集确定气候过渡带和植被过渡带. 大气科学, 24(3): 324-332.

吴炳方, 闫娜娜, 曾红伟, 等. 2015. 节水灌溉农业的空间认知与建议. 中国科学院院刊, 32(1): 70-77.

夏传福, 李静, 柳钦火. 2013. 植被物候遥感监测研究进展. 遥感学报, 17(1): 1-16.

香宝, 刘纪远. 2002. 东亚土地覆盖动态与季风气候年际变化的关系. 地理学报, 57(1): 39-46.

肖乾广, 陈维英, 杜鹏, 等. 1997. 用气象卫星对东亚季风区的生态过渡带的遥感监测研究. 植物学报, 39(9): 826-830.

肖乾广, 陈维英, 盛永伟, 等. 1996. 用 NOAA 气象卫星的 AVHRR 遥感资料估算中国的净第一性生产力. 植物学报, 38(1): 35-39.

辛景峰, 宇振荣, Driessen P M. 2001. 利用 NOAA NDVI 数据集监测冬小麦生育期的研究. 遥感学报, 5(6): 442-447.

徐兴奎, 林朝晖, 李建平, 等. 2001. 利用卫星遥感资料对中国地表植被及荒漠化时空演变和分布的研究. 自然科学进展, 11(7): 699-703.

延昊, 王长耀, 牛铮, 等. 2001. 多时相 NOAA-AVHRR 数据主成分分析的生物学意义. 遥感技术与应用, 16(4): 209-213.

延昊, 王长耀, 牛铮, 等. 2002. 遥感植被指数对多时相 AVHRR 数据主成分分析的影响. 遥感学报, 6(1): 30-34.

张军, 葛剑平, 国庆喜. 2001. 中国东北地区主要植被类型 NDVI 变化与气候因子的关系. 生态学报, 21(4): 522-527.

赵茂盛, 符淙斌, 延晓冬, 等. 2001. 应用遥感数据研究中国植被生态系统与气候的关系. 地理学报, 56(3): 287-296.

赵茂盛, Neilson R P, 延晓冬, 等. 2002. 气候变化对中国植被可能影响的模拟. 地理学报, 57(1): 28-38.

郑阳. 2017. 作物生物量遥感估算方法研究. 北京: 中国科学院大学(中国科学院遥感与数字地球研究所)博士学位论文.

郑元润, 周广胜. 2000. 基于 NDVI 的中国天然森林植被净第一性生产力模型. 植物生态学报, 24(1): 9-12.

朱墨子, 包鑫. 2008. 异常点检测与 Savitzky-Golay 滤波算法在手写系统中的应用. 机电工程, 25(8): 5-7.

Andres L, Salas W A, Skole D. 1994. Fourier-analysis of multitemporal AVHRR data applied to a land-cover classification. International Journal of Remote Sensing, 15(5): 1115-1121.

Ati O F, Stigter C J, Oladipo E O. 2002. A comparison of methods to determine the onset of the growing season in northern Nigeria. International Journal of Climatology, 22(6): 731-742.

Augspurger C K, Cheeseman J M, Salk C F. 2005. Light gains and physiological capacity of understorey woody plants during phenological avoidance of canopy shade. Functional Ecology, 19(4): 537-546.

Azzali S, Menenti M. 1999. Mapping isogrowth zones on continental scale using temporal Fourier analysis of AVHRR-NDVI data. International Journal of Applied Earth Observation and Geoinformation, 1(1): 9-20.

Baldocchi D. 2008. Breathing of the terrestrial biosphere: lessons learned from a global network of carbon dioxide flux measurement systems. Australian Journal of Botany, 56(1): 1-26.

Balzter H, Gerard F, George C, et al. 2007. Coupling of vegetation growing season anomalies and fire activity with hemispheric and regional-scale climate patterns in central and east Siberia. Journal of Climate, 20(15): 3713-3729.

Barichivich J, Briffa K R, Myneni R B, et al. 2013. Large-scale variations in the vegetation growing season and annual cycle of atmospheric CO_2 at high northern latitudes from 1950 to 2011. Global Change Biology, 19(10): 3167-3183.

Baumann M, Ozdogan M, Richardson A D, et al. 2017. Phenology from Landsat when data is scarce: using MODIS and dynamic time-warping to combine multi-year Landsat imagery to derive annual phenology curves. International Journal of Applied Earth Observation and Geoinformation, 54: 72-83.

Benedetti R, Rossini P, Taddei R. 1994. Vegetation classification in the middle Mediterranean area by satellite data. International Journal of Remote Sensing, 15(3): 583-596.

Breon F M, Vanderbilt V, Leroy M, et al. 1997. Evidence of hot spot directional signature from airborne POLDER measurements. IEEE Transactions on Geoscience and Remote Sensing, 35(2): 479-484.

Caldiz D O, Gaspari F J, Haverkort A J, et al. 2001. Agro-ecological zoning and potential yield of single or double cropping of potato in Argentina. Agricultural and Forest Meteorology, 109(4): 311-320.

Canisius F, Shang J L, Liu J G, et al. 2018. Tracking crop phenological development using multi-temporal polarimetric Radarsat-2 data. Remote Sensing of Environment, 210: 508-518.

Chmielewski F M, Heider S, Moryson S, et al. 2013. International Phenological Observation Networks: Concept of IPG and GPM. Pages 137-153 in Phenology: An Integrative Environmental Science. Netherlands, Dordrecht: Springer.

Chuine I. 2010. Why does phenology drive species distribution? Philosophical Transactions of the Royal Society B: Biological Sciences, 365(1555): 3149-3160.

Churkina G, Schimel D, Braswell B H, et al. 2005. Spatial analysis of growing season length control over net ecosystem exchange. Global Change Biology, 11(10): 1777-1787.

Cihlar J, Manak D, Voisin N. 1994. AVHRR bidirectional reflectance effects and compositing. Remote Sensing of Environment, 48(1): 77-88.

Daniel C J, Fernanda G, Haverkort A J. 2001. Agro-ecological zoning yield of single or double cropping of potato in Argentina. Agricultural and Forest Meteorology, 109: 311-320.

de Beurs K M, Henebry G M. 2004. Land surface phenology, climatic variation, and institutional change: analyzing agricultural land cover change in Kazakhstan. Remote Sensing of Environment, 89(4): 497-509.

de Beurs K M, Henebry G M. 2010. Spatio-Temporal Statistical Methods for Modelling Land Surface Phenology. Pages 177-208 in Phenological Research: Methods for Environmental and Climate Change Analysis. Netherlands, Dordrecht: Springer.

Duchemin B. 1999. NOAA/AVHRR bidirectional reflectance: modeling and application for the monitoring of a temperate forest. Remote Sensing of Environment, 67(1): 51-67.

Duchemin B, Goubier J, Courrier G. 1999. Monitoring phenological key stages and cycle duration of temperate deciduous forest ecosystems with NOAA/AVHRR data. Remote Sensing of Environment, 67(1): 68-82.

Duchemin B, Maisongrande P. 2002. Normalisation of directional effects in 10-day global syntheses derived from VEGETATION/SPOT: Ⅰ. Investigation of concepts based on simulation. Remote Sensing of Environment, 81(1): 90-100.

Ehrlich D, Estes J E, Singh A. 1994. Applications of NOAA-AVHRR 1 km data for environmental monitoring. International Journal of Remote Sensing, 15(1): 145-161.

Eklundh L R. 1995. Noise estimation in NOAA AVHRR maximum-value composite NDVI images. International Journal of Remote Sensing, 16(15): 2955-2962.

Frolking S, McDonald K C, Kimball J S, et al. 1999. Using the space-borne NASA scatterometer (NSCAT) to determine the frozen and thawed seasons. Journal of Geophysical Research, 104(D22): 27895-27907.

Frolking S, Milliman T, McDonald K, et al. 2006. Evaluation of the SeaWinds scatterometer for regional monitoring of vegetation phenology. Journal of Geophysical Research, 111(D17302): 1-14.

Gallo K P, Flesch T K. 1989. Large-area crop monitoring with the NOAA AVHRR: estimating the silking stage of corn development. Remote Sensing of Environment, 27(1): 73-80.

Ganguly S, Friedl M A, Tan B, et al. 2010. Land surface phenology from MODIS: characterization of the Collection 5 global land cover dynamics product. Remote Sensing of Environment, 114(8): 1805-1816.

Gill D S, Amthor J S, Bormann F H. 1998. Leaf phenology, photosynthesis, and the persistence of saplings and shrubs in a mature northern hardwood forest. Tree Physiology, 18(5): 281-289.

Groten S M E. 1993. NDVI—Crop monitoring and early yield assessment of Burkina Faso. International Journal of Remote Sensing, 14(8): 1495-1515.

Guan K Y, Wood E F, Medvigy D, et al. 2014. Terrestrial hydrological controls on land surface phenology of African savannas and woodlands. Journal of Geophysical Research: Biogeosciences, 119(8): 1652-1669.

Gutman G G. 1991. Vegetation indexes from AVHRR: an update and future prospects. Remote Sensing of Environment, 35(2-3): 121-136.

Gutman G, Ignatov A, Olson S. 1996. Global land monitoring using AVHRR time series. Advances in Space Research, 17(1): 51-54.

Hartmann T, Di Bella C, Oricchio P. 2003. Assessment of the possible drought impact on farm production in the SE of the province of Buenos Aires, Argentina. ISPRS Journal of Photogrammetry and Remote Sensing, 57(4): 281-288.

Henebry G M, de Beurs K M. 2013. Remote Sensing of Land Surface Phenology: A Prospectus. Pages 385-411 in Phenology: An Integrative Environmental Science. Netherlands, Dordrecht: Springer.

Hill M J, Donald G E. 2003. Estimating spatio-temporal patterns of agricultural productivity in fragmented landscapes using AVHRR NDVI time series. Remote Sensing of Environment, 84(3): 367-384.

Holben B N. 1986. Characteristics of maximum-value composite images from temporal AVHRR data. International Journal of Remote Sensing, 7(11): 1417-1434.

Holben B N, Fraser R S. 1984. Red and near-infrared sensor response to off-nadir viewing. International Journal of Remote Sensing, 5(1): 145-160.

Hu J, Moore D J P, Burns S P, et al. 2010. Longer growing seasons lead to less carbon sequestration by a subalpine forest. Global Change Biology, 16(2): 771-783.

Jakubauskas M E, Legates D R, Kastens J H. 2001. Harmonic analysis of time-series AVHRR NDVI data. Photogrammetric Engineering and Remote Sensing, 67(4): 461-470.

Jakubauskas M E, Legates D R, Kastens J H. 2002. Crop identification using harmonic analysis of time-series AVHRR NDVI data. Computers and Electronics in Agriculture, 37(1-3): 127-139.

Jones M O, Jones L A, Kimball J S, et al. 2011. Satellite passive microwave remote sensing for monitoring global land surface phenology. Remote Sensing of Environment, 115(4): 1102-1114.

Jonsson P, Eklundh L. 2002. Seasonality extraction by function fitting to time-series of satellite sensor data. IEEE Transactions on Geoscience and Remote Sensing, 40(8): 1824-1832.

Justice C O, Townshend J R G, Holben B N, et al. 1985. Analysis of the phenology of global vegetation using meteorological satellite data. International Journal of Remote Sensing, 6(8): 1271-1318.

Keenan T F, Gray J, Friedl M A, et al. 2014. Net carbon uptake has increased through warming-induced changes in temperate forest phenology. Nature Climate Change, 4(7): 598-604.

Kim Y, Kimball J S, McDonald K C, et al. 2011. Developing a global data record of daily landscape freeze/thaw status using satellite passive microwave remote sensing. IEEE Transactions on Geoscience and Remote Sensing, 49(3): 949-960.

Kljun N, Black T A, Griffis T J, et al. 2006. Response of net ecosystem productivity of three boreal forest stands to drought. Ecosystems, 9(7): 1128-1144.

Kogan F N, Zhu X. 2001. Evolution of long-term errors in NDVI time series: 1985-1999. Pages 149-153 in Calibration and Characterization of Satellite Sensors and Accuracy of Derived Physical Parameters. Vol. 28. Amsterdam: Elsevier Science Bv.

Kogan F, Sullivan J. 1993. Development of Global Drought-Watch System using NOAA AVHRR data. Advances in Space Research, 13(5): 219-222.

Li Z, Cihlar J, Zheng X, et al. 1996. The bidirectional effects of AVHRR measurements over boreal regions. IEEE Transactions on Geoscience and Remote Sensing, 34(6): 1308-1322.

Li Z T, Kafatos M. 2000. Interannual variability of vegetation in the United States and its relation to El Niño/Southern Oscillation. Remote Sensing of Environment, 71(3): 239-247.

Lioubimtseva E. 2003. An evaluation of VEGETATION-1 imagery for broad-scale landscape mapping of Russia: effects of resolution on landscape pattern. Landscape and Urban Planning, 65(4): 187-200.

Lu L L, Guo H D, Wang C Z, et al. 2013. Assessment of the SeaWinds scatterometer for vegetation phenology monitoring across China. International Journal of Remote Sensing, 34(15): 5551-5568.

Ma S Y, Baldocchi D D, Xu L K, et al. 2007. Inter-annual variability in carbon dioxide exchange of an oak/grass savanna and open grassland in California. Agricultural and Forest Meteorology, 147(3-4): 157-171.

Malingreau J P. 1986. Global vegetation dynamics: satellite observations over Asia. International Journal of Remote Sensing, 7(9): 1121-1146.

Menenti M, Azzali S, Verhoef W, et al. 1993. Mapping agroecological zones and time-lag in vegetation growth by means of Fourier analysis of time-series of NDVI images. Advances in Space Research, 13(5): 233-237.

Mika J, Kerenyi J, Rimoczi-Paal A, et al. 2002. On Correlation of Maize and Wheat Yield with NDVI: Example of Hungary (1985-1998). Pages 2399-2404 in Earth's Atmosphere, Ocean and Surface Studies. Vol. 30. Oxford: Pergamon-Elsevier Science Ltd.

Moody A, Johnson D M. 2001. Land-surface phenologies from AVHRR using the discrete Fourier transform. Remote Sensing of Environment, 75(3): 305-323.

Moulin S, Kergoat L, Viovy N, et al. 1997. Global-scale assessment of vegetation phenology using NOAA/AVHRR satellite measurements. Journal of Climate, 10(6): 1154-1170.

Munden R, Curran P J, Catt J A. 1994. The relationship between red edge and chlorophyll concentration in the broadbalk winter-wheat experiment at Rothamsted. International Journal of Remote Sensing, 15(3): 705-709.

Olsson L, Eklundh L. 1994. Fourier-series for analysis of temporal sequences of satellite sensor imagery. International Journal of Remote Sensing, 15(18): 3735-3741.

Penuelas J, Rutishauser T, Filella I. 2009. Phenology feedbacks on climate change. Science, 324(5929): 887-888.

Piao S L, Ciais P, Friedlingstein P, et al. 2008. Net carbon dioxide losses of northern ecosystems in response to autumn warming. Nature, 451(7174): 49-52.

Piao S L, Fang J, Zhou L, et al. 2006. Variations in satellite-derived phenology in China's temperate vegetation. Global Change Biology, 12(4): 672-685.

Pinzon J E, Tucker C J. 2014. A non-stationary 1981-2012 AVHRR NDVI 3g time series. Remote Sensing, 6(8): 6929-6960.

Pouliot D, Latifovic R. 2018. Reconstruction of Landsat time series in the presence of irregular and sparse observations: development and assessment in north-eastern Alberta, Canada. Remote Sensing of Environment, 204: 979-996.

Reed B C, Brown J F, Vanderzee D, et al. 1994. Measuring phenological variability from satellite imagery. Journal of Vegetation Science, 5(5): 703-714.

Reed B C, Schwartz M D, Xiao X. 2009. Remote Sensing Phenology. Pages 231-246 in Phenology of Ecosystem Processes: Applications in Global Change Research. New York: Springer.

Richardson A D, Black T A, Ciais P, et al. 2010. Influence of spring and autumn phenological transitions on forest ecosystem productivity. Philosophical Transactions of the Royal Society B: Biological Sciences, 365(1555): 3227-3246.

Roerink G J, Menenti M, Verhoef W. 2000. Reconstructing cloudfree NDVI composites using Fourier analysis of time series. International Journal of Remote Sensing, 21(9): 1911-1917.

Running S W, Nemani R R. 1988. Relating seasonal patterns of the AVHRR vegetation index to simulated photosynthesis and transpiration of forests in different climates. Remote Sensing of Environment, 24(2): 347-367.

Saint G. 1999. VEGETATION Products Specifications. Version 2. Joint Research Center, Space Application

Institute, ISPRA, VA, Italy.

Schultz P A, Halpert M S. 1993. Global correlation of temperature, NDVI and precipitation. Advances in Space Research, 13(5): 277-280.

Schwartz M D. 1999. Advancing to full bloom: planning phenological research for the 21st century. International Journal of Biometeorology, 42(3): 113-118.

Schwartz M D, Reed B C, White M A. 2002. Assessing satellite-derived start-of-season measures in the conterminous USA. International Journal of Climatology, 22: 1793-1805.

Sellers P J, Dickinson R E, Randall D A, et al. 1997. Modeling the exchanges of energy, water, and carbon between continents and the atmosphere. Science, 275(5299): 502-509.

Townshend J R G, Justice C O. 1986. Analysis of the dynamics of African vegetation using the normalized difference vegetation index. International Journal of Remote Sensing, 7(11): 1435-1445.

van Dijk A, Callis S L, Sakamoto C M, et al. 1987. Smoothing vegetation index profiles: an alternative method for reducing radiometric disturbance in NOAA/AVHRR data. Photogrammetric Engineering and Remote Sensing, 53(8): 1059-1067.

Wei J B, Wang L Z, Liu P, et al. 2017. Spatiotemporal fusion of MODIS and Landsat-7 reflectance images via compressed sensing. IEEE Transactions on Geoscience and Remote Sensing, 55(12): 7126-7139.

Westerling A L, Hidalgo H G, Cayan D R, et al. 2006. Warming and earlier spring increase western US forest wildfire activity. Science, 313(5789): 940-943.

White M A, Thornton P E, Running S W. 1997. A continental phenology model for monitoring vegetation responses to interannual climatic variability. Global Biogeochemical Cycles, 11(2): 217-234.

Xin J, Yu Z, van Leeuwen L, et al. 2002. Mapping crop key phenological stages in the North China Plain using NOAA time series images. International Journal of Applied Earth Observation and Geoinformation, 4(2): 109-117.

Yang Z, Shao Y, Li K, et al. 2017. An improved scheme for rice phenology estimation based on time-series multispectral HJ-1A/B and polarimetric RADARSAT-2 data. Remote Sensing of Environment, 195: 184-201.

Zhang X Y, Friedl M A, Schaaf C B, et al. 2003. Monitoring vegetation phenology using MODIS. Remote Sensing of Environment, 84(3): 471-475.

Zhou L M, Tucker C J, Kaufmann R K, et al. 2001. Variations in northern vegetation activity inferred from satellite data of vegetation index during 1981 to 1999. Journal of Geophysical Research, 106(D17): 20069-20083.

Zhu X L, Chen J, Gao F, et al. 2010. An enhanced spatial and temporal adaptive reflectance fusion model for complex heterogeneous regions. Remote Sensing of Environment, 114(11): 2610-2623.

第 5 章　光合有效辐射吸收比率遥感监测及变化格局

5.1　概　　述

在众多的植被生理参数中，光合有效辐射吸收比率（fraction of absorbed photo-synthetically active radiation，FAPAR/FPAR）的获取一直受到大家的关注，FPAR 不仅是反映植被状态的指示因子之一、植被生产力模型的重要输入参量之一（Monteith，1977），同时也是指示陆地生态系统中能量平衡状态的重要气候因子之一（GTOS，2010）。目前，基于遥感的 FPAR 估算方法主要包括以植被指数为手段的经验性统计方法与以冠层反射率模型为基础的机理估算方法两类。经验性统计方法因简单、计算效率高而得到广泛运用，机理模型从物理模型上进行 FPAR 的求解与反演，机理明晰、可行性强。但植被指数仍然受到植被结构、冠层背景、观测角度、大气环境等因素的影响；机理模型则由于存在模型复杂、病态反演等问题，导致 FPAR 的估算方法仍然存在诸多不确定性。所有这些需要开展深入的研究。

本章在分析 FPAR 估算方法现状的基础上，从植被结构参数与环境变化因子两个角度出发，开展影响 FPAR 变化的驱动因子分析，从而进一步挖掘新信息，开拓植被指数的修正及评价、基于冠层反射率模型的反演方法与技术新思路，并讨论改善植被指数与FPAR 的线性关系、减少冠层反射率模型反演存在的不确定性的方法，从而提高 FPAR估算精度。

5.1.1　植被光合有效辐射吸收比率的研究进展

FPAR 是指被植被冠层绿色部分吸收的光合有效辐射（photosynthetically active radiation，PAR）占到达冠层顶部总 PAR 的比例（Martínez et al.，2013；McCallum et al.，2010），是直接反映植被冠层对光能的截获、吸收能力的重要参数。FPAR 是影响大气-

---

本章执笔人：董泰锋，赵旦，高文文，苏胜涛

陆表生物圈之间能量与水分交换过程的一个关键变量（Bicheron and Leroy，1999；Gobron and Verstraete，2009）。在植被生产力估算方法研究中，Monteith（1977）所建立的估算模型便是关于 FPAR 与 PAR 的函数，这为众多陆地生态过程模型尤其是光能利用率模型（Kanniah et al.，2009；Peng et al.，2012，2013；Schile et al.，2013；Wu et al.，2010）的发展提供了理论基础（Hilker et al.，2008）；同时 FPAR 也是表征植被物候变化的重要参量（Verstraete et al.，2008），是作物生长过程的健康指标（Clevers，1997；Gobron et al.，2006b；江东等，2002），是反映作物干旱的重要指标（Cook et al.，2009；Gobron et al.，2007；Rossi et al.，2008），是进行土地覆被监测的有效辅助因子（Chen et al.，2008；Linderman et al.，2010）。由于其重要性，FPAR 被全球气候观测系统（GCOS 2011）与 FAO 陆地观测系统（GTOS，2010）确定为反映全球气候变化的关键气候参量之一。准确、定量地获取 FPAR，对研究陆地生态系统过程、进行作物产量估算（Claverie et al.，2012；Duveiller et al.，2013；吴炳方等，2004；张佳华和符淙斌，1999）有着重要的意义。

目前，FPAR 存在两种不同的获取途径：一种方法是利用地面定位观测方法，主要依靠 SunScan、AccuPAR、TRAC 等冠层分析系统和传感器进行冠层间的 PAR 观测而得到 FPAR（Chen，1996；Jenkins et al.，2007；Nakaji et al.，2007），该方法可以准确、实时地获取冠层信息，但只局限于一个点的观测，并不具有空间异质性；另一种方法是借助遥感建立的 FPAR 估算模型，这主要是由于遥感在区域乃至全球尺度上具有良好的时空性（Martínez et al.，2013；McCallum et al.，2010；Peng et al.，2011），因此，遥感成为获取区域乃至全球尺度 FPAR 的可行性手段。基于遥感的 FPAR 估算方法是集地面观测、数据源采集、估算模型及验证方法的一个综合过程。基于此，本小节从 FPAR 地面观测方法、数据源分析、FPAR 估算方法、结果验证等方面开展论述。其中，将重点回顾国内外基于遥感的 FPAR 估算方法进展，就各类方法进行归纳与总结，分析其优点及不足，尤其是所存在的不确定性问题，希望能在此过程中寻求新的突破点，进一步增强模型的可行性、普适性，提高估算精度（董泰锋等，2012）。

地面观测是进行遥感产品反演的重要步骤，尤其是对于先验知识的积累、产品算法的改进及产品的真实性检验起到重要的作用（Morisette et al.，2006）。目前，地面 FPAR 的获取主要依靠各类光学测量仪器。根据各类仪器的设计原理可以把地面 FPAR 获取方法归纳成以下几种。

5.1.1.1 传统方法

根据 FPAR 的定义，如果能获取各类光合有效辐射（刘刚等，2008），如冠层入射 PARAC、到达冠层底部的透过 PAR_{BC}、冠层反射 PAR_{AC} 及冠层背景反射 PAR_{BC}，便可以计算 FPAR 及 FIPAR（冠层光能截取效率）。而 PAR 的获取主要依靠 PAR 辐射传感器。这种方法是获取 FPAR 与 FIPAR 最为传统的方法。

目前的主要观测工具有英国 Delta T 仪器公司生产的 SunScan 冠层分析系统、美国 Li-COR 公司生产的 AccuPAR 植物冠层分析仪和 Li-191SA 线性光量子辐射仪等。以 SunScan 冠层分析系统为例，最新版本的 SunScan 主要是由 SunScan 探测器、掌上电脑、三脚架、BFS5（beam fraction sensor）传感器四部分构成，同时提供有线与无线两种不同数据传递方式。其中 SunScan 探测器由 64 个 PAR 传感器组成，可以在不同的模式下获取平均 PAR 与分布 PAR，BFS5 同样是一个 PAR 传感器，但可以同时获取总 PAR 与散射 PAR 并计算出太阳散射比率。SunScan 探测器与 BFS5 结合，便可以同时获取冠层入射 PAR 与冠层下的拦截 PAR、散射 PAR。

SunScan、AccuPAR 等冠层分析系统可以较为直接地获取冠层的各类 PAR 进而计算 FPAR，操作简单、容易，比较适合于农田生态系统、草地生态系统等的低矮植被（Widlowski，2010；史泽艳等，2005），但对于生长初期的作物、草地、地衣等，由于植被高度不够，FIPAR 难以获取且具有较大的误差（Liu et al.，2013）。森林中更多地使用 Li-191SA 光量子辐射仪之类的仪器，在植被的不同高度搭载多个光量子辐射传感器，用于获取入射下行太阳辐射量、冠层下透射辐射量等（Serbin et al.，2013），可以长期实时获取数据。但该方法需要花费大量的财力与人力（Huemmrich，2001；Widlowski，2010）。同时，该方法存在诸多误差，Widlowski（2010）等从样点布置、辐射传输两个角度系统地论述了该类观测方法所存在的误差，为地面观测提供了有效的建议。

5.1.1.2 孔隙率方法

在植被冠层中，植被的覆盖度低导致部分冠层背景裸露以及冠层中叶片存在聚集现象，冠层存在间隙现象，因此部分太阳辐射不会受到冠层的拦截而直接穿过冠层到达冠层底部。孔隙率（gap fraction）是冠层底部辐射强度与冠层顶部辐射强度之间的比值

（Gower et al.，1999；邹杰和阎广建，2010）。

基于孔隙率原理的 FPAR 观测方法更适合于森林等高度较高的植被。目前主要包括两种类型的仪器：一种是以美国 Li-COR 公司开发的 LAI-2000（LAI-2200）、Chen（1996）的跟踪辐射与冠层结构测量仪（TRAC）为代表的冠层分析系统；另一种是半球图像法（digital hemispherical photography，DHP）。

TRAC 上安装有 3 个量子传感器，主要用于测量直射 PAR、散射 PAR 和地面反射 PAR。结合直射 PAR 与地面 PAR 便可以得到冠层孔隙率（Chen，1996；Chen et al.，1997；邹杰和阎广建，2010）。而 LAI-2000 可以利用孔隙率原理获取 LAI，并依据朗伯-比尔定律（Lambert-Beer Law）获取 FIPAR（Gower et al.，1999；Hanan et al.，1995；Hanan and Bégué，1995），也可以直接利用仪器观测到的无截取散射（diffuse non-interceptance，DIFN）得到 FIPAR，该值近似于冠层孔隙率（Serbin et al.，2013）。

DHP 是在孔隙率原理的基础上，通过处理照片区分植被覆盖信息与非植被覆盖信息（天空或是裸土），计算非植被面积与总面积的比值即为孔隙率。目前，利用 DHP 获取 FPAR（FIPAR）的典型软件是 CAN EYE（Baret and Weiss，2004）。在该软件中，FPAR 近似于 FIPAR，并且 FPAR 看成由直射 FPAR 与散射 FPAR 组成（Verger et al.，2011），在实际运用中，当缺乏辐射散射比时，可用直射 FPAR 代替。

在孔隙率方法中，TRAC 之类的冠层分析系统对模型所需的参数进行了一些假定，一个是假定冠层叶片的分布方式，另外一个是假定树枝对 PAR 的拦截作用（Gower et al.，1999）。另外，为减少误差，该仪器更适合在阴天、散射比较大的天气下进行，这会导致遥感反演结果验证存在一定的误差。半球图像法操作简便、成本低廉，被大量地应用于 LAI 等植被结构参数的获取。然而，对于 FPAR 的获取存在着很多的不确定性：第一，对于 FPAR，计算的结果分成直射 FPAR 与散射 FPAR 两部分，而散射值一般需要另外的仪器获取；第二，在数据的处理过程中，蓝波段容易受到大气散射的影响，进而在对照片分类时，容易造成叶片边缘存在模糊现象（姚克敏等，2008），因此，研究表明，该方法最好选择云量分布均匀的阴天，早上或是傍晚，但因为太阳高度角过高而造成 FPAR 存在不确定性（Garrigues et al.，2008）；第三，由于照片存在混合像元现象，在一定程度上影响孔隙度的计算结果；第四，仪器本身的定标系数也影响图像的处理结果。

5.1.1.3 其他方法

除了以上两类主要方法外，相关学者结合实际数据来源发展其他方法，如 Hanan 等（2002）及 Ogutu 和 Dash（2013）发展基于涡度观测数据进行地面 FPAR 的提取方法。其主要特点是可以实时获取地面观测数据，不仅有助于 FPAR 的深入研究，同时也可以为 FPAR 产品的验证提供有力的支持，但该方法需要较多的微气象数据及通量数据，模型计算参数较多。此外，研究表明通过激光雷达（light detection and ranging，LiDAR）有助于 FPAR 的获取，并可以应用于 MODIS 的 FPAR 产品的评价中（Chasmer et al.，2008；Cook et al.，2009）。针对 SunScan、AccuPAR 等不适用于植被高度较低（低于 15cm）的草地、刚出苗作物的 FPAR 地面获取，Liu 等（2013）利用普通照片及参考板获取 FPAR，结果与 SunScan 的获取结果具有较好的一致性。

5.1.2 基于遥感的光合有效辐射吸收比率估算

5.1.2.1 基于植被指数方法的 FPAR 遥感估算研究进展

（1）植被指数方法的研究进展

在植被光谱特征中，可见光波段与近红外波段对于太阳辐射的响应极为突出（Gong et al.，2003；赵英时，2003）：可见光主要反映植被叶片中色素的分布情况，并且植被叶绿素在红光波段表现出强烈吸收辐射的能力，因此红光波段呈现出明显的吸收波谷；而近红外波段主要反映的是植被叶片结构，由于反射能及透射能相近，辐射吸收较少，形成较强的反射能力。因此，以数学组合形式，构建以红光波段、近红外波段等为主的植被指数，可以反映出植被冠层对可见光的吸收变化情况。目前运用于 FPAR 估算的植被指数有 12 种以上，主要包括归一化植被指数（NDVI）（Baret and Guyot，1991；Fei et al.，2007；Friedl et al.，1995；Goward and Huemmrich，1992；Myneni and Williams，1994；Pinter，1993；Ridao et al.，1998）、垂直植被指数（PVI）（Baret and Guyot，1991；Ridao et al.，1998；Wiegand et al.，1991）、比值植被指数（RVI）（Fei et al.，2007；Li et al.，2011；Ridao et al.，1998；陈雪洋等，2010）、加权差值植被指数（WDVI）（Clevers，1997；Clevers et al.，1994）、土壤调节植被指数（SAVI）（Baret and Guyot，1991；Epiphanio

and Huete，1995；Jean-Louis and Francois-Marie，1995）、修正垂直植被指数（SAVI2）
（Ridao et al.，1998）、改正土壤可调植被指数（TSAVI）（Baret and Guyot，1991；Ridao
et al.，1998；Wiegand et al.，1991）、差值植被指数（DVI）（Jean-Louis and Francois-Marie，
1995）、复归一化差值植被指数（RDVI）（Jean-Louis and Francois-Marie，1995；Ridao et al.，
1998）、三次幂比率植被指数（CRVI）（Ridao et al.，1998）、增强植被指数（EVI）（King
et al.，2011；Nakaji et al.，2007；Xiao，2006；陈雪洋等，2010）、修正三角植被指数（MTVI2）
（Liu et al.，2010）、优化土壤调节植被指数（OSAVI）（Liu et al.，2008）、可见光抗大气
植被指数（VARI）（Cristiano et al.，2010；Gitelson et al.，2002）、宽动态范围植被指数
（WRDVI）（Vina and Gitelson，2005）与绿波段归一化植被指数（GNDVI）（Cristiano et al.，
2010；Vina and Gitelson，2005）等。其中，由于 NDVI 能够很好地表征 FPAR 的变化过
程，是应用最为广泛的植被指数（Vina and Gitelson，2005），从某种程度上讲，植被指
数与 FPAR 是等效的（Pinty et al.，2009）。

　　虽然应用于 FPAR 估算的植被指数种类较多，但也存在着共同点，可以归纳为以下
两点：第一，基于植被指数的 FPAR 估算主要依托于两种不同途径，一种是通过实地观
测获取 FPAR，并由冠层光谱或遥感数据运算得到植被指数，进一步建立两者的统计关
系，其主要特点是直接反映 FPAR 与植被指数的关系，属于统计方法。例如，Wiegand
等（1991）利用统计方法进行玉米 FPAR 与 NDVI、PVI、GVI 及 TSAVI 的分析发现，
FPAR 与 NDVI、PVI 存在非常好的相关性（R^2>0.9）。陈雪洋等（2010）以我国自主研
发应用的 HJ-1 卫星数据，结合在山东禹城所获取的同步地面 FPAR 数据，开展 FPAR
的统计模型研究，结果表明基于 HJ-1 卫星数据的 NDVI、RVI、SAVI、EVI 均可以应用
于 FPAR 的估算，其平均误差为 3.8%。另一种是借助冠层反射率模型，模拟不同的情景
下，冠层反射率所产生的变化，从而影响植被指数与 FPAR 的关系，大量的研究表明该
方法有助于深入开展 FPAR 与植被指数的不确定性研究，如冠层背景、饱和现象等，该
方法属于半机理方法。例如，Goward 和 Huemmrich（1992）通过 SAIL 模型模拟得出日
均 FPAR 与 NDVI 存在着很好的相关性（R^2=0.99），FPAR$_{day}$= 102.4 NDVI–8.0。Myneni
和 Williams（1994）通过三维冠层辐射传输模型模拟得到 FPAR 的估算公式，FPAR=
1.16×NDVI–0.14。第二，植被指数与 FPAR 的关系以近线性关系为主，但也存在指数函
数、幂函数等关系，并且对于不同植被类型、生长期，其相关性存在差异。Wiegand 等
（1991）发现玉米、棉花的 FPAR 与 NDVI 呈指数关系，而与 PVI 则呈线性关系，同时
相对于 PVI，NDVI 更适合于作物 FPAR 的估算。Ridao 等（1998）在对蚕豆、豌豆两种

豆类进行 FPAR 连续观测的基础上，分析在叶面积指数（LAI）最大值前后，9 个植被指数（RVI、NDVI、SAVI2、TSAVI、RDVI、PVI 及 CRVI）与 FPAR 变化的关系。研究表明，在 LAI 达到最大值前，9 种植被指数均与 FPAR 呈现出幂函数或指数函数关系；而在 LAI 达到最大值后，更多呈现出线性关系。Jenkins 等（2007）发现作物处于返青时期的 NDVI 与 FPAR 更多呈线性关系，但在叶片枯黄时期则表现出非线性关系。

此外，基于植被指数线性拉伸方式的 FPAR 估算方法，也很好地表现了 FPAR 与植被指数的线性关系。在该关系中，FPAR 是最大植被指数、最小植被指数与最大 FPAR、最小 FPAR 间的线性组合函数（Field et al.，1995；Los et al.，1994；Olofsson and Eklundh，2007；Peng et al.，2012，2011；Sellers et al.，1996）。其中，Sellers 等（1996）在对 NOAA NDVI 时间序列数据重构的基础上，利用该方法生产出了第一张全球尺度空间分辨率为 1°的 FPAR 数据。朱文泉（2005）针对 NDVI 高估 FPAR 而 RVI 低估 FPAR 的缺点，综合 NDVI、RVI 的优点建立 FPAR 与 NDVI、RVI 的统计关系公式。Donohue 等（2008）利用该方法建立 FPAR 长时间序列数据，其中利用植被覆盖三角从 AVHRR NDVI 数据中寻找出影响植被指数的土壤线与暗点（饱和现象），进行土壤线与暗点的位移，这在一定程度上减少了 NDVI 对土壤背景与饱和现象的敏感性。Peng 等（2011）在该方法的基础上，利用 GIMMS NDVI 数据建立欧亚大陆及全球的 FPAR 时间序列数据，并把结果与同期的 MODIS 进行比较以及时空变化分析。Baret 和 Guyot（1991）从改进的朗伯-比尔定律公式出发，推导了 FPAR 与 NDVI 最大值、NDVI 最小值及消光指数的非线性关系。Zhu 等（2013）以 GIMMS NDVI 3g（1981～2011 年）为数据源，同时以 MODIS 的 LAI/FPAR 产品中数据质量最好的 FPAR/LAI 反演结果（2000～2009 年）作为先验知识，构建训练样本，并利用神经网络建立 NDVI 与 FPAR/LAI 的模型，最后生产出 FPAR 3g 产品，经过验证，FPAR 3g 与其他 FPAR 产品在时空上具有较好的一致性。

（2）植被指数方法的不确定性问题

冠层光谱受到大气环境、植被冠层结构、冠层背景及遥感数据质量等因素的干扰（Breunig et al.，2011；Galvão et al.，2009；Hatfield and Prueger，2010；Ridao et al.，1998），从而给植被指数与 FPAR 的关系带来诸多不确定性问题。Myneni 和 Williams（1994）的研究表明 NDVI 与 FPAR 的关系对土壤背景、大气环境、地表二向反射率、冠层异质性等均存在着响应。总体上，植被指数与 FPAR 的不确定性归纳如下。

第一，土壤背景与饱和现象是影响植被指数与 FPAR 关系的重要瓶颈。Epiphanio

和 Huete（1995）在进行不同太阳高度角和观测角下 NDVI、SAVI 与 FPAR 关系的不确定性分析中认为 NDVI 对红光波段更为敏感，SAVI 则对近红外波段敏感。因此，在 LAI 较大时，SAVI 相对于 NDVI 更能减少饱和现象所带来的误差。Baret 和 Guyot（1991）发现在 FPAR<0.5 时，NDVI、PVI 容易受到土壤背景的影响而增加不确定性，而 SAVI、TSAVI 较好地克服了土壤背景的影响而适合在 LAI 较低情况下 FPAR 的估算，并且在叶倾角未知的情况下 SAVI、TSAVI 要比 NDVI、PVI 的估算精度好。Huemmrich 和 Gowardf（1997）则结合实测的 10 种树种的信息，利用 SAIL 模型进行 FPAR 模拟与分析，在 LAI 较低时，包括土壤反射率在内的植被背景虽然对 FPAR 的影响较小，但却是冠层反射率变化的主要影响因素。Jean-Louis 和 Francois-Marie（1995）通过 SAIL 模型模拟各波段反射率，在分析 NDVI、RVI 等受到土壤背景及几何观测信息的影响下，建立复归一化差值植被指数（RDVI）与 FPAR 的统计方法，其效果与 SAVI 较为一致，RDVI 与 SAVI 都可以有效地减少植被背景、饱和现象的影响；而 Liu 等（2008）在进行玉米覆盖度的研究中发现，与 NDVI、SAVI、OSAVI 及 MSAVI（修正土壤调整植被指数）相比，MTVI2 与覆盖度的相关性更好，可以减少土壤背景的影响，并且适用于 FPAR 的估算（Liu et al.，2010）。相关研究也表明 EVI 较 NDVI 可以较好地减少土壤背景及大气的影响（Nakaji et al.，2007），而 GNDVI 则可以减弱 NDVI 饱和现象所带来的不确定性（Cristiano et al.，2010；Vina and Gitelson，2005），两者均可以较好地用于 FPAR 的估算。

　　第二，地表双向反射因子对太阳高度角、观测方位角极为敏感，从而影响 FPAR 与 VI（植被指数）的关系。Pinter（1993）获取不同太阳高度角下紫花苜蓿的 FPAR 及冠层光谱，分析结果表明 FPAR 与 NDVI、SAVI 均随太阳高度角的变化而变化。Myneni 和 Williams（1994）通过冠层辐射传输模型模拟 NDVI 与 FPAR 的关系发现，在太阳方位角小于 60°、观测方位角小于 30°、土壤亮度中等以及在 550nm 处气溶胶厚度小于 0.65 的条件下二者线性关系成立；Goward 和 Huemmrich（1992）进行 FPAR 与 NDVI 的敏感性综合分析，瞬时 NDVI 与 FPAR 均受到观测方位角、太阳方位角的影响，并在观测方位角低于 40°、太阳方位角低于 60°时，NDVI 与日总 FPAR 表现为线性关系。

　　第三，植被结构也是影响 FPAR 与 VI 关系的重要因素之一，尤其是叶倾角分布函数（LAD）。Cristiano 等（2010）以两种不同 LAD 的草本植物为研究对象，在对不同水分与氮养分处理下的 FPAR 与 OSAVI、GNDVI、VARI 以及红边参数（REP）等植被指数的关系分析中发现，不同叶片类型对 VI 与 FPAR 的关系影响是不一样的，并且在不同的养分处理情况下所产生的敏感性也不同，并且认为 GNDVI 是估算 FPAR 的最佳植被指数。Clevers 等（1994）利用 PROSAIL 模型进行 FPAR 与 NDVI、WDVI 的敏感性分析发现，LAD 显著地影响 FPAR 与 WDVI 的关系，同时相对于 LAD 与太阳高度角，土壤背景与叶绿素含量是影响 FPAR 与 NDVI 的主要因素。

植被指数方法由于简单、参数少、运算效率高的优点，得到广泛运用，是目前光能利用率模型中获取 FPAR 的主要途径，是开展区域尺度 FPAR 估算的主要手段。然而，由于环境条件、遥感数据质量的限制，植被指数存在以下四点不足：第一，植被指数通过光谱组合反映植被生理生态特征，并未能在机理上全面解释和模拟 PAR 在冠层、冠层与地表间变化的过程；第二，由于太阳高度角、观测角等因素的影响，植被指数容易受到影响而导致了不确定性，从而降低了 FPAR 与植被指数关系的可信度；第三，在植被生长初期，植被覆盖度较低，植被指数容易受到土壤背景的影响，而在植被生长旺盛期，却因饱和问题降低了 FPAR 与 VI 的相关性，这两个问题目前并不能得到彻底解决，影响 FPAR 估算精度；第四，植被指数估算法多为统计方法，其关系随着时间、区域、植被类型的不同而有所不同，从而造成植被指数方法具有局限性。

5.1.2.2 基于机理方法的 FPAR 遥感估算研究进展

在植被指数方法得到广泛运用的同时，众多学者也从机理上出发利用遥感进行 FPAR 的估算方法研究。在实际中，冠层反射率是光辐射与植被间相互作用过程的结果，而为了能定量化地描述该变化过程，大量的研究尝试着把该过程进行抽象化而形成冠层反射率模型（Andres，2001；Chen et al.，1997；Jacquemoud et al.，2009；李小文和王锦地，1995；徐希儒，2003）。FPAR 正是 PAR 与植被冠层间相互作用而使部分 PAR 被植被吸收的结果。同时，植被冠层对光辐射的吸收、反射、穿透是一个能量平衡的过程。因此，能量平衡原理是进行 FPAR 机理研究的基本出发点，结合不同类别的冠层反射率模型进行 FPAR 的求解。机理方法可以分为两种：一种是辐射传输方程法，另一种是孔隙率法。

（1）辐射传输方程法

从太阳的辐射传输过程角度上看，一般把 FPAR 具有四个组分：第一组分是冠层对于直接太阳辐射的吸收，第二组分是冠层对天空光的吸收，第三、第四组分是冠层对受土壤背景、冠层间影响所产生的直射光与散射光的吸收（Gao et al.，2000）。可以基于辐射传输方程理论构建 FPAR 的遥感反演方法。然而，在辐射传输模型中，FPAR 并不是模型的输入参数，而是由 LAI、叶绿素含量等所衍生的二级植被生理参数（Bacour et al.，2006；赵英时，2003）。因此，需要利用辐射传输模型进行 FPAR 的求解。在进行 FPAR 的反演过程中，包括利用辐射传输模型进行冠层反射率的正向模拟和构建优化目标函数进行 FPAR 反演两个过程（Hall et al.，2010），从而达到反演的目的。

目前，MODIS、JRC、CYCLOPES、GLOBCARBON、GEOV1 等在内的多种全球或区域 FPAR 产品数据集（Camacho et al.，2013；McCallum et al.，2010）（表 5.1）的算法均建立在辐射传输模型的基础上。

Tian 等（2000）以 3D 辐射传输模型为研究手段，进行 MODIS LAI/FPAR 产品预算法研究。在该算法中，把全球植被覆盖分成了六大类，根据各类植被类型特点选择合适的先验模型参数，用于驱动冠层反射率模型及 FPAR 的求解，并以查找表的形式建立冠层反射率与 FPAR 的关系，最后构建代价函数进行 FPAR 的反演。同时，以植被指数方法作为备用算法，主要应用于机理方法无法实现像元的 FPAR 的反演，达到对机理方法的有益补充。该算法随后应用于 POLDER、LASUR、TM 及 SeaWiFS 等多种传感器数据的验证。最终用于 MODIS LAI/FPAR 产品的生产（Knyazikhin et al.，1998；Myneni et al.，2002）中，相关学者也纷纷对产品开展全球范围内的地面验证研究，以促进该产品算法的改进。例如，Fensholt 等（2004）对位于大西洋海岸的荒漠草原区的 FPAR 产品验证结果表明，FPAR 与地面实测存在较好的相关性，并且随着植被生长季的变化而变化（R^2=0.81～0.98），但总体精度高估 8%～20%。Steinberg 等（2006）对美国阿拉斯加州阔叶林地区的 FPAR 开展两种不同尺度的数据验证，即地面观测数据与 ETM 反演的较高分辨率 FPAR 数据，结果也表明 MODIS 均存在着高估的现象，而这可能由于波段反射率的不确定性、分类误差等因素的影响。Li 等（2010）对 2008 年呼伦贝尔草地生长季内的 MODIS FPAR 产品进行验证，结果表明针狼草与羊草分别高估 13.7%、18.7%。这说明 MODIS FPAR 产品依然存在较多的不确定性问题。同时，该算法也应用于 MISR、POLDER 等多角度数据 FPAR 的反演（Hu et al.，2003；Knyazikhin et al.，1998；Zhang et al.，2000），其中通过多角度信息可以更好地获取冠层或地表信息，在一定程度上解决冠层反射率及植被覆盖分类精度的不确定性，从而减少 FPAR 估算的误差，而 Ganguly 等（2008）利用该算法进行 AVHRR FPAR 产品研究，有助于 FPAR 长时间序列数据集的构建。

表 5.1 全球主要的 FPAR 产品

FPAR 产品	传感器	输入	辅助数据	反演方法	输出结果	时间分辨率（天）	空间分辨率（km）	时间范围	参考文献
MODIS	MODIS	MODIS 的前 7 个波段反射率以及传感器几何关系	植被覆盖类型	3D 辐射传输模型、FPAR-NDVI 备用算法	瞬时 FPAR（包括直射与散射）	8	1	2000 年至今	（Myneni et al., 2002）
CYCLOPES	VEGETATION	蓝光、红光、近红，以及短波红外的反射率	GLC2000 植被覆盖类型	基于神经网络算法的冠层传输模型	当地时间 10: 00 的瞬时直射 FPAR	10	1	1999~2007 年	（Weiss et al., 2007）
JRC	SeaWIFS[a]	蓝光、红光、近红波段的反射率	—	基于数据最优化算法的冠层传输模型	当地时间 10: 30 的瞬时直射 FPAR	1	1	1997~2006 年	（Gobron et al., 2006a、2006b）
GLOBCARBON	VEGETATION	红光、近红与短波红外的反射率	GL2000、土壤、DEM、LAI	FPAR 参数化模型	当地时间 10: 00 的瞬时直射 FPAR	30	2.17	1997~2006 年	（Chen, 1996）
GEOV1	VEGETATION	红光、近红与短波红外的反射率	—	综合 MODIS 与 CYCLOPES 产品的神经网络算法	当地时间 10: 00 的瞬时直射 FPAR	10	1	1998~2012 年	（Baret et al., 2013）

a. JRC 主要来源于多个遥感传感器的数据，主要包括 SeaWIFS、MODIS、SPOT-VEGETATION 等全球范围数据（Baret et al., 2013）

　　Gobron 等（1999）结合 MERIS 与辐射传输模型发展了 MGVI（MERIS 全球植被指数，MERIS global vegetation index）指数，该指数主要是关于蓝光、红光及近红外的冠层反射率的函数，其中各波段的反射率无须通过大气校正，而是通过相关参数将表观反射率转换为冠层反射率。目前，该指数已经运用于 ETM、MERIS、GLI（Adeos-II）、VEGTATION、SeaWiFS 及 MODIS 等传感器的 FPAR 产品的估算，形成了 JRC（欧盟联合研究中心，Joint Research Centre）FPAR 系列产品（Gobron and Taberner，2008；Gobron et al.，2006a，2006b，2007，2008）。

　　同时，PROSAIL 模型（Jacquemoud et al.，2009；Verhoef and Bach，2007）成为研究 FPAR 的常用冠层反射率模型之一。Weiss 等（2007）在 PROSAIL 模型大量模拟冠层反射率的基础上，利用神经网络算法建立冠层反射率与 FPAR 的关系，并用于 FPAR 的反演，形成 CYLOPES 全球 FPAR 产品，其结果与 MODIS FPAR 产品具有较好的季节一致性，并与实测数据具有较小的误差（RMSE = 0.1）。Bacour 等（2006）则利用相似的方法进行基于 MERIS 数据的 FPAR 反演，并与 MODIS FPAR 产品、MGVI FPAR 产品进行比较，发现三者间存在较好的一致性，与欧洲遥感设备验证（validation of European remote sensing instrument，VALERI）地面观测数据的标准误差为 0.09。Camacho 等（2013）在 MODIS FPAR 产品、CYLOPES FPAR 产品的基础上，以二者作为先验知识，通过转换函数建立训练样本，并利用神经网络结合 SPOT VEGETATION 数据进行 FPAR 时间序列的反演，形成 GEOV1 产品。Verger 等（2011）则在该算法的基础上，以 CHIRS/PROBA 多角度高光谱数据进行 Barrax 实验区不同作物 LAI、FPAR 等多种参数的反演，其结果显示，相对于植被指数法，所反演的结果更趋于合理、准确；Verhoef 和 Bach（2007）在大气辐射传输模型 MODTRAN、冠层反射率模型 4SAIL2、叶片反射率模型 PLOSPECT 及 Hapke 模型的基础上，建立了土壤-叶片-冠层-大气间辐射传输耦合模型，直接建立表观反射率与 FPAR 的关系，随后应用于芬兰索丹屈莱（Sodankyla）地区 FPAR 与反照率的反演。该方法有助于遥感定量化的进一步发展，它耦合了大气、冠层、叶片及土壤等多个机理模型（Prieto-Blanco et al.，2009；Verhoef and Bach，2003），减少了大气校正过程，直接建立表观反射率与植被参数的关系，在一定程度上减少了反演过程中的不确定性。

　　然而，由于在冠层反射率模型的求解过程中，往往只能利用较少的参数求解方程矩阵中的较多变量，从而造成反演模型是一个病态的求解过程（李小文等，1998），易使反演结果产生不确定性，甚至带来错误。虽然查找表法、神经网络方法、贝叶斯法、遗传算法等多种重要的方法（Combal et al.，2003）得到快速的发展与运用，但仍然存在较大的不确定性。

（2）孔隙率法

由于植被实际上是一个布满孔隙的透明实体，对光能起到拦截的作用，这些孔隙在冠层不同部位的分布不同且具有明显的差异，从而产生了孔隙率的概念（李丽，2010）。孔隙率模型在几何光学模型中是解决多次散射问题的核心，构建孔隙率模型是进行 FPAR 求解的一个关键步骤。因此，孔隙率原理与能量平衡原理相结合形成 FPAR 估算的另外一种主要方法——孔隙率法。

Chen（1996）从 FPAR 的基本公式出发，结合孔隙率原理推导出 FPAR 的计算公式，其表达式如下：

$$\text{FPAR} = \left[(1 - \rho_1) - (1 - \rho_2) \right] e^{-G(\theta)\beta L_E / \cos(\theta_s)} \tag{5-1}$$

式中，ρ_1 是冠层双向反射率；ρ_2 是背景反射率；L_E 为有效 LAI；θ_s 是太阳天顶角；$G(\theta)$ 是叶面积密度函数取 1 时向太阳天顶角方向垂直面上的平均投影值。从公式（5-1）中可见，FPAR 是关于冠层反射率、土壤反射、冠层孔隙率、LAI 的函数；孔隙率法同时考虑到了冠层背景对冠层反射率的影响，有效地增加了 FPAR 估算的机理性。在 GLOBACARBON 中，孔隙率法被成功用于 FPAR 产品开发（Plummer et al.，2006），其中土壤背景来源于 FAO 所提供的土壤反射率，而有效 LAI 来源于 GLOBACARBON 的 LAI 产品。

Chen 等（2008）也从能量平衡与孔隙率原理角度，提出了 FPAR 关于孔隙率（ρ_{gap}）、冠层开放度（K_{open}）、冠层反射率（α）及土壤反射率（α_b）的估算方法，其表达式如下：

$$\text{FPAR} = (1 - \rho_{\text{gap}}) - \alpha + \rho_{\text{gap}} \alpha_b (1 - K_{\text{open}}) \tag{5-2}$$

在该方法中，虽然考虑到土壤背景的影响，但忽略了 PAR 与冠层、土壤背景间的多次散射作用。李丽（2010）在此基础上考虑了土壤背景对反照率的贡献，以环境卫星数据为数据源，进行怀来实验场及周围玉米的 FPAR 估算，结果与实测值较为一致（RMSE=0.04）。陶欣等（2009）在孔隙率模型的基础上，综合了几何光学模型与辐射传输理论，构建基于土壤反射率、植被结构、太阳天顶角等因素在内的 FPAR 机理模型，模型中主要考虑到了透射率、背景土壤对光子的多次散射作用，并以 CHRIS-PROBA 多角度遥感数据进行黑河流域的 FPAR 反演，反演结果与实测值相比较，RMSE = 0.0422，说明了模型的可行性。

然而，基于孔隙率的 FPAR 估算模型中涉及地表反射率、LAI、聚集指数、孔隙率、开放率等较多的输入参数，而这些参数在目前的遥感估算方法中仍然存在较多的不确定性。因此，想要高精度地估算 FPAR，还需要准确的参数作为支撑。

除了上述辐射传输方程法与孔隙率法外，从其他角度出发的机理方法也得到一定的发展。周彬等（2008）利用蒙特卡罗方法模拟光子在植被冠层中的辐射传输过程，统计透过冠层的光子概率，从而得到 FPAR 的求解结果，并揭示了 FPAR 与太阳方位角、植被冠层结构的关系。

（3）基于机理方法的 FPAR 遥感估算的不确定性问题

与植被指数方法一样，机理法同样存在较多的不确定性。这主要体现在以下几个方面：第一，植被覆盖类型的确定是进行 FPAR 反演的关键（Lotsch et al.，2003），在 MODIS FPAR 产品中，遥感数据的分辨率较低导致混合像元的存在，从而影响分类精度（Tian et al.，2000；Zhang et al.，2000），其中阔叶林与针叶林难以区分一直影响着 FPAR 的反演精度；第二，由于 MODIS、SeaSWIFT、MIRS 等数据受到云的影响或大气校正的不确定性影响，可能给 FPAR 的估算结果带来较大的误差（Hu et al.，2007；Wang et al.，2001）；第三，太阳天顶角也是影响反演与验证结果的主要因素，其中在植被覆盖度较低时，FPAR 同时受土壤背景与太阳天顶角的制约，且太阳天顶角的敏感性更强（Shabanov et al.，2003）；第四，植被结构也是一个重要的影响因素，Fensholt 等（2004）在大西洋海岸的荒漠草原区进行 MODIS LAI/FPAR 产品验证时，发现草地的 3 种不同叶倾角分布（LAD）对 FPAR 具有较大影响，这说明 LAD 是影响草地 PAR 吸收的重要因素；第五，传感器之间的差异造成了 FPAR 估算结果存在一定的差异性。此外，目前大多数全球、区域的 FPAR 产品基于中等分辨率产品的遥感数据，相关研究表明，混合像元问题也是造成估算结果存在不确定性的重要原因之一（杨飞等，2010）。

虽然机理法清晰解释了 FPAR 的物理过程，可行性强，但同时存在明显的缺点：第一，模型结构复杂而且参数多，这给模型应用带来了困难；第二，由于模型对现实的简化而造成相关参量建立在大量的假定上，如考虑土壤背景为朗伯体，SAIL 模型更多的是把冠层看成一层浑浊体；第三，模型中所需要的参数往往并不能全部得到，从而使 FPAR 估算呈一个病态的反演过程，这为反演结果带来一定的不确定性。

5.1.2.3 光合有效辐射吸收比率（FPAR）产品的验证方法

遥感产品的验证是一个模型 VS.模型的过程，而为了构建一套可行性高、用户满意的高质量的数据产品，产品数据质量的评价、算法的改进及数据精度的提升是一项重要研究内容（Chen et al.，2010；Martínez et al.，2013；Serbin et al.，2013；Weiss et al.，2007）。其中最为典型的是 MODIS 产品，它建立在产品验证与评价反馈的基础上，经历了多个版本的修改。目前，各类 FPAR 产品如 MODIS、CYCLOPES、GEOV1 等均建立了一套系统的地面验证体系。而这样的验证体系一般包括直接验证与间接验证两部分，下面就直接验证与间接验证进行说明。

（1）直接验证

直接验证是对遥感产品质量检查中最为直接的一种验证方法，其主要特点是依赖地面实地数据，通过转换函数获取高分辨率的数据并进行尺度转换进而开展产品的真实性检验。

针对直接验证，美国成立 MODIS 陆地产品（MODLAND）真实性检验小组，欧洲发起欧洲遥感设备验证计划以及在此基础上成立陆地产品真实性检验（land product validation，LPV）子工作组，分别就 MODIS、VEGETATION、AVHRR 等传感器的数据产品真实性检验开展相应的研究工作。同时也开展了 BigFoot、VALERI 等地面观测实验计划并构建 FLUXNET 网络，其中 VALERI 计划涉及全球各大洲、执行时间也较长，这为开展 LAI、FPAR 等植被产品的验证提供了宝贵的地面数据；而国内各家单位也分别开展相应的地面验证实验，如黑河水文实验提供了一定数据量的地面验证数据（曾也鲁等，2012）。

在直接验证中，最为直接的方法是，根据产品的分辨率，构建不同的样方采集方式，获取实地数据，并根据 GPS 定位获取产品对应的数据，从相关性系数（R^2）、均方根误差（RMSE）、标准均方根误差（NRMSE）、变异系数（CV）等不同指标上对 FPAR 反演结果的精度进行评价。该方法更适合于高分辨遥感数据产品反演 FPAR 结果的验证，而对于如 MODIS 等中等分辨率产品来说，尽管采取多种类型地面采集样点布置方案，也难以与对应像元内所代表的信息准确对应（Martínez et al.，2013；Serbin et al.，2013）。随着对验证方法的不同程度的认识，不同分辨率数据、不同遥感平台数据为直接验证提供了更为丰富的手段。张仁华等（2010）在不同空间尺度、不同遥感平台的基础上提出了"一检两恰"的验证思想。其主要是通过借助于高分辨率数据，结合对应的地面观测数据，利用植被指数法、构建传递函数或基于冠层反射率模型反演方法进行 FPAR 反演，从而得到高分辨率的 FPAR 参考图，再通过降尺度方法获得与 FPAR 产品一致的分辨率，之后结合相关性系数（R^2）、RMSE、NRMSE、CV 等不同指标进行真实性的评价（Baret et al.，2007；Morisette et al.，2002，2006）。目前，主要的 FPAR 产品如 MODIS FPAR、CYCYCLOPES 及 GEOV1 是建立在 VALERI、Bigfoot（美国林务局发起）等计划的基础上，结合高分辨率数据进行直接验证的（Martínez et al.，2013；Serbin et al.，2013；Weiss et al.，2007）。同时，其他方面的数据源，如 LiDAR 数据、基于回波信息获取植被孔隙率而获取的一定空间尺度上的 FPAR 数据，为 MODIS 产品验证提供了新的研究思路。

直接验证法对产品质量进行初步验证，但也存在着诸多的不确定性。第一，空间代表性。在样地的布置上，虽然利用不同的数据方法获取样区内数据，再获取其平均值（获取权重等）从而代表对应像元的信息，但这种方法更适合于空间较为均匀的像元，如 VELERI 根据样区空间异质性情况提供了 3 种不同的地面采集点（elementary sampling unit，ESU）的布置方案。而不恰当的采集方法，不仅不能获得对应像元的 FPAR，同时也无法准确地进行对应像元的验证。第二，展开地面验证是一个费时费力的过程（Baret et al.，2006），同时由于区域范围的限制，在全球范围不同生态类型的地面观测点少，数据量少，缺乏植被代表性，如 VALERI 中关于 FPAR 数据的验证点实际上只有 35 个。第三，地面观测。受仪器本身误差的限制，如获取森林部分的 FPAR，由于林下植被较低，加上受仪器高度的限制，仪器获取一般没有考虑林分底层植被对光的利用情况，并建议在无强烈光照下获取数据，这在一定程度上低估了地面 FPAR。另外一个是在时间的匹配上，尤其是 FPAR 为一个瞬时的变量，不同仪器间也存在差异，因此会影响产品整体验证。

（2）间接验证

在进行直接验证的同时，间接验证也是验证全球产品的重要方法。间接验证主要是通过比较多种产品之间的相同点与差异，为产品质量评价提供有益补充，从而达到对产品精度评价的目的。

在间接验证方法中，最为直接的方法是对 FPAR 产品与其他不同数据源、不同反演方法所获取的 FPAR 产品进行比较与评价（Baret et al.，2013；Camacho et al.，2013；Martínez et al.，2013；McCallum et al.，2010；Weiss et al.，2007）。但目前关于全球或区域的各种产品在 FPAR 的定义、算法以及遥感数据源、数据分辨率方面均存在差异，这将会给间接验证带来难度（Gobron and Verstraete，2009）。但 Baret 等（2007）、Weiss 等（2007）强调进行不同产品间的比较时，首先必须明确 FPAR 的定义，其次是各产品所采用的投影信息，最后是各产品的时间尺度，这些都是造成产品间存在差异的潜在影响因素。在该评价方法中，主要是从产品空间连续性、时间连续性、平滑程度、同期不同产品的差异、产品的空间格局等几个方面（Serbin et al.，2013）进行产品的比较与评价。在 MODIS 产品的评价中，还增加应用指数（retrieve index，RI）用于评价反演像元受云量、大气影响而无法利用主算法进行反演的频率，从而进一步反映 MODIS 产品数据质量及产品的空间连续性特征（Myneni et al.，2002）。

此外，由于 FPAR 是植被生产力估算模型（光能利用率模型）的重要输入参数，基于相同的光能利用率模型，以不同 FPAR 产品作为模型 FPAR 的输入参数，从而进一步评价不同的 FPAR 对于总初级生产力/净初级生产力（GPP/NPP）的估算结果所可能产生的不确定性（Steinberg and Goetz，2009；Turner et al.，2009）；通过分析与评价不同产品对气候因子的响应所存在的差异、是否合理来对产品质量进行评价（Zhu et al.，2013）。

5.2 基于机理模型的植被光合有效辐射吸收比率遥感估算方法

5.2.1 光合有效辐射吸收比率参数化模型

从能量平衡原理上解释，FPAR 是入射光减去植被冠层可见光反照率（400～700nm，BHRPAR）以及植被冠层背景对 PAR 吸收率（FGROUND）两部分所剩余的值（Chen 1996；Hu et al.，2007；陶欣等，2009）。

$$FPAR = 1 - BHRPAR - FGROUND \qquad (5\text{-}3)$$

研究表明，在考虑冠层与背景间的多次散射作用而增加了土壤对 PAR 吸收的基础上，朗伯-比尔定律能够很好地用于描述 FGROUND 与 LAI、冠层消光系数及冠层背景反演率的关系（Hu et al.，2007）：

$$\text{FGROUND} = \frac{1-\rho_{\text{soil}}}{1-\rho_{\text{soil}}\gamma^*} \cdot \text{GF}(\theta) \tag{5-4}$$

$$\text{GF}(\theta) = e^{-G(\theta)\beta L_E / \cos(\theta)} = e^{-k(\theta)\beta L_E} \tag{5-5}$$

式中，ρ_{soil} 是冠层背景反射率（400～700nm）；γ^* 是考虑冠层与土壤的多次散射作用因子；L_E 是有效 LAI；$G(\theta)$ 是角度 θ 下在平面上叶子的投影面积；$\text{GF}(\theta)$ 所表达的是光由冠层底部到达冠层顶部的透过率，其本质上是冠层孔隙率；$k(\theta)$ 是消光系数。Hu 等（2007）发现当角度为 35°时，$(1-\rho_{\text{soil}})/(1-\rho_{\text{soil}}\gamma^*)$ 可以取值 0.95。但 ρ_{soil} 与 γ^* 并不是恒定值，尤其是在植被覆盖度较低的情况下，土壤受环境的影响更为直接，变化较为明显。为了更好地反映冠层与土壤的多次散射作用，基于辐射传输理论，上式可以表达为（Chen，1996；陶欣等，2009）

$$\text{FPAR} = (1-\text{BHRPAR}) - \frac{(1-\rho_{\text{soil}})}{1-\text{WSAPAR} \cdot \rho_{\text{soil}}} \cdot \text{GF}(\theta_s) \tag{5-6}$$

$$\text{BHRPAR} = \alpha \cdot \text{WSAPAR} + (1-\alpha)\text{BSAPAR} \tag{5-7}$$

式中，WSAPAR 是在可见光范围的白空反照率（white sky albedo）；BSAPAR 是黑空反照率（black sky albedo）；α 是太阳散射比例，根据 SEVRI FPAR 产品选择 0.2（Martínez et al.，2013）。在 FPAR 的计算公式中，在可见光范围的白空反照率考虑了植被冠层背景信息及冠层与土壤间的多次散射，同时也考虑了冠层孔隙率。这也就说明，要计算 FPAR，需要获取有效 LAI 与消光系数两个参数，进而才能得到冠层孔隙率。然而由于 LAI、消光系数的复杂性，如消光系数是关于太阳高度角、叶倾角分布函数（LAD）的函数（Gonsamo，2010；Propastin and Erasmi，2010），这在一定程度上增加了遥感反演结果的不确定性。相关研究表明，冠层孔隙率与 NDVI 之间存在很好的转换关系（Marsden et al.，2010；唐世浩等，2006），这为简化 FPAR 的参数化模型提供了途径。其中，有效 LAI 与某观测角度下的 NDVI 的关系表达式如下：

$$e^{\{-k_{\text{NDVI}}(\theta_v)\text{LAI}\}} = \frac{\text{NDVI}(\theta_v) - \text{NDVI}_{\text{veg}}}{\text{NDVI}_s(\theta_v) - \text{NDVI}_{\text{veg}}} \tag{5-8}$$

式中，$k_{\text{NDVI}}(\theta_v)$ 是关于角度 θ_v 下 NDVI 的消光系数；NDVI_{veg} 是植被覆盖度为 100%时的 NDVI 值，而实际上，当植被覆盖度达到 100%后，随着植被的继续生长，近红外波段依然对 LAI 的增加敏感，加上多次散射作用，NDVI 会缓慢增加（Gitelson，2004）；NDVI_s

是冠层背景值，即植被覆盖度较低情况下的 NDVI 值。冠层孔隙率为 0~1，当 NDVI 高于 $NDVI_{veg}$ 时，令 $NDVI=NDVI_{veg}$；而当 NDVI 低于 $NDVI_s$ 时，此时，NDVI 受到土壤的影响比较小，令 $NDVI=NDVI_s$。NDVI 是经过 BRDF 校正后的近红外和红光波段的计算结果，其计算公式如下：

$$NDVI(\theta,\mu,\varphi) = \frac{NIR_{BRDF}(\theta,\mu,\varphi) - RED_{BRDF}(\theta,\mu,\varphi)}{NIR_{BRDF}(\theta,\mu,\varphi) + RED_{BRDF}(\theta,\mu,\varphi)} \qquad (5\text{-}9)$$

式中，太阳入射角（θ）、传感器观测角（μ）及相对方位角（φ）分别为 45°、0° 及 180°。NIR_{BRDF} 是经过 BRDF 校正的近红外波段反射率，RED_{BRDF} 是经过的红波段反射率。

对于 $NDVI_{veg}$ 与 $NDVI_s$ 的获取，考虑到同种植被类型下，几何观测角的变化对 $NDVI_s$、$NDVI_{veg}$ 的影响较小，对每种植被类型只获取一组 $NDVI_s$、$NDVI_{veg}$、$NDVI_s$、$NDVI_{veg}$，可以通过时间序列产品数据获取。本章结合 MODIS 的植被类型产品以及 MODIS NDVI 产品（MOD13A2），利用长时间序列对每类植被进行统计分析。$NDVI_{veg}$ 取直方累积图 98%处的 NDVI，$NDVI_s$ 则取 2%处的 NDVI。

植被孔隙率虽然可以通过 NDVI 值来近似表示，但冠层孔隙率与 NDVI 的关系会因为饱和问题而被低估。其主要原因是红光波段会随着植被 LAI 的增加而产生饱和现象，而近红外波段随着 LAI 的增加而继续增加（图 5.1），从而导致植被覆盖度被低估（Gitelson，2004）。Gitelson（2004）在 NDVI 的基础上提出了一个修正的植被指数 WDRVI（宽范围动态植被指数，wide dynamic range vegetation index），在近红外波段前引进权重系数，其目的是增强近红外波段在 NDVI 饱和现象下对植被指数的整体贡献率，从而在一定程度上缓解 NDVI 与植被覆盖度的饱和现象，增强其线性关系（Gitelson，2004；Vina and Gitelson，2005）。

$$WDRVI = \frac{\alpha \cdot NIR - RED}{\alpha \cdot NIR + RED} \qquad (5\text{-}10)$$

式中，α 是权重系数，取值为 0~1，当 α 为 1 时便等于 NDVI。该系数是关于传感器类型、植被类型等的函数，同时相关研究也表明，当 α 为 0.2 时，WDRVI 适合于大部分植被类型（Gitelson，2004）。经推导，WDRVI 与 NDVI 的关系可以通过 α 来表示：

$$WDRVI = \frac{(\alpha+1)NDVI + (\alpha-1)}{(\alpha-1)NDVI + (\alpha+1)} \qquad (5\text{-}11)$$

近些年，WDRVI 被成功地用于 LAI、FPAR、GPP、生物量等植被参量的反演研究，由于 WDRVI 很好地缓解了植被参量与植被指数的饱和现象，增强植被参量与 WDRVI

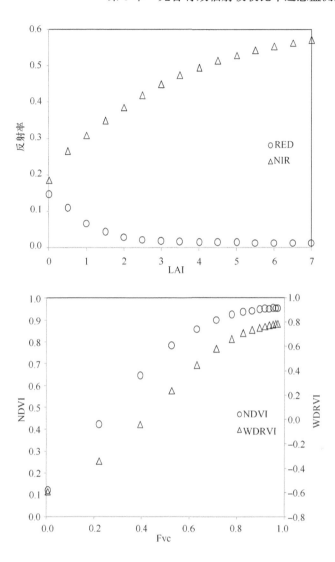

图 5.1 PROSAIL 模型模拟红光波段、近红外波段、NDVI、WDRVI 与 LAI、Fvc 的相关性

的线性关系（Gitelson，2004；Gitelson et al.，2012；Guindin-Garcia et al.，2012；Rautiainen，2005；Jönsson et al.，2010；Sakamoto et al.，2010；Vina and Gitelson，2005）。因此，利用 WDRVI 近似表示冠层孔隙率。

$$e^{\{-k_{\mathrm{WDRVI}}(\theta_v)\mathrm{LAI}\}} = \frac{\mathrm{WDRVI}(\theta_v) - \mathrm{WDRVI}_{\mathrm{veg}}}{\mathrm{WDRVI}_s(\theta_v) - \mathrm{WDRVI}_{\mathrm{veg}}} \tag{5-12}$$

表 5.2 展示了主要土地覆被类型的 NDVI 以及对应 WDRVI 的饱和值与土壤值。

表 5.2　各主要土地覆被类型的 NDVI 以及对应 WDRVI 的饱和值与土壤值

代码	主要土地覆被类型	NDVI$_{veg}$	NDVI$_s$	WDRVI$_{veg}$	WDRVI$_s$
1	常绿针叶林	0.860	0.030	0.453	−0.650
2	常绿阔叶林	0.898	0.070	0.576	−0.626
3	落叶针叶林	0.879	0.050	0.513	−0.638
4	落叶阔叶林	0.863	0.083	0.462	−0.618
5	混交林	0.860	0.175	0.453	−0.557
6	郁闭灌丛	0.850	0.103	0.423	−0.605
7	开放灌丛	0.829	0.058	0.363	−0.633
8	多树的草原	0.840	0.075	0.394	−0.623
9	稀树草原	0.820	0.035	0.338	−0.647
10	草原	0.757	0.043	0.182	−0.642
11	永久湿地	0.835	0.084	0.380	−0.617
12	作物	0.860	0.139	0.453	−0.582
13	城市和建成区	0.845	0.069	0.408	−0.626
14	作物和自然植被的交错区	0.850	0.050	0.423	−0.638
15	雪、冰	0.256	0.034	−0.495	−0.647

综上所述，基于冠层孔隙率，消光系数、WDRVI 与冠层孔隙率的关系，冠层孔隙率表达式如下（Kallel et al.，2007；Marsden et al.，2010；唐世浩等，2006）：

$$GF(\theta)=\left(\frac{WDRVI(\theta_v)-WDRVI_{veg}}{WDRVI_s(\theta_v)-WDRVI_{veg}}\right)^{\frac{k(\theta)}{k_{WDRVI}(\theta_v)}} \quad (5\text{-}13)$$

$$\alpha=\frac{k(\theta)}{k_{WDRVI}(\theta_v)} \quad (5\text{-}14)$$

对于 NDVI，α 值为 0.6～0.7（Jiang et al.，2006；Kallel et al.，2007）。但由于这一过程中涉及的内容较多，本章取值 1.0。

5.2.2　冠层背景反演理论及模型参数化

5.2.2.1　基本原理

基于几何光学原理，植被冠层信息可以近似地表达成各类组合的线性关系，且假定冠层背景近似于朗伯体，不受方向性的影响。同时，研究表明多角度观测具有反映植被结构的能力，可以通过多角度之间的信息差进行冠层背景求解（Canisius and Chen，2007；Pisek et al.，2012，2010）。根据植被冠层场景的分布状态，可以把植被分成两种类型：一种是以森林为典型代表的离散植被，另外一种是以作物为典型代表的连续植被。由于离散植被与连续植被的特征不同，研究者根据其差异，从辐射传输理论与几何光学理论等角度，构建不同的冠层 BRDF 模型。本小节针对离散植被与连续植被分别进行冠层背景值的求解。

（1）离散植被情况

在离散植被中，几何光学理论较好地描述其光源、植被冠层、传感器三者之间的关系。其中，在太阳光的照射下，离散植被必然是形成光照面和阴影面，如果忽略了分量间的多次散射，那么传感器得到的冠层反射率可以由四部分组成（Canisius and Chen，2007；Pisek et al.，2012，2010；李小文和王锦地，1995）：

$$R = R_{T}k_{T} + R_{G}k_{G} + R_{ZT}k_{ZT} + R_{ZG}k_{ZG} \tag{5-15}$$

式中，R_{T}、R_{ZT}、R_{G}、R_{ZG} 分别是冠层光照面、阴照面和背景光照面及阴照面的反射率；k_{T}、k_{ZT}、k_{G}、k_{ZG} 则是对应的四分量各自所占的比例。

冠层光照面反射率主要受叶子的光学性质 R_{L} 以及冠层内部叶片之间的多次散射和叶倾角分布特征的影响。同时，相对于冠层光照面与背景光照面的影响，冠层阴照面和背景阴照面受到的天空散射光及冠层内部的多次散射影响很小。这样在定义多次散射因子 M 的情况下，在忽略多次散射影响的基础上，上式可以表达为（Croft et al.，2013；Zhang et al.，2008）

$$R = MR_{L}k_{T} + R_{G}k_{G} \tag{5-16}$$

由于 k_{T}、k_{ZT}、k_{G} 与 k_{ZG} 是关于太阳、地物、传感器的几何观测关系和冠层结构参数等的函数，在不同的观测角度上，四分量均会产生不同程度的变化（Pisek et al.，2010）；

同时，假定 R_{T}、R_{ZT}、R_{G}、R_{ZG} 是朗伯体，不受方向性的影响。因此，在角度分别为 n 与 a 的情况下，传感器所获取的冠层反射率可以分别表示为

$$R_n = R_{\text{T}}k_{\text{T},n} + R_{\text{G}}k_{\text{G},n} + R_{\text{ZT}}k_{\text{ZT},n} + R_{\text{ZG}}k_{\text{ZG},n} \tag{5-17}$$

$$R_a = R_{\text{T}}k_{\text{T},a} + R_{\text{G}}k_{\text{G},a} + R_{\text{ZT}}k_{\text{ZT},a} + R_{\text{ZG}}k_{\text{ZG},a} \tag{5-18}$$

因此，这里只要知道四分量以及两个角度的冠层反射率，便可以求解得到冠层背景反射率，其求解结果为

$$R_G = \frac{R_n\left(k_{\text{T},a} + k_{\text{ZT},a}M\right) - R_a\left(k_{\text{ZT},n}M + k_{\text{T},n}\right)}{\begin{array}{c} -k_{\text{T},a}k_{\text{G},a} + k_{\text{G},n}k_{\text{T},a} + M\left(-k_{\text{T},n}k_{\text{ZG},a} + k_{\text{G},n}k_{\text{ZT},a} - k_{\text{G},a}k_{\text{ZT},n} + k_{\text{T},a}k_{\text{ZG},n}\right) \\ + M^2\left(-k_{\text{ZT},n}k_{\text{ZG},a} + k_{\text{ZG},n}k_{\text{ZT},a}\right) \end{array}} \tag{5-19}$$

（2）连续植被情况

在连续植被中，最为典型的植被是作物。基于 Boolean 原理，可以把作物认为是植被与土壤的混合像元（Rechid et al.，2009；徐希儒，2003）：

$$R_\lambda = R_{\infty,v,\lambda}\left(1 - e^{-k_\lambda \text{LAI}}\right) + R_{s,v,\lambda}e^{-k_\lambda \text{LAI}} \tag{5-20}$$

式中，$R_{\infty,v,\lambda}$ 为植被冠层十分浓密，即植被冠层完全覆盖土壤背景下的植被反射率因子；$R_{s,v,\lambda}$ 为土壤背景的双向反射率因子；k_λ 是消光因子，是关于太阳天顶角、叶倾角分布函数（LAD）等的函数。

与离散植被一样，由于连续植被的二向反射因子并非各向同性，因此在不同的观测角下，其二向因子存在差别。而假定土壤反射率因子是朗伯体，具有各向同性，因此，在不观测角度 a 与 n 条件下植被的二向反射因子表示为

$$R_a = R_{a,\infty,v,\lambda}\left(1 - e^{-k_{a,\lambda}\text{LAI}}\right) + R_{a,s,v,\lambda}e^{-k_{a,\lambda}\text{LAI}} \tag{5-21}$$

$$R_n = R_{n,\infty,v,\lambda}\left(1 - e^{-k_{n,\lambda}\text{LAI}}\right) + R_{n,s,v,\lambda}e^{-k_{n,\lambda}\text{LAI}} \tag{5-22}$$

其中，消光系数随着光源、地物、观测角的几何关系不同而产生变化。因此，可以进行冠层背景的求解：

$$R_s = \frac{\left(R_n - R_a\right) - \left(R_{n,\infty,v}\left(1 - e^{-k_{n,v}\text{LAI}}\right) - R_{a,\infty,v}\left(1 - e^{-k_{a,v}\text{LAI}}\right)\right)}{e^{-k_{n,v}\text{LAI}} - e^{-k_{a,v}\text{LAI}}} \tag{5-23}$$

基于上面对两种不同分布状态的植被类型的 BRDF 解析式的描述，冠层背景反演可

以基于多角度信息构成的信息差，并结合植被辐射传输原理或几何光学理论进行背景的求解，其具体步骤如下（图 5.2）。

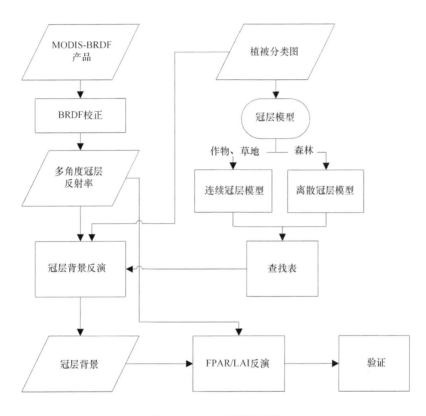

图 5.2　FPAR 反演流程图

第一，依据不同的植被类型选择不同的冠层反射率模型，森林、灌丛植被主要选择几何光学-植被辐射传输模型，本小节选择了陈镜明教授等发展的 4-scale 模型；而作物、草地等植被类型则选择了 PROSAIL 模型。

第二，根据植被类型确定冠层反射率模型的各个输入参数，模拟两个不同观测角度（0°与 45°）条件下的冠层方向反射率因子，并以查找表的形式保存，便于后面进行冠层背景的反演。

第三，利用 MODIS 的 BRDF 模型参数产品获取不同角度（0°与 45°）条件下的方向反射率，获取不同角度下植被的冠层结构信息，构建代价函数并在查找表中寻找最优解，获取冠层背景的求解。

第四，结合 FPAR 的参数化计算公式进行植被 FPAR 的计算，并结合观测数据进行验证，以及运用 FPAR 产品（MODIS、CYCLOPES 与 GEOV1）进行对比验证。

5.2.2.2　冠层反射率模型及参数化

（1）4-scale 模型

4-scale 模型是针对森林冠层的几何光学辐射传输模型，该模型从 4 个尺度出发，结合几何形状，进行冠层 BRDF 的计算（Chen et al.，1997；徐希儒，2003）。这 4 个尺度分别是：①在树群落尺度上考虑群落的分布特征对 BRDF 形成的影响；②在树冠尺度上从光源、树冠、传感器三者间的几何关系出发，对 BRDF 形成的影响；③在树枝尺度上讨论冠层内部树枝分布结构对 BRDF 形成的影响；④在叶片尺度上考虑冠层内叶片的分布特征对 BRDF 形成的影响。同时模型也考虑了叶片、冠层、冠层背景间的多次散射作用，增强了模型对于热点的响应（Chen and Leblanc，2001）。模型主要的输入参数包括：冠层结构参数（冠层半径、冠层高度、叶茎比、典型叶片或树顶形状、聚集指数等）；叶片和冠层背景的反射率；站点参数（模型范围、LAI、植被密度、树群指数和太阳-地物-传感器观测的几何关系）。模型可以根据树冠的状态，利用圆柱、圆锥、椭球体等不同的几何形状模拟不同形状的冠层。其中，用圆柱结合圆锥模拟针叶林树冠；用椭球体模拟阔叶林。4-scale 模型很好地考虑了树冠类型，可以涵盖目前大部分的森林类型，同时也考虑了冠层间叶片的聚集指数。因此，近些年在森林 LAI、森林生化参数等参数反演中得到很好的运用。根据研究区的实际情况及模型输入参数的需要，该模型的参数设置见表 5.3。

表 5.3　4-scale 模型的输入参数设置

模型输入参数	针叶林	阔叶林	灌丛	注释
N_SHAPE	1：圆柱结合圆锥	2：椭球体	2：椭球体	树冠类型
N_B	1000m			模型范围
N_D	1000~4500，500 步长	300~1750，200 步长		冠层密度
N_LAI	0.1~10.00，0.25 步长			叶面积指数
N_OMEGA	0.6	0.8	0.5	聚集指数
N_M2	4	2	0	聚集指数

模型输入参数	针叶林	阔叶林	灌丛	注释
N_GAMMA	1.6	1.0	1.6	叶茎比
N_HB	2.0m	7.0m	0.25m	冠层底部高度
N_HA	10.0m	10.0m	1.9m	冠层高度
N_R	0.3～0.9m	0.8～2.2m	0.2～0.6m	冠层半径
OPTIC_NIRG	0.17，0.35，0.44			近红外波段背景反射率
OPTIC_REDG	0.05，0.10，0.15			红光波段背景反射率
N_VZA	0°，45°			观测天顶角
N_SZA	0°，5°，10°，15°，20°，25°，30°，35°，40°，45°，50°，55°，65°，70°			太阳天顶角
N_PHI	0°，180°			相对方位角

（2）PROSPECT 模型

叶片在近红外及红光波段的反射率与透过率由 PROSPECT 模型模拟，由于 PROSPECT 模型更多的是用于作物类型的叶片模拟，当叶片结构系数（N_s）取值适当时也可以较好地用于森林叶片的模拟（Demarez，1999；Moorthy et al.，2008；Zarco-Tejada et al.，2004）。其输入参数见表 5.4。

表 5.4　PROSPECT 参数设置

参数	单位	数值范围	注释
N_s	—	2.5	叶片结构参数
C_{ab}	$\mu g/cm^2$	48.6	叶绿素含量
C_m	g/cm^2	0.000 445	干物质量
C_w	g/cm^2	0.011 5	等效水厚度
C_{br}	—	0	褐色素含量
C_{ar}	g/cm^2	10.50	胡萝卜素含量

（3）PROSAIL 模型

通过 PROSAIL 模型进行连续植被冠层反射率不同角度的模拟，并进行冠层背景求解（Jacquemoud et al.，2009），其参数设置见表 5.5。

表 5.5　PROSAIL 模型的输入参数设置

模型参数	注释	单位	数值范围
PROSPECT			
叶片结构参数	N_s	—	1.55
叶绿素含量	Chab	μg/cm^2	16.5~85.5
叶片干物质	Cm	g/cm^2	0.0045
叶片等效水厚度	Cw	g/cm^2	0.0018
SAIL			
叶面积指数	LAI	m^2/m^2	0.2~7.0
平均叶倾角	ALA	°	57.3
热点函数	hot	°	0.5/LAI
土壤亮度指数	scale	—	0.5~1.5
太阳散射比	psoil	—	0.1
太阳天顶角	tts	°	40，45，50，55
观测天顶角	tto	°	0
相对方位角	phi	°	180

5.2.2.3　查找表反演方法

在基于辐射传输模型的生理参数的反演中，其结果取决于 4 个条件（Vohland et al.，2010；Weiss et al.，2000）：①用于反演的数据质量；②合适的冠层反射率模型；③先验知识与输入参数的分布状态；④反演方法与技术。由于反演过程是一个病态过程，因此，获取良好的反演方法与技术一直是研究者的研究重点。目前主要的反演方法有迭代数值优化法（Meroni et al.，2004；Vohland et al.，2010）、查找表法（Darvishzadeh et al.，2012，2008；Maire et al.，2011）及机器学习法 [如神经网络（Atzberger，2004；Bacour et al.，2006；Fang and Liang，2003；Weiss et al.，2007）、支持向量机（Durbha et al.，2007；Mountrakis et al.，2011）、遗传算法（Fang et al.，2003；Li et al.，2008）]等几种类型。其中，查找表是一种能较好地控制反演速度及反演结果质量的反演策略，被广泛地用于植被生理参数的反演（Vohland et al.，2010；Weiss et al.，2000）。

通常，查找表法进行参量反演需要通过两个步骤：①正向模拟，基于给定的参数分布及先验知识，通过选定的冠层反射率模型模拟冠层方向反射率，并置于相应的查找表；②构建代价函数，通过传感器实测反射率及相关的信息，以及利用查找表，一般以均方根误差（RMSE）为标准，搜寻满足条件的模拟反射率。取 RMSE 排序后的从小到大的 5%、10%、15%或 20%，通过权重、平均值（mean）或是中值（median）求得反射率值作为反演值，最后求平均反演值（Vohland et al.，2010；Weiss et al.，2000）。

$$\text{RMSE}_i = \sqrt{\frac{\sum_{j=1}^{n}\left(\rho_{ij} - \rho_{ij}^{\text{sim}}\right)^2}{n}} \qquad (5\text{-}24)$$

式中，ρ_{ij} 是所对应第 j 个波段的实测方向反射率；ρ_{ij}^{sim} 是所对应第 j 个波段的模拟方向反射率。

相关研究表明，角度匹配有助于减少对太阳、地物、传感器几何关系的影响，因此，采用角度匹配的方法构建代价函数（Beget et al.，2013；Jurdao et al.，2013），其表达式如下：

$$\text{Angle}_i = \frac{\cos^{-1}\left(\dfrac{\boldsymbol{a}_i \cdot \boldsymbol{b}_i}{\|\boldsymbol{a}_i\| \cdot \|\boldsymbol{b}_i\|}\right) \times 180°}{\pi} \qquad (5\text{-}25)$$

式中，$\boldsymbol{a}_i$ 是关于模拟波段的向量；$\boldsymbol{b}_i$ 是关于实测波段的向量。Angle_i 的结果是以度为单位的数据值。在反演的过程中，分别取满足 $Angle_i < 1°$、$< 2°$、$< 3°$、$< 4°$以及$< 5°$的反演值，取其平均值，作为最后的反演结果。

5.2.2.4　验证方法

参照 VALERI 所提出的验证框架，需要对 FPAR 进行直接验证与间接验证。直接验证通过利用高空间分辨率获取高分辨率的 FPAR 数据，并重采样到与中等分辨率 FPAR 产品一致的空间分辨率，再开展直接验证，其评价指标包括相关系数（R^2）、均方根误差（RMSE）及估算精度（EA）（柳艺博等，2012）；间接验证主要是从空间相关性及时间变化上将反演结果与 MODIS FPAR、CYCLOPES FPAR 与 GEOV1 FPAR 进行比较分析。

利用 PROSAIL 模型结合经过大气校正后 HJ-1 CCD 冠层反射率（TOC）数据反演获取红星实验区的 FPAR，采用的反演方法是查找表法。这里简单介绍基于 TOC 反演的基本流程。

相关研究表明，模型参数的不确定性与敏感性分析能有效提高模型的反演结果精度（Jacquemoud et al.，2009；李小文等，1997，1998；姚延娟等，2006）。当 LAI<2 时，冠层反射率受到 LAI 与土壤信息的影响；当 LAI>2.0 时，植被覆盖度逐渐增加，此时叶绿素含量对冠层反射率的影响逐渐增强，并且平均叶倾角也起到重要的影响作用。因此以 LAI=2.0 为临界点，根据不同阶段的敏感性因子进行参数化，提高模型反演植被参数的精度（He et al.，2013；Houborg and Boegh，2008）。结合对地面观测数据的统计分析结果（最小值、最大值、平均值及标准差）（表 5.6），以 LAI=2.0 为界限，进行 LAI<2.0 与 LAI>2.0 条件下各自的模型参数化（表 5.7）。在 LAI<2.0 时，由于 FPAR 受到 LAI 的影响较大，需要增强 LAI 的输入量；而当 LAI>2.0 时，由于平均叶倾角、叶绿素含量的影响变大，因此需要细化平均叶倾角与叶绿素含量输入量。叶片结构参数（N_s）取值为1.55，代表玉米、大豆及小麦的平均值（Haboudane et al.，2004）。模型的热点函数则采用 0.5/LAI（Verhoef and Bach，2003）。

表 5.6　红星实验区观测数据统计情况

测量参数	最小值	平均值	最大值	标准差
叶绿素含量	29.6	44.35	56.7	5.52
叶色卡值（$\mu g/cm^2$）	25.4	48.7	73.5	10.1
LAI	0.53	2.28	7.05	1.42
LAI <2	0.53	1.23	2.0	0.360
LAI >2	2.02	3.53	7.05	1.172

表 5.7　PROSAIL 模型参数的设置情况

测量参数	最小	平均	最大	标准差	分布
LAI<2.0					
叶绿素含量	25.4	48.7	73.5	10.1	高斯
叶面积指数	0.53	1.23	2.0	0.360	高斯
平均叶倾角	—	49°	—	—	—
LAI≥2.0					
叶绿素含量	25.4	48.7	73.5	10.1	高斯
叶面积指数	2.02	3.53	7.05	1.172	高斯
平均叶倾角	20°	49°	70°	10°	高斯
热点函数		（0.5/LAI）°			
太阳天顶角		45°，50°，55°			
观测天顶角		0°			
相对方位角		180°			

5.3　全国光合有效辐射吸收比率数据成果与变化格局

5.3.1　数据成果

将上述模型应用到全国 MODIS 数据上，通过时间序列分析，形成了 2000 年 1km 空间分辨率全国逐月 FPAR 遥感估算结果（图 5.3）。

图 5.4 是利用地面观测数据对 FPAR 估算结果的验证，可以发现反演结果与验证数据具有很好的相关性，反演 FPAR 与验证数据的 R^2 为 0.603，RMSE 为 0.0446，估算精度为 94.1%，散点图分布在 1∶1 轴线上。这归因于该地区种植面积大，作物种植品种单一，受到混合像元的影响较小，这是验证效果较好的主要原因。然而，由于地面验证数据缺少，无法在森林、草地等植被类型进行验证。

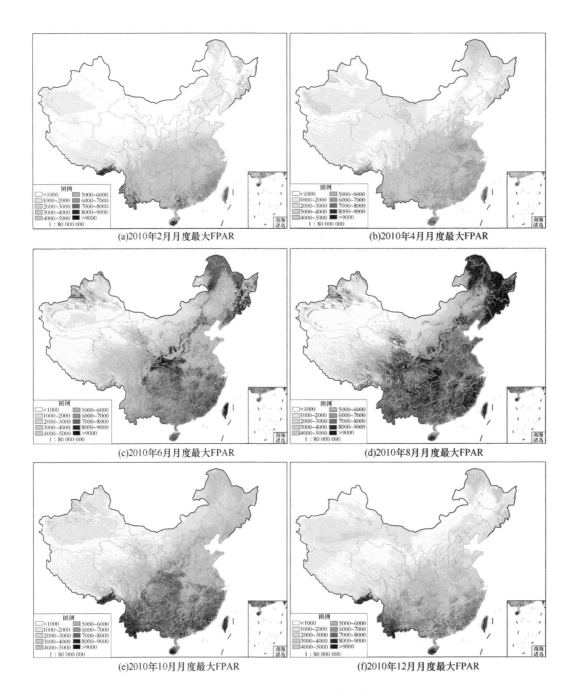

(a)2010年2月月度最大FPAR

(b)2010年4月月度最大FPAR

(c)2010年6月月度最大FPAR

(d)2010年8月月度最大FPAR

(e)2010年10月月度最大FPAR

(f)2010年12月月度最大FPAR

图 5.3　2010 年逐月 FPAR 遥感监测结果

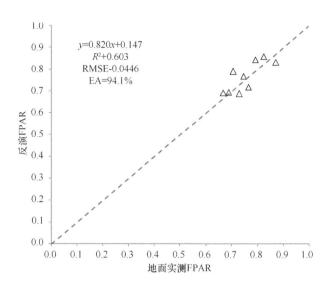

图 5.4　FPAR 反演结果的直接验证与比较

　　为了进一步检验反演结果的可行性，将其与 3 种 FPAR 产品（MODIS、GEOV1、CYCLOPES）在空间和时间上进行比较。在 MODIS 产品中，通过 QC 值衡量 FPAR 质量，当像元的各波段反射率受到大气、云的影响较小，并且能够通过主算法反演得到FPAR，结果也不受饱和现象的影响时，对应的 QC 值为 0。本小节为了更好地便于对反演结果进行比较，这里在 MODIS 产品 QC 为 0 的情况下，选择各类算法所对应的像元的结果进行比较。所采用的植被分类图来自 MODIS 的植被分类产品（MCD12Q1）。

　　从反演结果分别与 MODIS、CYCLOPES、GEOV1 3 种产品的比较结果（图 5.5）中可以看到，总体上反演结果与各类产品的 FPAR 均存在较好的相关性，这说明具有一致性。对于 3 种产品，GEOV1 的 FPAR 是在综合 MODIS 与 CYCLOPES 两种产品的基础上进行 FPAR 反演，经过验证，反演结果吸收了两种产品的优点，验证的 RMSE 要好于 MODIS 与 CYCLOPES，并且在时空上具有更好的连续性（Baret et al.，2013；Camacho et al.，2013）。从不同植被类型的反演结果上看，反演相对较好的有落叶针叶林、灌丛、草地、农田、湿地和作物与自然植被交错区；其中，农田的反演结果与 3 种产品的 FPAR 的相关性是最高的。造成这样的结果主要是因为森林、湿地等植被类型相对于农田更为复杂，冠层 LAI 明显受到叶片聚集程度的影响，从而也影响到对光的吸收。同时，模型的输入参数也成为造成反演具有不确定性的一个主要因素。

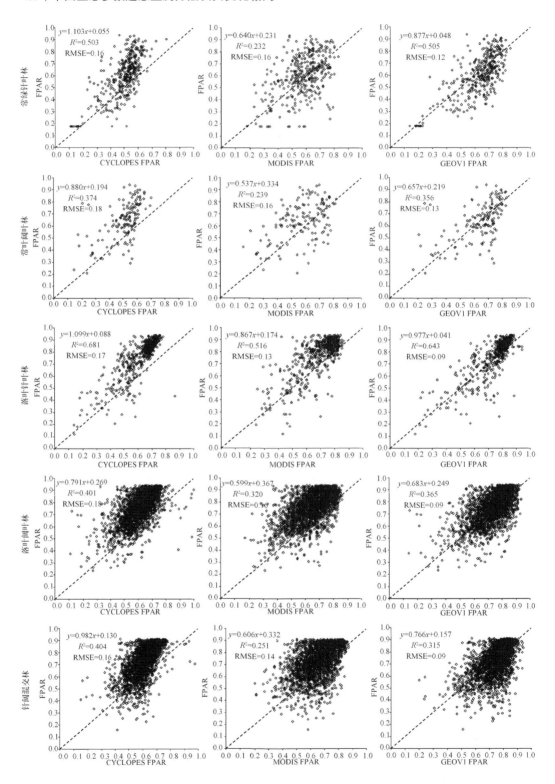

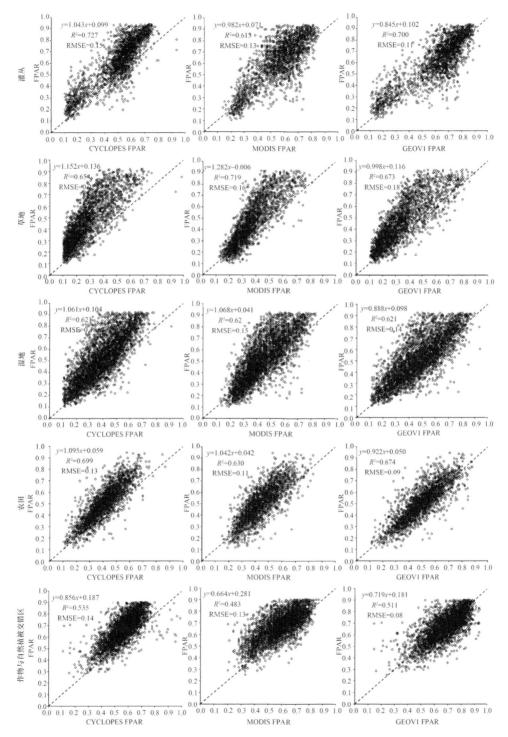

图 5.5　FPAR 反演结果与其他 3 种产品在森林（常绿针叶林、常绿阔叶林、落叶针叶林、落叶阔叶林、针阔混交林）、灌丛、草地、湿地、农田、作物与自然植被交错区等的比较结果

从时间尺度上对 4 种 FPAR 进行比较（图 5.6）的结果可以看出，总体上，4 种 FPAR 在季节变化趋势上是一致的，均明显表现为植被在一年四季随着温度变化而变化，冬季植被停止生长而出现明显的低值；夏季植被生长旺盛，FPAR 达到峰值。同时，反演的 FPAR 结果与 GEOV1 FPAR 不仅在时间变化趋势上一致，在 FPAR 变化范围上也较为相近，除了草地植被外，其他类型植被在生长高峰时的 FPAR 均与反演结果一致。而 MODIS FPAR、CYCLOPES FPAR 则出现较为明显的差距。其中，CYCLOPES FPAR 虽然在时间变化趋势上与其他 FPAR 一样，但在达到生长旺季时的 FPAR 却明显低于其他 FPAR，造成这种结果更多是受到饱和现象的影响（Camacho et al.，2013；Weiss et al.，2007）。

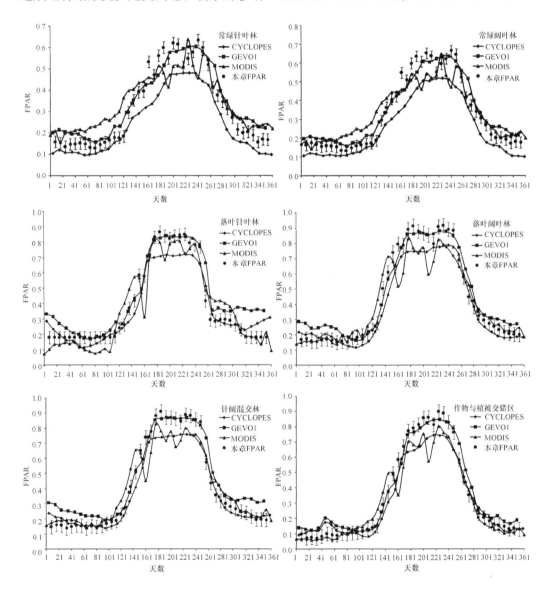

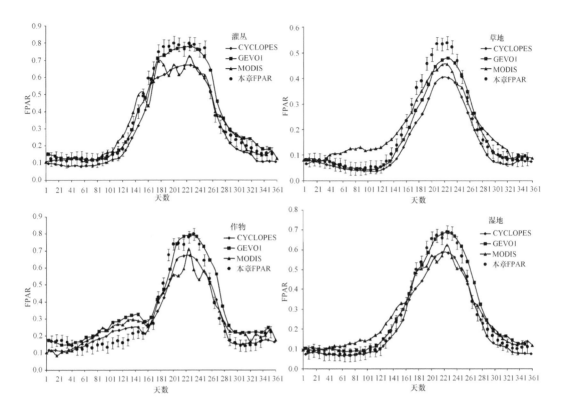

图 5.6　CYCLOPES FPAR、MODIS FPAR、GEOV1 FPAR 以及本章 FPAR 反演结果
4 种产品在时间尺度上的对比（时间为 2006 年）

在时间连续性上，我们可以看到本章反演的 FPAR 与 CYCLOPES FPAR、GEOV1 FPAR 均具有很好的时间连续性，而 MODIS 则明显波动，时间连续性并不是很好。这主要是受 MODIS 算法及遥感数据质量的影响，当反射率质量好时，FPAR 通过主算法反演得到，而当反射率受到云量、大气的明显影响而导致无法反演时，则利用 NDVI-FPAR 经验关系的备用算法进行 FPAR 的反演（Martínez et al.，2013）。

此外，在植被覆盖度较低时，本章的方法的反演结果除了与常绿阔叶林、灌丛、草地及湿地具有较好的一致性外，其他的植被类型均出现了较大的差异，尤其是常绿针叶林、落叶阔叶林及作物，处在 3 种 FPAR 产品的平均值附近。造成这种情况是由于 MODIS 原始数据质量较差而导致空缺，所以在本算法中，部分区域空缺无法获取冠层背景，也无法进行 FPAR 的反演。同时，相关研究也表明，对 MODIS FPAR 与 CYCLOPES FPAR 比较，针叶林、阔叶林差异较大，尤其是在植被覆盖低时差异更为明显，而这可能与 MODIS 查找表中土壤背景的设定相关（McCallum et al.，2010；Weiss et al.，2007），导致高估。通过与其他 3 种 FPAR 产品的比较结果说明，基于动态冠层反射率的 FPAR 估算方法生产的数据质量较为可靠。

5.3.2 光合有效辐射吸收比率时空变化格局

图 5.7 展示了 2010 年全国 FPAR 最大值分布，从中可以看出全国 FPAR 分布具有明显的植被特征性，森林生态系统的 FPAR 较高，仅在西北的稀疏林较低；草地生态系统的 FPAR 普遍较低，仅在青藏高原东部等海拔较低地区出现较高值；农田生态系统的 FPAR 则介于森林和草地之间，仅在部分干旱半干旱地区出现较低的 FPAR。

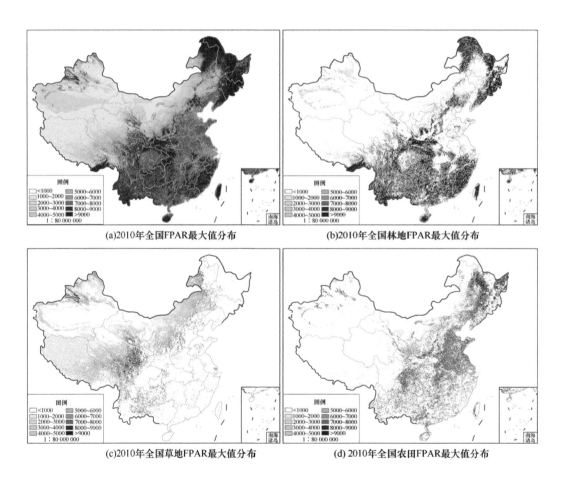

图 5.7　2010 年全国 FPAR 最大值分布

图 5.8 展示了 2000～2010 年全国 FPAR 时空变化情况，从中可以看出大部分地区的 FPAR 在 10 年间显著升高（斜率大于 0.05），全国 FPAR 显著降低的地区主要出现在内蒙古东部的草原、青藏高原西部的高海拔地区和台湾省。林地 FPAR 的显著降低主要发生在台湾省。草地 FPAR 的显著降低则较为严重，主要分布在内蒙古草原东部、青藏高原西部，与 LAI 的趋势类似，一方面与这些地区的过度放牧有关，另一方面也与气候变化有一定的关系。农田方面，FPAR 的显著降低主要为零散分布，没有显著特征。

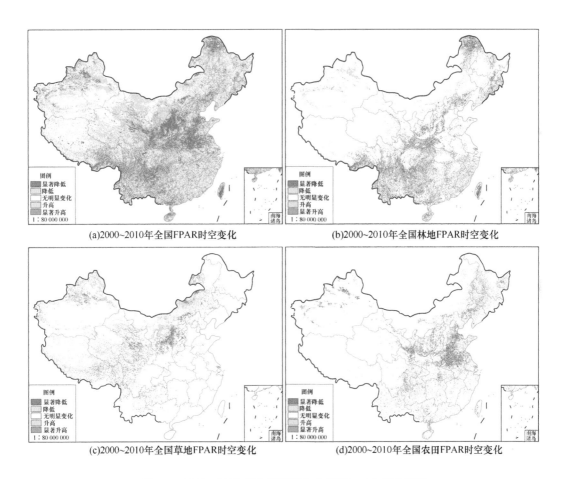

(a)2000~2010年全国FPAR时空变化　　　　(b)2000~2010年全国林地FPAR时空变化

(c)2000~2010年全国草地FPAR时空变化　　　　(d)2000~2010年全国农田FPAR时空变化

图 5.8　2000～2010 年全国不同生态系统 FPAR 时空变化

5.3.3　气候变化格局对光合有效辐射吸收比率变化的驱动分析

从全国 FPAR 对温度的影响分析结果（图 5.9）中可以看到，在我国东部大部分以及中部部分地区，新疆的北疆地区、西藏的东南区，温度与 FPAR 呈现出较强的正相关性，其中，云南高原、四川盆地以及安徽、河南地区、西北地区由于地形以及其独特的气候等原因，温度与 FPAR 呈现弱负相关性，如云南或四川，处于高原或盆地，常年温度变化不明显，但干湿分明，造成该地区的年平均温度与 FPAR 并无显著相关性。呈现较强正相关性与负相关性的地区，说明在植被的生长过程中，温度对于冠层吸收 PAR 的作用明显。

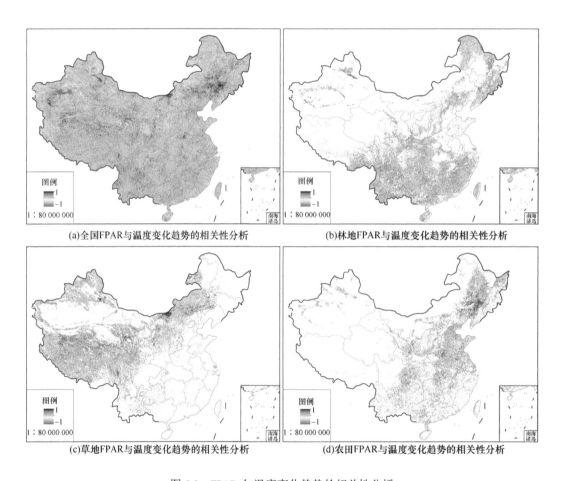

(a)全国FPAR与温度变化趋势的相关性分析

(b)林地FPAR与温度变化趋势的相关性分析

(c)草地FPAR与温度变化趋势的相关性分析

(d)农田FPAR与温度变化趋势的相关性分析

图 5.9　FPAR 与温度变化趋势的相关性分析

对于降水(图 5.10)，华南大部分省份、四川、重庆以及台湾省等地区的降水量与 FPAR 呈现负相关性，这说明这些地区的植被生长受到水分胁迫，尤其是华南地区、华东沿海地区每年会经历梅雨天气，四川、重庆等地由于地形特殊，常年多是阴天潮湿天气，从而造成太阳辐射量减少，不利于植被进行光合作用；而东北大兴安岭与小兴安岭北部地区，内蒙古、陕西、山西三省交界地区的 FPAR 与年平均降水量则呈现明显的正相关性，

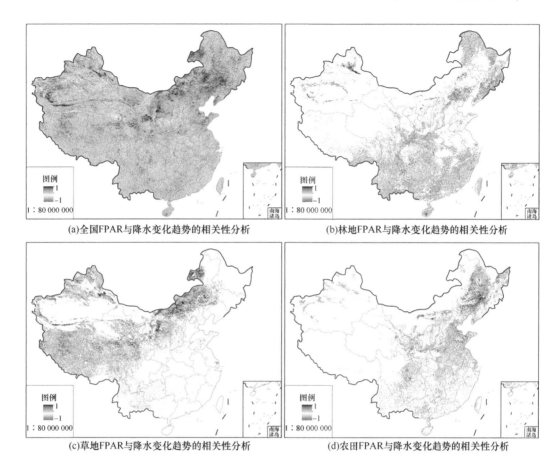

图 5.10 FPAR 与降水变化趋势的相关性分析

这主要是由于这些地区属于典型半干旱地区，常年降水量较少，大部分作物属于雨养作物，充足的降水量补充冠层含水量，有助于进行光合作用。

5.4 小　　结

总体上，本章对于 FPAR 的反演在一定程度上证明是可行的，但同时有多方面原因造成反演结果存在诸多不确定性。其中，反演是在 MODIS 的植被类型产品基础上开展的，植被类型的分类将造成冠层反射率模型输入参数的差异，从而影响反演结果。此外，本章的方法还存在着不足，即由于开展相关冠层背景的地面采集尚无成熟方法，无法进行冠层背景反演的验证，另外对 FPAR 估算结果缺乏全面的直接验证，这些都影响算法的深层次精度评价。因此，如果能够在植被的不同生长阶段获取真实的冠层背景反射率，并作为 FPAR、冠层反射率模型的输入参数，将会有效提高 FPAR 的反演精度。

　　本章研究可以得出如下结论：①基于多角度信息并结合冠层反射率模型反演得到的冠层背景反射率处于合理的变化范围，并具有明显的时间变化规律；②基于动态冠层反射率的 FPAR 参数模型的反演结果表明，FPAR 在直接验证中与地面观测值具有较好的相关性；与其他 3 种 FPAR 产品的比较结果说明，它们在空间上具有较好的一致性，在时间连续性上本章 FPAR 产品要优于 MODIS 产品，与 CYCLOPES、GEOV1 具有较好的一致性。然而，本研究存在的问题是缺乏冠层背景实测数据而无法对冠层背景反演进行验证与讨论；同时，由于缺乏 FPAR 的地面观测数据，也无法从各类植被类型中开展 FPAR 验证，影响对算法的评估及结果的全面验证，需进一步研究。

参 考 文 献

陈雪洋, 蒙继华, 吴炳方, 等. 2010. 基于 HJ-1 CCD 的夏玉米 FPAR 遥感监测模型. 农业工程学报, 26(S1): 241-245.

董泰锋, 蒙继华, 吴炳方. 2012. 基于遥感的光合有效辐射吸收比率(FPAR)估算方法综述. 生态学报, 32(22): 7190-7201.

江东, 王乃斌, 杨小唤, 等. 2002. 吸收光合有效辐射的时序变化特征及与作物产量的响应关系. 农业系统科学与综合研究, 18(1): 51-54.

李丽. 2010. 基于多源遥感数据的 PAR 及 FPAR 反演算法研究. 北京: 中国科学院遥感应用研究所博士学位论文.

李小文, 高峰, 王锦地, 等. 1997. 遥感反演中参数的不确定性与敏感性矩阵. 遥感学报, 1(1): 1-14.

李小文, 王锦地. 1995. 植被光学遥感模型与植被结构参数化. 北京: 科学出版社.

李小文, 王锦地, 胡宝新, 等. 1998. 先验知识在遥感反演中的作用. 中国科学: 地球科学, 28(1): 67-72.

刘刚, 谢云, 高晓飞, 等. 2008. SunScan 冠层分析仪在测量大豆叶面积指数中的应用. 生态学杂志, 178(5): 862-866.

柳艺博, 居为民, 陈镜明, 等. 2012. 2000～2010 年中国森林叶面积指数时空变化特征. 科学通报, 57(16): 1435-1445.

史泽艳, 高晓飞, 谢云. 2005. SunScan 冠层分析系统在农田生态系统观测中的应用. 干旱地区农业研究, 23(4): 78-82.

唐世浩, 朱启疆, 孙睿. 2006. 基于方向反射率的大尺度叶面积指数反演算法及其验证. 自然科学进展, 16(3): 331-337.

陶欣, 范闻捷, 王大成, 等. 2009. 植被 FPAR 的遥感模型与反演研究. 地球科学进展, 24(7): 741-747.

吴炳方, 曾源, 黄进良. 2004. 遥感提取植物生理参数 LAI/FPAR 的研究进展与应用. 地球科学进展,

19(4): 585-590.

徐希儒. 2003. 遥感物理. 北京: 北京大学出版社.

杨飞, 张柏, 刘殿伟, 等. 2010. MODIS 混合像元中居民地对玉米 LAI 和 FPAR 遥感估算影响. 干旱地区农业研究, 28(2): 243-248.

姚克敏, 胡凝, 吕川根. 2008. 鱼眼影像技术反演植被冠层结构参数的研究进展. 南京气象学院学报, 31(1): 139-144.

姚延娟, 陈良富, 柳钦火, 等. 2006. 基于波谱知识库的 MODIS 叶面积指数反演及验证. 遥感学报, 10(6): 869-879.

曾也鲁, 李静, 柳钦火. 2012. 全球 LAI 地面验证方法及验证数据综述. 地球科学进展, 27(2): 165-174.

张佳华, 符淙斌. 1999. 生物量估测模型中遥感信息与植被光合参数的关系研究. 测绘学报, 28(2): 128-132.

张仁华, 田静, 李召良, 等. 2010. 定量遥感产品真实性检验的基础与方法. 中国科学: 地球科学, 40(2): 211-222.

赵英时. 2003. 遥感应用分析原理与方法. 北京: 科学出版社.

周彬, 陈良富, 舒晓波. 2008. FPAR 的 Monte Carlo 模拟研究. 遥感学报, 12(3): 385-391.

朱文泉. 2005. 中国陆地生态系统植被净初级生产力遥感估算及其与气候变化关系的研究. 北京: 北京师范大学博士学位论文.

邹杰, 阎广建. 2010. 森林冠层地面叶面积指数光学测量方法研究进展. 应用生态学报, 21(11): 2971-2979.

Andres K. 2001. A two-layer canopy reflectance model. Journal of Quantitative Spectroscopy and Radiative Transfer, 71(1): 1-9.

Atzberger C. 2004. Object-based retrieval of biophysical canopy variables using artificial neural nets and radiative transfer models. Remote Sensing of Environment, 93(1-2): 53-67.

Bacour C, Baret F, Béal D, et al. 2006. Neural network estimation of LAI, fAPAR, FCover and LAI×CAB, from top of canopy MERIS reflectance data: principles and validation. Remote Sensing of Environment, 105(4): 313-325.

Baret F, Guyot G. 1991. Potentials and limits of vegetation indices for LAI and APAR assessment. Remote Sensing of Environment, 35(2-3): 161-173.

Baret F, Hagolle O, Geiger B, et al. 2007. LAI, fPAR and fCover CYCLOPES global products derived from VEGETATION. Remote Sensing of Environment, 110(3): 275-286.

Baret F, Morissette J T, Fernandes R A, et al. 2006. Evaluation of the representativeness of networks of sites for the global validation and intercomparison of land biophysical products: proposition of the CEOS-BELMANIP. IEEE Transactions on Geoscience and Remote Sensing, 44(7): 1794-1803.

Baret F, Weiss M. 2004. Can-Eye: Processing Digital Photographs for Canopy Structure Characterization. INRA Avignon, France.

Baret F, Weiss M, Lacaze R, et al. 2013. GEOV1: LAI and fAPAR essential climate variables and Fcover global time series capitalizing over existing products. Part1: principles of development and production. Remote Sensing of Environment, 137(10): 299-309.

Beget M E, Bettachini V A, Di Bella C M, et al. 2013. Sailhflood: a radiative transfer model for flooded vegetation. Ecological Modelling, 257: 25-35.

Bicheron P, Leroy M A. 1999. Method of biophysical parameter retrieval at global scale by inversion of a vegetation reflectance model. Remote Sensing of Environment, 67(3): 251-266.

Breunig F M, Galvão L S, Formaggio A R, et al. 2011. Directional effects on NDVI and LAI retrievals from MODIS: a case study in Brazil with soybean. International Journal of Applied Earth Observation and Geoinformation, 13(1): 34-42.

Camacho F, Cernicharo J, Lacaze R, et al. 2013. GEOV1: LAI, fAPAR essential climate variables and FCOVER global time series capitalizing over existing products. Part 2: Validation and intercomparison with reference products. Remote Sensing of Environment, 137(10): 310-329.

Canisius F, Chen J M. 2007. Retrieving forest background reflectance in a boreal region from multi-angle imaging spectroradiometer (MISR) data. Remote Sensing of Environment, 107(1-2): 312-321.

Chasmer L, Hopkinson C, Treitz P, et al. 2008. A Lidar-based hierarchical approach for assessing MODIS fPAR. Remote Sensing of Environment, 112(12): 4344-4357.

Chen F, Tang J, Niu Z. 2008. Estimating the impact of urbanization on LAI and fPAR in the Baltimore-Washington corridor area. Canadian Journal of Remote Sensing, 34(S2): S326-S337.

Chen F, Weber K, Anderson J, et al. 2010. Comparison of MODIS FPAR Products with Landsat-5 TM-derived FPAR over Semiarid Rangelands of Idaho. GIScience & Remote Sensing, 47(3): 360-378.

Chen J M, Leblanc S G. 1997. A four-scale bidirectional reflectance model based on canopy architecture. IEEE Transactions on Geoscience and Remote Sensing, 35(5): 1316-1337.

Chen J M, Leblanc S G. 2001. Multiple-scattering scheme useful for geometric optical modeling. IEEE Transactions on Geoscience and Remote Sensing, 39(5): 1061-1071.

Chen J M. 1996. Canopy architecture and remote sensing of the fraction of photosynthetically active radiation absorbed by boreal conifer forests. IEEE Transactions on Geoscience and Remote Sensing, 34(6): 1353-1368.

Chen J M, Rich P M, Gower S T, et al. 1997. Leaf area index of boreal forests: theory, techniques, and measurements. J Geophys Res, 102(D24): 29429-29443.

Claverie M, Demarez V, Duchemin B, et al. 2012. Maize and sunflower biomass estimation in southwest France using high spatial and temporal resolution remote sensing data. Remote Sensing of Environment, 124: 844-857.

Clevers J G P W. 1997. A simplified approach for yield prediction of sugar beet based on optical remote sensing data. Remote Sensing of Environment, 61(2): 221-228.

Clevers J G P W, Van Leeuwen H J C, Verhoef W. 1994. Estimating the fraction APAR by means of vegetation indices: a sensitivity analysis with a combined prospect–sail model. Remote Sensing Reviews, 9(3): 203-220.

Combal B, Baret F, Weiss M, et al. 2003. Retrieval of canopy biophysical variables from bidirectional reflectance: using prior information to solve the ill-posed inverse problem. Remote Sensing of Environment, 84(1): 1-15.

Cook B D, Bolstad P V, Naesset E, et al. 2009. Using LiDAR and QuickBird data to model plant production and quantify uncertainties associated with wetland detection and land cover generalizations. Remote Sensing of Environment, 113(11): 2366-2379.

Cristiano P M, Posse G, Bella C M D, et al. 2010. Uncertainties in FPAR estimation of grass canopies under different stress situations and differences in architecture. International Journal of Remote Sensing, 31(15): 4095-4109.

Croft H, Chen J M, Zhang Y, et al. 2013. Modelling leaf chlorophyll content in broadleaf and needle leaf canopies from ground, CASI, Landsat TM 5 and MERIS reflectance data. Remote Sensing of Environment, 133: 128-140.

Darvishzadeh R, Matkan A A, Ahangar A D. 2012. Inversion of a radiative transfer model for estimation of rice canopy chlorophyll content using a lookup-table approach. IEEE Journal of Selected Topics in Applied Earth Observations and Remote Sensing, 5(4): 1222-1230.

Darvishzadeh R, Skidmore A, Schlerf M, et al. 2008. Inversion of a radiative transfer model for estimating vegetation LAI and chlorophyll in a heterogeneous grassland. Remote Sensing of Environment, 112(5): 2592-2604.

Demarez V. 1999. Seasonal variation of leaf chlorophyll content of a temperate forest. Inversion of the prospect model. International Journal of Remote Sensing, 20(5): 879-894.

Donohue R J, Roderick M L, McVicar T R. 2008. Deriving consistent long-term vegetation information from AVHRR reflectance data using a cover-triangle-based framework. Remote Sensing of Environment, 112(6): 2938-2949.

Durbha S S, King R L, Younan N H. 2007. Support vector machines regression for retrieval of leaf area index from multiangle imaging spectroradiometer. Remote Sensing of Environment, 107(1-2): 348-361.

Duveiller G, López-Lozano R, Baruth B. 2013. Enhanced processing of 1-km spatial resolution fAPAR time series for sugarcane yield forecasting and monitoring. Remote Sensing, 5(3): 1091-1116.

Epiphanio J C N, Huete A R. 1995. Dependence of NDVI and SAVI on sun/sensor geometry and its effect on fAPAR relationships in Alfalfa. Remote Sensing of Environment, 51(3): 351-360.

Fang H, Liang S, Kuusk A. 2003. Retrieving leaf area index using a genetic algorithm with a canopy radiative transfer model. Remote Sensing of Environment, 85(3): 257-270.

Fang H L, Liang S L. 2003. Retrieving leaf area index with a neural network method: simulation and validation. IEEE Transactions on Geoscience and Remote Sensing, 41(9): 2052-2062.

Fei Y, Bai Z, Kaishan S, et al. 2007. Hyperspectral estimation of corn fraction of photosynthetically active radiation. Agricultural Sciences in China, 6(10): 1173-1181.

Fensholt R, Sandholt I, Rasmussen M S. 2004. Evaluation of MODIS LAI, fAPAR and the relation between fAPAR and NDVI in a semi-arid environment using *in situ* measurements. Remote Sensing of Environment, 91(3-4): 490-507.

Field C B, Randerson J T, Malmström C M. 1995. Global net primary production: combining ecology and remote sensing. Remote Sensing of Environment, 51(1): 74-88.

Friedl M A, Davis F W, Michaelsen J, et al. 1995. Scaling and uncertainty in the relationship between the NDVI and land surface biophysical variables: an analysis using a scene simulation model and data from FIFE. Remote Sensing of Environment, 54(3): 233-246.

Galvão L S, Roberts D A, Formaggio A R, et al. 2009. View angle effects on the discrimination of soybean varieties and on the relationships between vegetation indices and yield using off-nadir hyperion data. Remote Sensing of Environment, 113(4): 846-856.

Ganguly S, Schull M A, Samanta A, et al. 2008. Generating vegetation leaf area index earth system data record from multiple sensors. Part 1: Theory. Remote Sensing of Environment, 112(12): 4333-4343.

Gao X, Huete A R, Ni W G, et al. 2000. Optical-biophysical relationships of vegetation spectra without background contamination. Remote Sensing of Environment, 74(3): 609-620.

Garrigues S, Shabanov N V, Swanson K, et al. 2008. Intercomparison and sensitivity analysis of leaf area index retrievals from LAI-2000, AccuPAR, and digital hemispherical photography over croplands. Agricultural and Forest Meteorology, 148(8-9): 1193-1209.

GCOS. 2011. Systematic observation requirements for satellite based products for climate (2011 update). GCOS-154, GCOS.

Gitelson A A. 2004. Wide dynamic range vegetation index for remote quantification of biophysical characteristics of vegetation. Journal of Plant Physiology, 161(2): 165-173.

Gitelson A A, Peng Y, Masek J G, et al. 2012. Remote estimation of crop gross primary production with Landsat data. Remote Sensing of Environment, 121: 404-414.

Gitelson A A, Stark R, Grits U, et al. 2002. Vegetation and soil lines in visible spectral space: a concept and technique for remote estimation of vegetation fraction. International Journal of Remote Sensing, 23(13): 2537-2562.

Gobron N, Aussedat O, Pinty B, et al. 2006a. Moderate Resolution Imaging Spectroradiometer, JRC-fAPAR Algorithm Theoretical Basis Document. EUR Report No. 22164. Ispra: Institute for Environment and Sustainability.

Gobron N, Mélin F, Pinty B, et al. 2001. A global vegetation index for SeaWiFS: design and applications. *In*: Beniston M, Verstraete M M. Remote Sensing and Climate Modeling: Synergies and Limitations. Netherlands Dordrecht: Springer, 7: 5-21.

Gobron N, Mélin F, Pinty B, et al. 2003. A global vegetation index for SeaWiFS: design and applications. *In*: Beniston M, Verstraete M M. Remote Sensing and Climate Modeling: Synergies and Limitations. Netherlands, Dordrecht: Springer: 5-21.

Gobron N, Pinty B, Aussedat O, et al. 2006b. Evaluation of fraction of absorbed photosynthetically active radiation products for different canopy radiation transfer regimes: methodology and results using joint research center products derived from seaWifS against ground-based estimations. Journal of Geophysical Research, 111(D13110).

Gobron N, Pinty B, Aussedat O, et al. 2008. Uncertainty estimates for the fAPAR operational products derived from MERIS–Impact of top-of-atmosphere radiance uncertainties and validation with field data. Remote Sensing of Environment, 112(4): 1871-1883.

Gobron N, Pinty B, Mélin F, et al. 2007. Evaluation of the MERIS/ENVISAT fAPAR Product. Advances in Space Research, 39(1): 105-115.

Gobron N, Pinty B, Verstraete M G Y, et al. 1999. The MERIS global vegetation index (MGVI): description and preliminary application. International Journal of Remote Sensing, 20(9): 1917-1927.

Gobron N, Taberner M. 2008. Landsat 7 Enhanced Thematic Mapper JRC-fAPAR Algorithm Theoretical Basis Document. Luxembourg: OPOCE.

Gobron N, Verstraete M M. 2009. fAPAR: assessment report on available methodological standards and guides. Rome: NRC, Food and Agriculture Organization of the United Nations (FAO).

Gong P, Pu R, Biging G S, et al. 2003. Estimation of forest leaf area index using vegetation indices derived from hyperion hyperspectral data. IEEE Transactions on Geoscience and Remote Sensing, 41(6): 1355-1362.

Gonsamo A. 2010. Leaf area index retrieval using gap fractions obtained from high resolution satellite data: comparisons of approaches, scales and atmospheric effects. International Journal of Applied Earth Observation and Geoinformation, 12(4): 233-248.

Goward S N, Huemmrich K E. 1992. Vegetation canopy PAR absorptance and the normalized difference vegetation index: an assessment using the sail model. Remote Sensing of Environment, 39(2): 119-140.

Gower S, Kucharik C, Norman J. 1999. Direct and indirect estimation of leaf area index, fAPAR, and net primary production of terrestrial ecosystems. Remote Sensing of Environment, 70(1): 29-51.

GTOS. 2010. A framework for terrestrial climate-related observations and the development of standards for the terrestrial essential climate variables: proposed work plan.

Guindin-Garcia N, Gitelson A A, Arkebauer T J. et al. 2012. An evaluation of MODIS 8- and 16-day composite products for monitoring maize green leaf area index. Agricultural and Forest Meteorology, 161: 15-25.

Haboudane D, Miller J R, Pattey E, et al. 2004. Hyperspectral vegetation indices and novel algorithms for predicting green LAI of crop canopies: modeling and validation in the context of precision agriculture. Remote Sensing of Environment, 90(3): 337-352.

Hall K, Johansson L J, Sykes M T, et al. 2010. Inventorying management status and plant species richness in semi-natural grasslands using high spatial resolution imagery. Applied Vegetation Science, 13(2): 221-233.

Hanan N, Prince S, Begue A, 1995. Estimation of absorbed photosynthetically active radiation and vegetation net production efficiency using satellite data. Agricultural and Forest Meteorology, 76(3-4): 259-276.

Hanan N P, Bégué A. 1995. A method to estimate instantaneous and daily intercepted photosynthetically active radiation using a hemispherical sensor. Agricultural and Forest Meteorology, 74(3-4): 155-168.

Hanan N P, Burba G, Verma S B, et al. 2002. Inversion of net ecosystem CO_2 flux measurements for estimation of canopy PAR absorption. Global Change Biology, 8(6): 563-574.

Hatfield J L, Prueger J H. 2010. Value of using different vegetative indices to quantify agricultural crop characteristics at different growth stages under varying management practices. Remote Sensing, 2(2): 562-578.

He B, Quan X, Xing M. 2013. Retrieval of leaf area index in alpine wetlands using a two-layer canopy reflectance model. International Journal of Applied Earth Observation and Geoinformation, 21: 78-91.

Hilker T, Coops N C, Wulder M A, et al. 2008. The use of remote sensing in light use efficiency based models of gross primary production: a review of current status and future requirements. Science of the Total Environment, 404(2-3): 411-423.

Houborg R, Boegh E. 2008. Mapping leaf chlorophyll and leaf area index using inverse and forward canopy reflectance modeling and spot reflectance data. Remote Sensing of Environment, 112(1): 186-202.

Hu J N, Su Y, Tan B, et al. 2007. Analysis of the MISR LA/FPAR product for spatial and temporal coverage, accuracy and consistency. Remote Sensing of Environment, 107(1-2): 334-347.

Hu J, Tan B, Shabanov N, et al. 2003. Performance of the MISR LAI and FPAR algorithm: a case study in Africa. Remote Sensing of Environment, 88(3): 324-340.

Huemmrich K F. 2001. The Geosail model: a simple addition to the sail model to describe discontinuous canopy reflectance. Remote Sensing of Environment, 75(3): 423-431.

Huemmrich K F, Gowardf S N. 1997. Vegetation canopy PAR absorptance and NDVI: an assessment for ten tree species with the sail model. Remote Sensing of Environment, 61(2): 254-269.

Jacquemoud S, Verhoef W, Baret F, et al. 2009. PROSPECT + SAIL models: a review of use for vegetation characterization. Remote Sensing of Environment, 113(S1): S56-S66.

Jean-Louis R, Francois-Marie B. 1995. Estimating PAR absorbed by vegetation from bidirectional reflectance measurements. Remote Sensing of Environment, 51(3): 375-384.

Jenkins J P, Richardson A D, Braswell B H, et al. 2007. Refining light-use efficiency calculations for a deciduous forest canopy using simultaneous tower-based carbon flux and radiometric measurements. Agricultural and Forest Meteorology, 143(1-2): 64-79.

Jiang Z, Huete A R, Chen J, et al. 2006. Analysis of NDVI and scaled difference vegetation index retrievals of vegetation fraction. Remote Sensing of Environment, 101(3): 366-378.

Jönsson A M, Eklundh L, Hellström M, et al. 2010. Annual changes in MODIS vegetation indices of Swedish coniferous forests in relation to snow dynamics and tree phenology. Remote Sensing of Environment, 114(11): 2719-2730.

Jurdao S, Yebra M, Guerschman J P, et al. 2013. Regional estimation of woodland moisture content by inverting radiative transfer models. Remote Sensing of Environment, 132: 59-70.

Kallel A, Le Hégarat-Mascle S, Ottlé C, et al. 2007. Determination of vegetation cover fraction by inversion of a four-parameter model based on isoline parametrization. Remote Sensing of Environment, 111(4): 553-566.

Kanniah K D, Beringer J, Hutley L B, et al. 2009. Evaluation of collections 4 and 5 of the MODIS gross primary productivity product and algorithm improvement at a tropical savanna site in Northern Australia. Remote Sensing of Environment, 113(9): 1808-1822.

King D A, Turner D P, Ritts W D. 2011. Parameterization of a diagnostic carbon cycle model for continental scale application. Remote Sensing of Environment, 115(7): 1653-1664.

Knyazikhin Y, Martonchik J V, Myneni R B, et al. 1998. Synergistic algorithm for estimating vegetation canopy leaf area index and fraction of absorbed photosynthetically active radiation from MODIS and MISR data. Journal of Geophysical Research, 103(D24): 32257-32275.

Li G, Wang D L, Liu S M, et al. 2010. Validation of MODIS fAPAR products in Hulunber grassland of China. New York: IEEE.

Li H, Luo Y, Xue X, et al. 2011. Assessment of approaches for estimating fraction of photosynthetically active radiation absorbed by winter wheat canopy. Transactions of the CSAE, 27(4): 201-206.

Li L, Cheng Y B, Ustin S, et al. 2008. Retrieval of vegetation equivalent water thickness from reflectance using genetic algorithm (GA)-partial least squares (PLS) regression. Advances in Space Research, 41(11): 1755-1763.

Linderman M, Zeng Y, Rowhani P. 2010. Climate and land-use effects on interannual fAPAR variability from MODIS 250 m data. Photogrammetric Engineering and Remote Sensing, 76(7): 807-816.

Liu J G, Miller J R, Haboudane D, et al. 2008. Crop fraction estimation from casi hyperspectral data using linear spectral unmixing and vegetation indices. Canadian Journal of Remote Sensing, 34(S1): S124-S138.

Liu J, Pattey E, Miller J R, et al. 2010. Estimating crop stresses, aboveground dry biomass and yield of corn using multi-temporal optical data combined with a radiation use efficiency model. Remote Sensing of Environment, 114(6): 1167-1177.

Liu L, Peng D, Hu Y, et al. 2013. A novel *in situ* FPAR measurement method for low canopy vegetation based on a digital camera and reference panel. Remote Sensing, 5(1): 274-281.

Los S O, Justice C O, Tucker C J. 1994. A global 1° by 1° NDVI data set for climate studies derived from the GIMMS continental NDVI data. International Journal of Remote Sensing, 15: 3494-3518.

Lotsch A, Tian Y, Friedl M A, et al. 2003. Land cover mapping in support of LAI and FPAR retrievals from EOS-MODIS and MISR: classification methods and sensitivities to errors. International Journal of Remote Sensing, 24(10): 1997-2016.

Maire G L, Marsden C, Verhoef W, et al. 2011. Leaf area index estimation with MODIS reflectance time series and model inversion during full rotations of Eucalyptus plantations. Remote Sensing of Environment, 115(2): 586-599.

Marsden C, Maire G L, Stape J, et al. 2010. Relating MODIS vegetation index time-series with structure, light absorption and stem production of fast-growing Eucalyptus plantations. Forest Ecology and Management, 259(9): 1741-1753.

Martínez B, Camacho F, Verger A, et al. 2013. Intercomparison and quality assessment of MERIS, MODIS and SEVIRI fAPAR products over the Iberian Peninsula. International Journal of Applied Earth Observation & Geoinformation, 21(1): 463-476.

McCallum A, Wagner W, Schmullius C, et al. 2010. Comparison of four global fAPAR datasets over Northern Eurasia for the year 2000. Remote Sensing of Environment, 114(5): 941-949.

Meroni M, Colombo R, Panigada C. 2004. Inversion of a radiative transfer model with hyperspectral observations for LAI mapping in poplar plantations. Remote Sensing of Environment, 92(2): 195-206.

Monteith J L. 1977. Climate and the efficiency of crop production in Britain. Philosophical Transactions of the Royal Society B: Biological Sciences, 281(980): 277-294.

Moorthy I, Miller J R, Noland T L. 2008. Estimating chlorophyll concentration in conifer needles with hyperspectral data: an assessment at the needle and canopy level. Remote Sensing of Environment, 112(6): 2824-2838.

Morisette J T, Baret F, Privette J L, et al. 2006. Validation of global moderate-resolution LAI products: a framework proposed within the CEOS land product validation subgroup. IEEE Transactions on Geoscience and Remote Sensing, 44(7): 1804-1817.

Morisette J T, Privette J L, Justice C O. 2002. A framework for the validation of MODIS land products. Remote Sensing of Environment, 83(1): 77-96.

Mountrakis G, Im J, Ogole C. 2011. Support vector machines in remote sensing: a review. ISPRS Journal of Photogrammetry and Remote Sensing, 66(3): 247-259.

Myneni R B, Hoffman S, Knyazikhin Y, et al. 2002. Global products of vegetation leaf area and fraction absorbed PAR from year one of MODIS data. Remote Sensing of Environment, 83(1-2): 214-231.

Myneni R B, Nemani R R, Running S W. 1997. Estimation of global leaf area index and absorbed PAR using radiative transfer models. IEEE Transactions on Geoscience and Remote Sensing, 35(6): 1380-1393.

Myneni R B, Williams D L. 1994. On the relationship between fAPAR and NDVI. Remote Sensing of Environment, 49(3): 200-211.

Nakaji T, Ide R, Oguma H, et al. 2007. Utility of spectral vegetation index for estimation of gross CO_2 flux under varied sky conditions. Remote Sensing of Environment, 109(3): 274-284.

Ogutu B O, Dash J. 2013. An algorithm to derive the fraction of photosynthetically active radiation absorbed by photosynthetic elements of the canopy (fAPAR$_{ps}$) from eddy covariance flux tower data. New Phytologist, 197(2): 511-523.

Olofsson P, Eklundh L. 2007. Estimation of absorbed PAR across scandinavia from satellite measurements. Part II: modeling and evaluating the fractional absorption. Remote Sensing of Environment, 110(2): 240-251.

Peng D, Zhang B, Liu L, et al. 2011. Seasonal dynamic pattern analysis on global FPAR derived from AVHRR GIMMS NDVI. International Journal of Digital Earth, 5(5): 439-455.

Peng D, Zhang B, Liu L. 2012. Comparing spatiotemporal patterns in Eurasian FPAR derived from two NDVI-based methods. International Journal of Digital Earth, 5(4): 283-298.

Peng Y, Gitelson A A. 2012. Remote estimation of gross primary productivity in soybean and maize based on total crop chlorophyll content. Remote Sensing of Environment, 117: 440-448.

Peng Y, Gitelson A A, Sakamoto T. 2013. Remote estimation of gross primary productivity in crops using MODIS 250m data. Remote Sensing of Environment, 128(1): 186-196.

Pinter P J. 1993. Solar angle independence in the relationship between absorbed par and remotely sensed data for Alfalfa. Remote Sensing of Environment, 46(1): 19-25.

Pinty B, Lavergne T, Widlowski J L, et al. 2009. On the need to observe vegetation canopies in the near-infrared to estimate visible light absorption. Remote Sensing of Environment, 113(1): 10-23.

Pisek J, Chen J M, Miller J R, et al. 2010. Mapping forest background reflectance in a boreal region using multiangle compact airborne spectrographic imager data. IEEE Transactions on Geoscience and Remote Sensing, 48(1): 499-510.

Pisek J, Rautiainen M, Heiskanen J, et al. 2012. Retrieval of seasonal dynamics of forest understory reflectance in a northern European boreal forest from MODIS BRDF data. Remote Sensing of Environment, 117(117): 464-468.

Plummer S, Arino O, Simon M, et al. 2006. Establishing a earth observation product service for the terrestrial carbon community: the globcarbon initiative. Mitigation and Adaptation Strategies for Global Change, 11(1): 97-111.

Prieto-Blanco A, North P R J, Barnsley M J, et al. 2009. Satellite-driven modelling of net primary productivity (NPP): theoretical analysis. Remote Sensing of Environment, 113(1): 137-147.

Propastin P, Erasmi S. 2010. A physically based approach to model LAI from MODIS 250 m data in a tropical region. International Journal of Applied Earth Observation and Geoinformation, 12(1): 47-59.

Rautiainen M. 2005. Retrieval of leaf area index for a coniferous forest by inverting a forest reflectance model. Remote Sensing of Environment, 99(3): 295-303.

Rechid D, Raddatz T J, Jacob D. 2009. Parameterization of snow-free land surface albedo as a function of vegetation phenology based on MODIS data and applied in climate modelling. Theoretical and Applied Climatology, 95(3-4): 245-255.

Ridao E, Conde J R, Minguez M I. 1998. Estimating fAPAR from nine vegetation indices for irrigated and nonirrigated faba bean and semileafless pea canopies. Remote Sensing of Environment, 66(1): 87-100.

Rossi S, Weissteiner C, Laguardia G, et al. 2008. Potential of MERIS fAPAR for Drought Detection. Proceedings. of the 2nd MERIS / (A)ATSR User Workshop, Frascati, Italy: 22-26.

Sakamoto T, Wardlow B D, Gitelson A A, et al. 2010. A two-step filtering approach for detecting maize and soybean phenology with time-series MODIS data. Remote Sensing of Environment, 114(10): 2146-2159.

Schile L M, Byrd K B, Windham-Myers L, et al. 2013. Accounting for non-photosynthetic vegetation in remote-sensing-based estimates of carbon flux in wetlands. Remote Sensing Letters, 4(6): 542-551.

Sellers P J, Los S O, Tucker C J, et al. 1996. A revised land surface parameterization (SIB2) for atmospheric GCMS. Part II: the generation of global fields of terrestrial biophysical parameters from satellite data. J Climate, 9(4): 706-737.

Serbin S P, Ahl D E, Gower S T. 2013. Spatial and temporal validation of the MODIS LAI and FPAR products across a boreal forest wildfire chronosequence. Remote Sensing of Environment, 133: 71-84.

Shabanov N V, Wang Y, Buermann W, et al. 2003. Effect of foliage spatial heterogeneity in the MODIS LAI and FPAR algorithm over broadleaf forests. Remote Sensing of Environment, 85(4): 410-423.

Steinberg D C, Goetz S J, Hyer E J. 2006. Validation of MODIS FPAR products in boreal forests of Alaska. IEEE Transactions on Geoscience and Remote Sensing, 44(7): 1818-1828.

Steinberg D C, Goetz S. 2009. Assessment and extension of the MODIS FPAR products in temperate forests of the Eastern United States. International Journal of Remote Sensing, 30(1): 169-187.

Tian Y H, Zhang Y, Knyazikhin Y, et al. 2000. Prototyping of MODIS LAI and FPAR algorithm with LASUR and Landsat data. IEEE Transactions on Geoscience and Remote Sensing, 38(5): 2387-2401.

Turner D P, Ritts W D, Wharton S, et al. 2009. Assessing FPAR source and parameter optimization scheme in application of a diagnostic carbon flux model. Remote Sensing of Environment, 113(7): 1529-1539.

Verger A, Baret F, Camacho F. 2011. Optimal modalities for radiative transfer-neural network estimation of canopy biophysical characteristics: evaluation over an agricultural area with CHRIS/PROBA observations. Remote Sensing of Environment, 115(2): 415-426.

Verhoef W, Bach H. 2003. Simulation of hyperspectral and directional radiance images using coupled biophysical and atmospheric radiative transfer models. Remote Sensing of Environment, 87(1): 23-41.

Verhoef W, Bach H. 2007. Coupled soil-leaf-canopy and atmosphere radiative transfer modeling to simulate hyperspectral multi-angular surface reflectance and TOA radiance data. Remote Sensing of Environment, 109(2): 166-182.

Verstraete M M, Gobron N, Aussedat O, et al. 2008. An automatic procedure to identify key vegetation phenology events using the JRC-fAPAR products. Advances in Space Research, 41(11): 1773-1783.

Vina A, Gitelson A A. 2005. New developments in the remote estimation of the fraction of absorbed photosynthetically active radiation in crops. Geophysical Research Letters, 32(L17403).

Vohland M, Mader S, Dorigo W. 2010. Applying different inversion techniques to retrieve stand variables of summer barley with PROSPECT+SAIL. International Journal of Applied Earth Observation and Geoinformation, 12(2): 71-80.

Wang Y J, Tian Y H, Zhang Y, et al. 2001. Investigation of product accuracy as a function of input and model uncertainties: case study with SeaWiFS and MODIS LAI/FPAR algorithm. Remote Sensing of Environment, 78(3): 299-313.

Weiss M, Baret F, Garrigues S, et al. 2007. LAI and fAPAR CYCLOPES global products derived from VEGETATION. Part 2: validation and comparison with MODIS collection 4 products. Remote Sensing of Environment, 110(3): 317-331.

Weiss M, Baret F, Myneni R B, et al. 2000. Investigation of a model inversion technique to estimate canopy biophysical variables from spectral and directional reflectance data. Agronomie, 20(1): 3-22.

Widlowski J L. 2010. On the bias of instantaneous fAPAR estimates in open-canopy forests. Agricultural and Forest Meteorology, 150(12): 1501-1522.

Wiegand C L, Richardson A J, Escobar D E, et al. 1991 Vegetation indexes in crop assessments. Remote Sensing of Environment, 35(2-3): 105-119.

Wu C, Han X, Ni J, et al. 2010. Estimation of gross primary production in wheat from *in situ* measurements. International Journal of Applied Earth Observation and Geoinformation, 12(3): 183-189.

Xiao X. 2006. Light absorption by leaf chlorophyll and maximum light use efficiency. IEEE Transactions on Geoscience and Remote Sensing, 44(7): 1933-1935.

Zarco-Tejada P J, Miller J R, Harron J, et al. 2004. Needle chlorophyll content estimation through model inversion using hyperspectral data from boreal conifer forest canopies. Remote Sensing of Environment, 89(2): 189-199.

Zhang Y, Chen J M, Miller J R, et al. 2008. Leaf chlorophyll content retrieval from airborne hyperspectral remote sensing imagery. Remote Sensing of Environment, 112(7): 3234-3247.

Zhang Y, Tian Y, Knyazikhin Y, et al. 2000. Prototyping of MISR LAI and FPAR algorithm with POLDER data over Africa. IEEE Transactions on Geoscience and Remote Sensing, 38(5): 2402-2418.

Zhu Z, Bi J, Pan Y, et al. 2013. Global data sets of vegetation leaf area index (LAI)3g and fraction of photosynthetically active radiation (FPAR)3g derived from global inventory modeling and mapping studies (GIMMS) normalized difference vegetation index (NDVI3g) for the period 1981 to 2011. Remote Sensing, 5(2): 927-948.

第6章　地表温度遥感监测及变化格局

6.1　概　　述

地表温度是热红外遥感反演中的一个关键特征参数，地表温度的反演一直是国内外研究的热点之一，其重要性主要体现在：①地表温度是众多基础学科和应用领域的一个关键参数，能提供地表能量平衡状态的时空变化信息，除了短波净辐射之外，地表能量平衡中的所有其他过程都能表示为地表温度的函数；②地表温度一方面可作为地表过程模型的输入参数，另一方面还可用于验证这些模型的输出结果；③国际地圈-生物圈计划（International Geosphere-Biosphere Programme，IGBP）将地表温度列为优先测定的几大参数之一。

目前，采用遥感手段反演区域地表温度是获取大范围地表温度唯一可行的途径，但是由于地表温度和地表发射率的耦合性质，利用卫星数据反演地表温度仍然具有挑战性。在温度的反演中，除辐射校正和云检测的问题之外，关键难点主要体现在：①如何从地表观测的辐射亮度中分离出地表温度和地表发射率；②如何解决大气校正的问题。发展多光谱多通道地表温度的遥感定量反演方法，建立适合于中国范围地表温度遥感反演的通用"劈窗"算法，实现中分辨率、长时间序列的地表温度遥感反演，为中国陆地生态系统固碳遥感监测研究提供地表温度的面上观测数据，具有重要的理论和实际意义。

6.1.1　热红外地表温度遥感反演方法

过去几十年里，利用卫星 热红外数据进行地表温度反演得到了显著的发展。国内外研究者对辐射传输方程和地表发射率使用了不同的假设与近似，针对不同卫星搭载的不同传感器，提出了多种反演算法，这些算法大致可以分为 5 类：单通道算法、多通道

本章执笔人：李召良，常胜，赵旦，朱伟伟

算法、多角度算法、多时相算法、高光谱反演算法。

6.1.1.1 单通道算法

热红外单通道算法利用卫星接收的位于大气窗口的单通道数据，使用大气透过率/辐射程序对大气的衰减和发射进行校正，需要输入大气廓线数据。然后在已知地表发射率的条件下，得到地表温度（Ottlé and Vidal-Madjar，1992；Price，1983；Susskind et al.，1984）。使用这种方法精确反演地表温度需要高质量的大气透过率/辐射程序来估算大气参数，还需要已知通道发射率和准确的大气廓线，并且需要考虑地形的影响（Sobrino et al.，2004b）。

通常，大气透过率/辐射程序的精度主要受到程序中所使用的大气辐射传输模型以及大气分子吸收系数和气溶胶吸收系数不确定性的影响（Wan，1999）。最常见的大气辐射传输模型，如 MODTRAN 系列模型和 4A/OP 模型，已经被广泛用于大气校正或卫星热红外数据模拟。研究表明，在大气窗口内，如 3.4～4.1μm 和 8～13μm，不同大气辐射传输模型的精度为 0.5%～2%，这将造成反演的地表温度误差在 0.4～1.5K（Wan，1999）。值得注意的是，即使大气辐射传输模型本身完全没有误差，在对大气的吸收和发射进行校正时，所用的大气廓线本身的不完整性也会造成问题（Gillespie et al.，2011）。相关研究还表明，地表发射率 1%的误差在湿热大气下会给地表温度造成 0.3K 的误差，而在干冷大气下误差更是高达 0.7K（Dash et al.，2002）。由于单通道的波长范围通常在 10μm 以内，在这个范围内大多数的地表发射率都很低，而发射率的不确定性会造成地表温度 1～2K 的误差。然而，如果某个波长的地表发射率已知，那么反演误差就完全来自于大气校正。大气廓线通常是由地面无线探空设备、卫星垂直探测仪和气象预测模型测量或估算得到。由于大气水汽会随着时间和空间的变化而发生剧烈变化，利用地面无线探空设备探测远离目标区域的大气或远离卫星过境时刻的大气可能都会给地表温度反演结果造成较大误差（Cooper and Asrar，1989）。

为了减少对探空数据的依赖性，过去 10 年内已经提出了多种单通道算法，利用卫星遥感数据在发射率已知的条件下反演地表温度。Qin 等（2001）提出了一种基于 Landsat-5 TM 数据的单通道地表温度反演算法，该算法利用了大气透过率和水汽含量之间以及平均大气温度和近地表空气温度之间的经验线性关系，仅仅需要近地表空气温度和水汽含量，而不需要知道大气廓线。Jiménez-Muñoz 等（2003，2009）发展了一种通用型单通道算法，该方法适用于任何半高全宽约 1μm 的热红外通道数据，前提是需要已知地表发射率和总大气水汽含量。这种通用型单通道算法只需要最少的输入数据，可应用于使用相同方程和系数的不同的热红外传感器。Cristóbal 等（2009）也发现在单通道算法中使用近地面空气温度和大气水汽含量可以提高地表温度反演精度，尤其是在水汽含量较高的情况下。Sobrino 等（2004b）、Sobrino 和 Jiménez-Muñoz（2005）、Jiménez-Muñoz 和 Sobrino（2010）分析比较了上述算法，并指出所有使用经验关系的单通道算法在高水汽含量情况下精度较差，这是因为在高水汽浓度下，算法中使用的经验关系都是不稳定的。需要注意的是，单通道算法是对辐射传输方程的简单变形，前提是地表发射率和大气廓线已知，虽然在理论上能够精确反演地表温度，但高精度的地表发射率在实际应用中很难获取。

6.1.1.2　多通道算法

正如 6.1.1.1 小节中所强调的，使用单通道算法需要已知每个像元的地表发射率、大气辐射传输模型及精确的大气廓线。这些条件在绝大多数的实际情况中很难满足或者不可能满足。为了利用卫星热红外数据获取全球或区域尺度下高精度的地表温度，必须发展其他方法。一种用于海洋温度反演的方法（即分裂窗算法），利用了中心波长在 11～12μm 的两个通道水汽吸收不同的特点，最早是由 McMillin（1975）提出的，这种方法不需要任何大气廓线信息。在此之后，多种分裂窗算法被提出并修改，成功用于海面温度反演（Barton et al.，1989；Deschamps and Phulpin，1980；França and Carvalho，2004；Llewellyn-Jones et al.，1984；McClain et al.，1985；Niclòs et al.，2007；Sobrino et al.，1993）。受到分裂窗算法成功用于海面温度遥感反演的启发，从 20 世纪 80 年代开始，国内外学者努力尝试将其扩展用于地表温度反演（Atitar and Antonio Sobrino，2009；Becker，1987；Becker and Li，1990；Coll et al.，1994；Prata，1994a，1994b；Price，1984；Sobrino et al.，1991，1994，1996；Tang et al.，2008；Ulivieri et al.，1994；Wan and Dozier，1996）。

（1）线性分裂窗算法

线性分裂窗算法利用 10～12.5μm 相邻通道对水汽吸收特性不同的特点，根据温度或波长对辐射传输方程进行线性化处理。这种方法将地表温度表达为两个热红外通道亮

度温度的线性组合（McMillin，1975）。一种典型的线性分裂窗算法可以写为

$$LST = a_0 + a_1 T_i + a_2 \left(T_i - T_j \right) \qquad (6\text{-}1)$$

式中，T_i 和 T_j 是两个通道的亮度温度，$a_k \left(k = 0,1,2 \right)$ 主要与两个通道的光谱响应函数 $g_i(\lambda)$ 和 $g_j(\lambda)$、两个通道的地表发射率 ε_i 和 ε_j、大气水汽含量 WV 及观测天顶角 VZA 有关，因此可以表示为

$$a_k = f_k \left(g_i, g_j, \varepsilon_i, \varepsilon_j, WV, VZA \right) \qquad (6\text{-}2)$$

需要指出的是，这种地表温度反演方法的精度有赖于系数 a_k 的正确选择，这些系数可以通过对模拟数据的回归或者比较卫星数据和实测地表温度数据之间的经验关系来确定。要在卫星像元尺度上（几平方千米）获得与卫星观测同步的有代表性的地面实测温度数据是极其困难的。因此，利用辐射传输方程如 MODTRAN（Beck et al.，2003）来模拟大气顶部的亮度温度是一种有效的方式，通过比较模拟卫星数据与模型中预设的地表温度，可以准确地确定系数 a_k。过去几十年里，已经发展了多种线性分裂窗算法，这些算法形式上都比较相似，只是对系数 a_k 的参数化不同。但总体来说，这些系数都被参数化为地表发射率、水汽含量和观测天顶角的线性或非线性组合。

（2）非线性分裂窗算法

由于对辐射传输方程进行线性处理以及分裂窗算法中的近似处理会产生误差，如把大气透过率近似处理为水汽含量的线性函数，最终导致如公式（6-1）中线性分裂窗算法反演的地表温度在湿热的大气条件下误差较大。为了提高反演精度，发展了一种非线性分裂窗算法，即

$$LST = c_0 + c_1 T_i + c_2 \left(T_i - T_j \right) + c_3 \left(T_i - T_j \right)^2 \qquad (6\text{-}3)$$

式中，系数 $c_k \left(k = 0, \cdots, 3 \right)$ 与公式（6-1）中的系数 a_k 一样，利用不同大气和地表参数下的模拟数据，根据公式（6-2）拟合回归得到。

在最近几十年里，已经发展了多种形式相似的非线性分裂窗算法（Atitar and Antonio Sobrino，2009；Coll and Caselles，1997；Francois and Ottle，1996；Sobrino and Raissouni，2000；Sobrino et al.，1994）。与线性分裂窗算法一样，有的非线性分裂窗算法将地表发射率加入 c_k 的表达式中，有的则同时考虑了发射率和水汽含量，有的还考虑了观测天顶角。

（3）线性或非线性多通道算法

当有 3 个或多个热红外通道时，使用类似上述分裂窗算法的方法，将这些通道大气顶部的亮度温度进行线性或非线性组合来反演地表温度（Sun and Pinker，2003，2005，2007）。例如，Sun 和 Pinker（2003）等发展了一种三通道线性算法，利用 GOES 数据反演夜间地表温度。在该方法中，假设 3 个通道的地表发射率可以根据地表类型估算得到。此外，利用 3.9μm 处中红外通道 T_{i1} 的特点提高夜间大气校正的精度，3 个通道线性方程的参数由通道发射率组成，没有考虑水汽含量和观测天顶角，即

$$\text{LST} = d_0 + \left(d_1 + d_2 \frac{1-\varepsilon_i}{\varepsilon_i}\right)T_i + \left(d_3 + d_4 \frac{1-\varepsilon_j}{\varepsilon_j}\right)T_j + \left(d_5 + d_6 \frac{1-\varepsilon_{i1}}{\varepsilon_{i1}}\right)T_{i1} \qquad (6\text{-}4)$$

式中，$d_k\left(k=0,\cdots,6\right)$ 是常数，与大气和观测天顶角无关。与已有的分裂窗算法（Becker and Li，1990；Wan and Dozier，1996）比较，结果表明这种三通道线性算法能够获得精度较高的地表温度值，均方根误差是 1K（Sun and Pinker，2003）。此外，Sun 和 Pinker（2007）还提出了一种基于旋转增强可见光和红外成像仪（spinning enhanced visible and infrared imager，SEVIRI）数据的四通道非线性地表温度反演算法，该算法考虑了地表发射率的影响，系数与地表类型有关。对于夜间的地表温度反演，算法可以写为

$$\text{LST} = e_0 + e_1 T_i + e_2\left(T_i - T_j\right) + e_3\left(T_{i1} - T_{i2}\right) + e_4\left(T_i - T_j\right)^2 + e_5\left(\sec\text{VZA} - 1\right) \qquad (6\text{-}5)$$

式中，下标 $i1$、$i2$ 分别表示 3.9μm、8.7μm 处的热红外通道，系数 $e_k\left(k=0,\cdots,5\right)$ 与地表类型有关，VZA（viewing zenith angle）为观测天顶角。为了计算白天中红外通道 T_{i1} 地表反射的太阳直射辐射，公式（6-5）中加入太阳校正项 $e_6 T_{i1} \cos\theta_s$（Sun and Pinker，2007），或使用 Mushkin 和 Gillespie（2005）提出的方法对 T_{i1} 进行必要的太阳校正。实测观测数据进行验证的结果表明，利用这种四通道算法反演的地表温度比通用分裂窗算法精度更高。

需要注意的是，卫星在白天大气顶部接收到的中红外数据包括地表反射的太阳直射辐射以及地表和大气自身的发射辐射，而太阳校正项的误差也会影响最终地表温度的反演精度，特别是在中红外波段反射率较高的干旱和半干旱地区。另外，多增加一个通道也会随之带来测量误差增加的代价。此外，与测量仪器噪声和其他不确定性有关的误差也会影响最终地表温度的反演精度。在中红外通道和 8.7μm 通道，自然和人造地表的发射率范围以及各种不确定性要比传统分裂窗算法高（Trigo et al.，2008b），这也进一步

限制了该通道算法在产品业务化运行中的广泛使用。

（4）温度发射率分离法

Gillespie 等（1996）利用大气校正后的先进星载热发射和反射辐射仪（ASTER）数据，率先提出了温度与发射率分离法（temperature/emissivity separation，TES）。这一方法基于光谱反差和最小发射率之间的经验关系来增加方程的数目（等价于减少未知数的个数），使不可解的反演问题变得可解。TES 算法由 3 个成熟的模块组成：发射率归一化方法（NEM）（Gillespie，1995）、光谱比值（SR）、最大最小表观发射率差值法（MMD）（Matsunaga，1994）。

NEM 模块最早被用来估计初始的地表温度值和从大气校正后的辐射值中得到的归一化后的地表发射率值（Gillespie et al.，1996）。SR 模块用来计算归一化后的发射率值与它们均值的比值，尽管 SR 模块不能直接获得真实的地表发射率值，但即使地表温度是由 NEM 模块粗略估计出的，发射率光谱的形状还是能得到很好的描述。最后，在 SR 模块结果的基础上，MMD 模块用来找出 N 个通道的光谱差异，接着利用 N 个通道的最小发射率值（LSE_{min}）和 MMD 之间的经验关系估算出最小的地表发射率。一旦估算出最小发射率值，其他通道的发射率也可以直接通过 SR 得到，便可以高精度估算出地表温度（Gillespie et al.，1998）。

TES 的主要优势是结合了 3 个成熟的模块的特征并且利用了 N 个通道的发射率范围和最小发射率值之间的经验关系来反演地表温度和发射率。因此，该方法适用于任何类型的自然下垫面，特别是类似于岩石和土壤的具有较大光谱反差的发射率的下垫面，并且不需要考虑发射率中的光谱差异（Gillespie et al.，1998；Sobrino et al.，2008）。数值模拟和一些实验场的验证表明当大气校正精度较高时，TES 算法反演地表温度的精度可以达到±1.5K 以内，发射率的精度可以达到±0.015 以内（Gillespie et al.，1996，1998；Sawabe et al.，2003）。另外，Hulley 和 Hook（2011）优化了 LSE_{min} 和 MMD 之间的关系，使得 TES 算法能够适用于 MODIS 的 3 个热红外通道（29，31，32）。

有些研究表明，对于具有较小光谱反差的发射率的下垫面（如水、雪和植被），在湿热的大气条件下，TES 算法在地表温度和发射率反演中会引入显著的误差（Coll et al.，2007；Gillespie et al.，1996，2011；Hulley and Hook，2009，2011；Sawabe et al.，2003）。Sabol 等（2009）指出在 TES 的原始版本中，低发射率反差和高发射率反差会被区别对待。因此，在该版本中，对于在 LSE_{min} 和 MMD 的散点图回归线上方的地物[如土壤、植被、水体（雪）]，反演出的地表发射率较低，而地表温度较高。这也解释了为何有些研究指出对于裸土而言，不精确的大气校正可能在温度反演中产生 2~4K 的误差（Dash et al.，2002）。对于温暖潮湿的大气，显著误差的来源是不同的。大气校正中的不确定性会导致较大的明显的发射率差异，对于灰体表面，将会有更大的影响（Hulley and Hook，2011）。为了尽可能减少大气校正所带来的误差，Gillespie 等（2011）利用 Tonooka（2005）提出的水汽缩放法（WVS）来优化 TES 算法。

正如数值模拟中显示的那样，当通道数减少时，地表温度和反射率反演的不确定性会增大，使得 TES 算法不适用于绝大多数正在运行的传感器（Sobrino et al.，2008）。传感器定标误差和热红外通道噪声也可能对地表温度和发射率的反演产生不确定性（Gillespie et al.，2011；Jiménez-Muñoz and Sobrino，2006；Sobrino et al.，2008）。另外，TES 算法对于低发射率差异和高发射率差异的地表是区别对待的，使得在灰体边缘出现不连续的情况，如水体、森林和庄稼（Sobrino et al.，2007）。为了解决这些问题，Sabol 等（2009）将初始的 TES 算法中的 LSE_{min} 和 MMD 之间的幂函数关系替换为线性表达式，并将这一新关系应用于所有的地物来减少前述的灰体边缘不连续性。研究表明这一修改对于岩石表面和灰体来说，精度会有一点下降，但对近似灰体表面来说，却可以提高其精度。

6.1.1.3　多角度算法

多角度算法建立在同一物体由于从不同角度观测时所经过的大气路径不同而导致大气吸收不同的基础上。由于大气吸收体的相对光学物理特性在不同观测角度下保持不变，大气透过率仅随角度的变化而变化。与分裂窗算法的基本原理类似，大气的作用可以通过特定通道在不同角度观测下所获得的亮度温度的线性组合来消除（Chedin et al.，1982；Li et al.，2001；Prata，1993，1994a，1994b；Sobrino et al.，1996，2004a）。

这种算法主要基于第一代双角度模式卫星，即搭载在第一代欧洲遥感卫星（ERS-1）上的沿轨扫描辐射计（ATSR）发展而来。ATSR 能够在 2min 内对同一片地表区域进行双角度观测。一个是垂直观测，天顶角为 0°~21.6°，另一个是前向观测，天顶角为 52°~55°。假设地表温度和海面温度与观测天顶角无关，大气状况在水平方向是均一的并且在观测时间内稳定不变，Prata（1993，1994a）提出了一种基于 ATSR 数据的双角度算法来反演地表温度和海面温度。Sobrino 等（1996）提出了一种改进型双角度算法，考虑了垂直观测时的发射率 ε_n 和前向观测时的发射率 ε_f：

$$\text{LST} = T_n + p_1(T_n - T_f) + p_2 + p_3(1 - \varepsilon_n) + p_4(\varepsilon_n - \varepsilon_f) \tag{6-6}$$

式中，$p_k(k=1,\cdots,4)$ 是与垂直和前向观测角度下大气透过率和平均等效空气温度有关的参数；T_n 和 T_f 分别是垂直和前向观测时的亮度温度。这种算法仅与发射率有关，而与水汽含量无关。Sobrino 等（2004a）发展了一种非线性双角度算法来减少大气水汽含量对地表温度反演结果的影响，即

$$\text{LST} = T_n + q_1(T_n - T_f) + q_2(T_n - T_f)^2 + (q_3 + q_4\text{WV})(1 - \varepsilon_n) + (q_5 + q_6\text{WV})\Delta\varepsilon + q_0 \tag{6-7}$$

式中，$\Delta\varepsilon$ 是发射率差值 $\Delta\varepsilon = \varepsilon_n - \varepsilon_f$；WV 是大气水蒸气含量；$q_0$ 是常数，$q_k(k=1,\cdots,6)$ 是与传感器有关的常量，可以利用模拟数据拟合回归确定。通过模拟热红外数据，Sobrino 和 Jiménez-Muñoz（2005）比较了如公式（6.7）所示的双角度算法，并考虑了地表发射率、水汽含量和观测天顶角的非线性分裂窗算法。结果表明，在地表发射率的光谱和角度变化已知的情况下，双角度算法的精度要高于分裂窗算法。

值得注意的是，尽管多角度（双角度）算法能够比分裂窗算法提供更好的结果，但是双角度算法应用于卫星数据时有实际困难（Sobrino and Jiménez-Muñoz，2005）。多角度算法中的一个重要难点是发射率的角度相关性，因为在卫星空间分辨率尺度下，自然地表的角度效应是未知的，如裸土和岩石（Sobrino and Cuenca，1999）。地表温度的角度相关性也是一个问题难点。除了需要大气晴空无云并且平面分布均一，还要求在不同斜程路径下的多角度测量必须有明显差异。否则，不同角度下的测量会高度相关，导致算法不稳定，并对仪器噪声极其敏感（Prata，1993，1994a）。此外，在不同观测角度下对同一目标地物进行观测会覆盖不同的传感器区域（即像元）。即使可能会观测到同样的像元大小，但由于地物的三维结构，在不同观测角度下观测到的地物仍可能明显不同。另外，不同观测角度像元的配准不好会导致地表温度反演结果产生巨大误差。所以，多角度算法仅适用于理想大气条件下的均质区域（如海洋表面或浓密森林植被），不适用于非均质地表。

6.1.1.4 多时相算法

多时相算法是在假定地表发射率不随时间变化的前提下利用不同时间的测量结果来反演地表温度和发射率的，其中比较有代表性的是两温法（Watson，1992）和日夜双时相多通道物理反演法（Wan and Li，1997）。

（1）两温法

两温法的思路是通过多次观测来减少未知数的个数。假设热红外通道已经经过精确的大气校正并且发射率不随时间而发生变化，那么如果地表被 N 个通道两次观测，$2N$ 次测量将会有 $N+2$ 个未知数（N 个通道的发射率以及 2 个地表温度）。因此，当 $N \geq 2$ 时，这 N 个地表发射率和 2 个地表温度可以从 $2N$ 个方程中同时得到（Watson，1992）。地表发射率不随时间而变化的假设暗示地表是均匀的并且有相对稳定的土壤湿度，所以首先要减少由于像元大小和观测角度不同所带来的地表发射率的变动，其次要避免地表发射率随土壤湿度的变化而变化，如降水和露水。

两温法的主要优势是它对地表发射率的光谱形状没有作出假设，只是假定发射率不随时间而变化。虽然这一方法有一个简单直接的公式，但是由于这 $2N$ 个方程是高度相关的，因此方程的解可能不稳定，并且方程的解对传感器噪声和大气校正产生的误差非常敏感（Caselles et al.，1997；Gillespie et al.，1996；Watson，1992）。由于在没有实测大气廓线数据的情况下很难进行非常精确的大气校正，因此在反演地表温度和发射率时使用近似的廓线可能产生比较大的误差。Peres 和 DaCamara（2004）发现增加观测的次数和（或）温差可以提高反演的精度，但是这种提高会受到多次热红外测量本身高相关性的限制。

除了上面提到的问题外，这一方法还需要在两个不同的时间点对影像进行精确的几何配准（Gillespie et al.，1996；Watson，1992）。对于下垫面均匀的区域，不精确配准带来的地表温度和发射率误差较小，但对于下垫面不均匀的区域，这一误差将较大（Wan，1999）。卫星观测天顶角的改变会引起地表发射率的改变，因此违背了地表发射率不随时间改变的假设，导致两温法的精度降低（Li et al.，2013）。

（2）日夜双时相多通道物理反演法

Wan 和 Li（1997）受到日夜温度无关波谱指数法和两温法的启发，进一步提出了日夜双时相多通道物理反演法，即通过结合白天和夜晚的中红外以及热红外数据来同时反演地表温度和发射率。这一方法假定从白天到夜晚地表发射率不会发生太大的改变，并且在中红外波段的角度形式因子的变化很小（<2%），以此减少未知数的个数，从而使反演更加稳定。为了减少反演过程中大气校正残差的影响，引入了两个变量，即大气底层的空气温度（T_a）和大气水汽含量（WV），以此来修正反演过程中初始的大气廓线。

有了 N 个通道的两次测量（白天和夜晚），未知数的个数就为 $N+7$（N 个通道的发射率、2 个地表温度、2 个 T_a、2 个水汽含量、1 个中红外通道的角度形式因子）。

通常来讲，日夜双时相多通道物理反演法是之前提到的两温法的发展，与之前提到的两温法和日夜温度无关波谱指数法相比，日夜双时相多通道物理反演法在以下几个方面具有优势。

1）对于中红外通道，白天太阳辐射的存在会显著减少方程之间的相关性，从而使方程的解更加稳定和精确。日夜温度无关波谱指数法首先需要获得像元的双向反射率，再分别计算地表温度和发射率，而日夜双时相多通道物理反演法是同时将两者反演出来，避免了逐步反演中误差传递情况的出现。另外，在两次测量中（白天和夜晚）地表温度相同，日夜双时相多通道物理反演法可以获得精确的地表温度和发射率，但只利用到热红外测量的两温法则要求不同温度值之间有显著的差异。

2）通过考虑初始大气廓线所带来的误差，引入两个变量（T_a、WV）后，地表温度和发射率的反演精度得到很大的提高。因此，日夜双时相多通道物理反演法对大气校正的精度并没有要求，这一点与日夜温度无关波谱指数法和两温法很不相同。

3）日夜双时相多通道物理反演法不需要 12h 间隔的测量（白天和夜晚），只要地表发射率不发生大的改变，几天内获得的白天和夜晚的数据也同样可用。

但是，和其他的多时相反演方法类似，日夜双时相多通道物理反演法同样面临着几何配准精度低以及观测天顶角变化等关键问题。为了解决几何配准精度不高的问题，Wan（1999）将 MODIS 像元从 1km 的分辨率聚合为 5km 或 6km。与此同时，16 组观测天顶角用来保证白天和夜晚观测天顶角分组的质量（Wan and Li，2011）。为了避免出现差的解，获得更好的地表温度反演结果，Wan（2008）实现了一系列的优化，这些优化所针对的包括一些并不理想的情况：周围云层和气溶胶的影响、由于雪天以及夜晚露水的出现导致中红外通道与 8.75μm 通道在白天和夜晚的地表发射率的值不同（假设 31 波段和 32 波段相对高发射率值受这些情况影响较小）。这些优化包括：结合使用 Terra 和 Aqua 卫星 MODIS 数据、为白天数据增加权重、将结合依赖于观测角的通用分裂窗算法和日夜双时相多通道物理反演法作为地表温度差异和约束条件、使用 31 波段和 32 波段发射率的变量、日夜双时相多通道物理反演法中解的迭代里使用 WV 和 T_a、有效地提高 31 波段和 32 波段质量最好的数据所占的权重。更多关于 MODIS 日夜双时相多通道物理反演法的细节可以参考相关文献（Wan，2008；Wan and Li，1997，2011）。

6.1.1.5　高光谱反演算法

高光谱反演算法依靠的是地表发射率固有的光谱特性而不是时相信息，其中比较有代表性的是迭代光谱平滑温度发射率分离法（Borel，2008）和线性发射率约束法（Wang et al.，2011）。在一些合理的假设和约束下，通过减少未知数的个数或者增加方程的数量，利用这些方法可以使用经过大气校正后的辐射值反演出地表温度和发射率。

（1）迭代光谱平滑温度发射率分离法

高光谱热红外数据可以提供更多的关于大气和地表的详细光谱信息，Borel（1997，1998，2008）指出典型的发射率光谱曲线和由大气引入的光谱曲线相比要平滑得多，根据辐射传输方程可以知道，如果没有准确地估计地表温度，相应的地表发射率光谱会显示出大气光谱特征，即在估算出的地表发射率波谱上会出现由大气吸收线引起的锯齿。当反演的地表发射率的光谱平滑度达到最大时，反演出的地表温度和发射率是最准确的。在这一属性的基础上，学者提出了从高光谱热红外数据中反演地表温度和平滑温度发射率的分离法。包括一阶和二阶等各种平滑标准（Borel，2008；Cheng et al.，2010；Kanani et al.，2007；Ouyang et al.，2010）。事实上，在不考虑平滑函数细节的前提下，这些不同的平滑标准都会得出相同的统计结果。

Ingram 和 Muse（2001）分析了这一方法对光谱假设和测量噪声的敏感性，发现对典型地物来说，光谱假设对反演精度的影响是可以忽略的，但这也依赖于信噪比，即当信噪比较高时反演的精度也较高。和之前提到的绝大部分方法类似，该方法需要精确的大气校正，在众多的影响因素中，大气校正对反演结果的影响是最大的。除此之外，反演精度还对热红外通道中心波长的移动及波段宽度较为敏感（Borel，2008）。Wang 等（2011）指出当地表温度与大气下行辐射的有效温度接近时，异常点的出现可能会使得找到令人满意的解变得更加困难。

（2）线性发射率约束法

Wang 等（2011）受到最初由 Barducci 和 Pippi（1996）提出的灰体发射率法的启发，提出了利用经过大气校正的高光谱热红外数据同时反演地表温度和发射率的新的 TES 算法。这一算法假定发射率光谱可以被分为 M 个部分，每一部分的发射率随着波长不同而呈线性变化。在这种情况下，发射率光谱可以通过获取原始发射率为 aa_k，偏差值为

$bb_k (k=1,\cdots,M)$ 的分段线性函数来重新创建。假定方程数 N（对应 N 个通道测量值）大于或等于未知数的个数（$2M+1$，对应 1 个地表温度、M 个 aa_k、M 个 bb_k），那么可以同时获得地表温度和发射率。由于高光谱热红外传感器有许多窄通道，$N \geqslant 2M+1$ 这一条件很容易满足。

Wang 等（2011）进行了一系列的敏感性分析，发现在选择合适的波谱区块长度的情况下，由发射率线性变化的假设引入的误差可以被忽略，波谱区块长度建议选择 10cm^{-1}。该方法与 ISSTES（线性发射率约束法）算法相比，产生的异常点更少，白噪声和大气下行辐射的不确定性对其影响更小。由于大气光谱特征在湿热的大气环境中更为显著，LECTES 方法在湿热大气中的效果要比在干冷大气中好。该方法与迭代光谱平滑温度发射率分离法类似，它只适合于高光谱热红外数据并且需要精确的大气校正。因为分段线性函数可以使未知数的个数极大减少，所以这一方法显示出同时反演地表温度、地表发射率及大气廓线的巨大潜力。Paul 等（2012）提出了一种通过红外大气探测干涉仪（IASI）高光谱数据同时反演地表温度和发射率光谱的方法。在这种方法中，地表温度和发射率反演利用了陆地发射率的初估值，这一初估值是通过非线性统计（神经网络）法将 6 个 MODIS 通道插值到 IASI 高光谱范围中得到的。

6.1.2 卫星反演地表温度的验证

尽管近几十年来提出了很多算法通过卫星热红外数据反演地表温度，但是很少有对这一温度进行验证的报道。这是因为在地面测量卫星像元尺度的地表温度较困难，而且地表温度自身也存在较大的时间和空间上的变化。最近几年，一些研究开始验证通过不同传感器得到的地表温度，其中大多是下垫面均匀的。这些传感器包括 TM/ETM+、ASTER、AVHRR、AATSR、MODIS 和 SEVIRI（Coll et al.，2005，2010，2012；Hulley and Hook，2009；Niclòs et al.，2011；Prata，1994b；Sabol et al.，2009；Sawabe et al.，2003；Sobrino et al.，2007；Sòria and Sobrino，2007；Trigo et al.，2008a，2008b；Wan，2008；Wan and Li，2008；Wan et al.，2002，2004）。其中，有 3 种方法通常被用来验证从遥感数据中反演得到的地表温度值：基于温度的方法（T-based）、基于辐射的方法（R-based）及交叉验证。

6.1.2.1 基于温度的方法

基于温度的方法（T-based）是基于地面的方法，它直接将从卫星数据中反演得到的地表温度与在卫星过境时刻地面测量的温度进行对比（Coll et al.，2005；Prata，1994b；

Slater et al.，1996；Wan et al.，2002；Li et al.，2013；Guillevic et al.，2012）。然而，在实验场测量地表温度是一项复杂且困难的工作，这是由于卫星像元（几平方千米）和实验场传感器（几平方米或几平方厘米）具有尺度差异。此外，不同自然地表覆盖和相应的地表温度及发射率值在公里尺度上的差异很大。Snyder 等（1997）指出均匀并且平坦的容易被测量和特征化的表面可以作为验证站点，包括内陆水、沙、雪和冰（Coll et al.，2005；Guillevic et al.，2012；Sobrino et al.，2004a；Wan，2008）。验证仪器需要观测的区域大小取决于地表像元间的差异以及几个"端元"可以结合的程度，从而获取卫星像元的代表值。这一过程一直很有挑战性，这是因为在影像中很难找到足够的地表，在地面上进行有代表性采样也较为困难。

　　由于在像元尺度上绝大多数地球表面都是不均匀的，高质量的地面温度验证较为缺乏，并且受限于一些均匀的地表类型，如专用的湖泊、海滩、草地和农田（Coll et al.，2005，2010，2009；Wan et al.，2002，2004）。一旦确定了热量均匀的区域，由验证站点地面测量仪器在几个点处测量的地表温度的平均值可以认为是真实的地表温度值，并且可将其与像元尺度上卫星数据反演得到的地表温度值进行比较。许多学者利用这个方法针对不同的传感器进行了地表温度值的验证（Coll et al.，2005，2010；Peres et al.，2008；Sabol et al.，2009；Wan，2008；Wan et al.，2002）。

　　基于温度的方法的主要优势在于它提供了直接评估卫星传感器辐射质量和地表温度反演算法修正大气和地表发射率减小的能力。然而，基于温度的方法验证的成功与否主要取决于地面温度测量的精度以及它们能在多大程度上代表像元尺度上的地表温度。由于地表温度会随着时间和空间变化，在几米或者短时间内，地表温度就可以有 10K 甚至更大的变化，这取决于地表的本质、太阳辐射的级别及当地气象条件，因此该方法通常只限于晚上以及均匀下垫面，如湖泊、浓密草地及植被区域的应用。另外，即使地面观测可以展开，将地面点测量的尺度转换为卫星传感器视场角下的像元尺度也是一个难点，特别是对于不均匀的下垫面会更难（Wan et al.，2002），从而导致仅有少数地表类型适用于基于温度的验证方法，并且使地表测得的地表温度在像元尺度的误差在 1K 以内。实测数据的收集也是一个艰苦的任务，并且通常局限于短期的、专门的实验场测量。因此，基于温度的方法不适用于地表温度产品的全球验证。

6.1.2.2　基于辐射的方法

　　基于辐射的方法（R-based）是一种用来验证基于空间地表温度测量的可选择的高级

方法（Coll et al.，2012；Wan and Li，2008；Wan et al.，2014；Hulley and Hook，2011；Niclòs et al.，2011）。这一方法不依赖于地面测量的地表温度值，它需要的是发射率光谱和测量的大气廓线，其中发射率光谱可以在实验场中通过测量得到，也可以通过地表覆盖类型或辅助数据估算得到，大气廓线则是在卫星过境时在验证站点通过测量得到的（Wan，2008；Wan and Li，2008）。这一方法使用的是由卫星数据反演得到的地表温度和之前提到的实测的大气廓线以及作为大气辐射传输方程的初始输入参数的地表发射率，大气辐射传输模拟的是卫星过境时刻大气层顶的辐射值。利用模拟的大气层顶的辐射值与测量的辐射值之间的差值，可以调整初始的地表温度值，模拟的辐射值可以通过迭代重计算来匹配卫星测量的辐射值。调整后的地表温度值和初始的由卫星数据反演得到的地表温度值的差值便是地表温度反演的精度。更多有关基于辐射的方法的细节可参考 Wan 和 Li（2008）的研究。

基于辐射的方法不需要地面测量的地表温度值，因此它可以应用到地面测量难以开展的地表，并且可以扩展到均匀的、非同温的表面。该方法使得在白天和夜晚对均匀的、非同温的表面而言，卫星反演的地表温度的验证变得可能。该方法的最大挑战是如何使用像元尺度测量和估计的典型地物发射率值、实际大气是否无云、在观测时刻模拟中用到的廓线能在多大程度上代表实际廓线（Coll et al.，2012）。该方法的成功与否取决于大气辐射传输方程、大气廓线及像元尺度地表发射率的精度。

6.1.2.3 交叉验证

这一方法使用经过验证的其他卫星数据反演得到的地表温度来进行验证（Trigo et al.，2008a）。这一验证技术是一种可选的验证地表温度的方法，应用的条件是没有可用的大气廓线或地面测量值，或者基于温度和辐射的验证方法均不能采用的情况下。

交叉验证方法是将已经验证好的地表温度产品作为参考，将需要验证的由卫星数据反演得到的地表温度与由其他卫星反演得到的验证过的地表温度进行比较。由于地表温度存在较大的空间和时间上的变化，因此在比较之前需要进行地理坐标匹配、时间匹配及观测天顶角的匹配（Qian et al.，2013；Trigo et al.，2008a）。这一方法的主要优势在于它可以在没有地面测量值的情况下进行验证，并且只要能获得已经验证好的产品，它可以在世界范围内使用。正如之前所提到的那样，这一方法的精度对两次温度测量的时空不匹配较为敏感，两次观测的时间间隔应该尽可能短。考虑到地表发射率同样依赖于观测天顶角，在不同的观测角下，两个传感器的像元覆盖了不同的区域，包含不同的地表信息，因此只有具有相同或相近的观测天顶角的像元才能被用来进行交叉验证。

6.2　基于"劈窗"算法的地表温度反演方法

针对 MODIS 卫星传感器热红外通道的通道响应函数，基于大气辐射传输模型 MODTRAN 4，以及不同的大气状况、地表状况以及观测角度，模拟各种不同大气和地表状况下的热红外通道卫星遥感数据，建立模拟数据库。根据模拟的数据库，在分析地表温度对大气和地表状况敏感性的基础上，发展适合于中国的 MODIS 数据地表温度通用"劈窗"算法（GSW），建立了地表温度遥感反演模型。

$$T_s = a_0 + \left(a_1 + a_2 \frac{1-\varepsilon}{\varepsilon} + a_3 \frac{\Delta\varepsilon}{\varepsilon^2}\right)\frac{T_i + T_j}{2} + \left(a_4 + a_5 \frac{1-\varepsilon}{\varepsilon} + a_6 \frac{\Delta\varepsilon}{\varepsilon^2}\right)\frac{T_i - T_j}{2} \qquad （6-8）$$

式中，$\varepsilon = (\varepsilon_i + \varepsilon_j)/2$；$\Delta\varepsilon = \varepsilon_i - \varepsilon_j$，$\varepsilon_i$ 与 ε_j 分别是第 i 与第 j 波段的地表发射率；T_i 与 T_j 分别是第 i 与第 j 波段的辐射亮度温度；a_0、a_1、a_2、a_3、a_4、a_5、a_6 分别为"劈窗"算法系数。

6.2.1　地表发射率估算方法

6.2.1.1　估算模型介绍

考虑到 MODIS 传感器具有红光和近红外波段，从而能够计算出 NDVI 值，再加上 NDVI 阈值法的可操作性强，精度也能够满足用户需求，本部分根据水体、冰雪、植被/裸土区 3 个不同区域的划分，发展了针对 MODIS 数据的 NDVI 阈值法反演发射率的反演算法，算法的流程图如图 6.1 所示。

水体、冰雪、植被和裸土在 MODIS 31 波段和 32 波段的发射率值如图 6.2 所示。

6.2.1.2　水体和冰雪的地表发射率

对于水体，波段发射率比较高，且在 11μm 和 12μm 附近变异性较小，因此 MODIS 31 波段和 32 波段的发射率分别设置为 0.992 和 0.987。同理，冰雪在 MODIS 31 波段和 32 波段的发射率分别设置为 0.987 和 0.966。

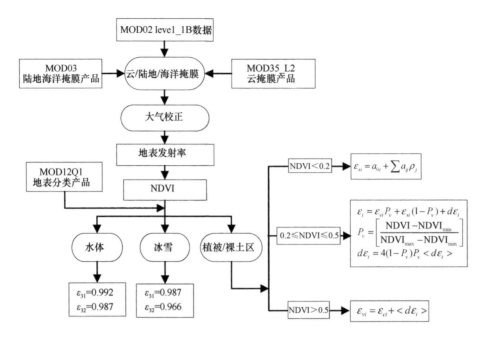

图 6.1　地表发射率 NDVI 阈值法反演流程图

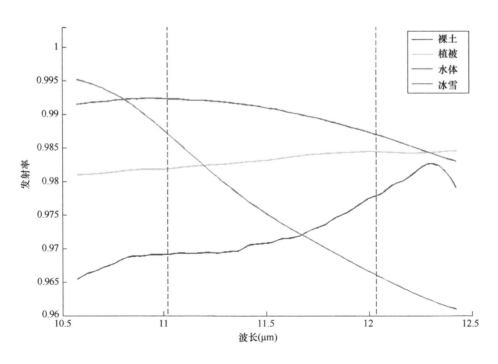

图 6.2　裸土、植被、水体和冰雪发射率均值随波长的变化图

6.2.1.3　植被/裸土区地表发射率

（1）裸土像元

对于裸土像元，即 NDVI<0.2 时，通常通过将通道发射率与可见光红光波段地表反射率建立关系来获取。通过对 ASTER 波谱库中的裸土发射率和红光波段的反射率值比较分析发现，两者之间很难建立一种线性关系，而 MODIS 31 波段和 32 波段的发射率（ε_{si}）分别与 MODIS 1~7 波段的反射率（ρ_j）之间存在较好的线性关系。通过分析，我们分别获取了它们之间的线性模型：

$$\varepsilon_{si} = a_{0i} + \sum a_{ij}\rho_j \ (i = 31, 32; j = 1\sim7) \tag{6-9}$$

式中，a_{0i} 和 a_{ij} 为系数。

图 6.3 给出了 ASTER 波谱库中计算的裸土发射率值与模型预测的发射率值对比散点图。从图中不难看出，模型的计算值与实际值具有较好的相关性，均方根误差 RMSE 都为 0.003，能满足裸土发射率遥感估算的精度需求。

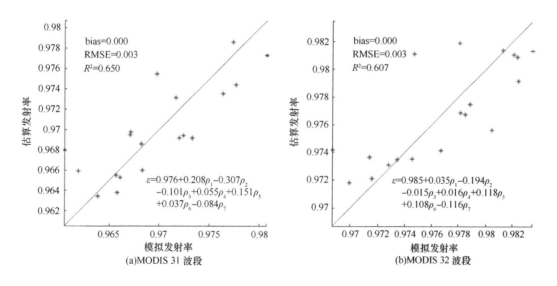

图 6.3　ASTER 波谱库中计算的裸土发射率值与模型预测的发射率值对比散点图

（2）浓密植被覆盖区域

对于浓密植被覆盖区像元，即 NDVI>0.5 时，通常将发射率设定为一个常数。根据

这个思路，考虑到浓密植被发射率的腔体效应，植被覆盖区的地表发射率设置为

$$\varepsilon_{v31} = \varepsilon_{c31} + d\varepsilon_{31} = 0.982 + 0.007 = 0.989 \qquad (6\text{-}10)$$

$$\varepsilon_{v32} = \varepsilon_{c32} + d\varepsilon_{32} = 0.984 + 0.006 = 0.990 \qquad (6\text{-}11)$$

式中，ε_{c31} 和 ε_{c32} 分别是植被在 MODIS 31 波段和 32 波段的发射率均值；$d\varepsilon_{31}$ 和 $d\varepsilon_{32}$ 分别是考虑发射率腔体效应后发射率的增量。这里参考 Peres 和 DaCamara（2005）的研究，选取了 IGBP 14 种下垫面的发射率腔体效应均值，分别为 0.007 和 0.006。

（3）植被和裸土的混合区域

对于植被和裸土的混合区域，即 $0.2 \leqslant \text{NDVI} \leqslant 0.5$，采用下式：

$$\varepsilon_i = \varepsilon_{vi} P_v + \varepsilon_{si}(1 - P_v) + d\varepsilon_i \qquad (6\text{-}12)$$

$$P_v = \frac{\text{NDVI} - \text{NDVI}_{\min}}{\text{NDVI}_{\max} - \text{NDVI}_{\min}} \qquad (6\text{-}13)$$

$$d\varepsilon_i = 4(1 - P_v) P_v \langle d\varepsilon_i \rangle \qquad (6\text{-}14)$$

式中，植被发射率 ε_{vi} 在 MODIS 31 波段和 32 波段分别为 0.982 和 0.984；土壤发射率 ε_{si} 在 MODIS 31 波段和 32 波段分别为 0.969 和 0.978；P_v 是植被覆盖度，由 NDVI 估算而来。化简后 MODIS 31 波段和 32 波段的发射率与植被覆盖度（P_v）之间的关系模型如下：

$$\varepsilon_{31} = -0.028 P_v^2 + 0.041 P_v + 0.969 \qquad (6\text{-}15)$$

$$\varepsilon_{32} = -0.024 P_v^2 + 0.030 P_v + 0.978 \qquad (6\text{-}16)$$

6.2.2　地表温度遥感反演模型劈窗系数的率定

6.2.2.1　模拟数据集的建立

首先要建立模拟数据集对各种情况进行模拟。根据 MODIS 传感器提供的热红外通道光谱响应函数，利用大气辐射传输模型 MODTRAN 4 进行各种地表和大气情况的数据模拟，在模拟时，使用了 TIGR2000（Thermodynamic Initial Guess Retrieval）大气廓线数据库，大气廓线中水汽含量为 $0.1 \sim 6.0 \text{g/cm}^2$，水汽与近地面空气温度的变化关系如图 6.4 所示。

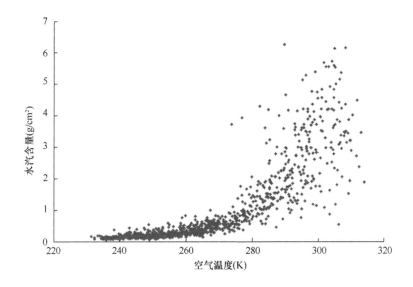

图 6.4　大气水汽含量与空气温度的关系

考虑到观测角度对遥感测量热红外数据的影响，观测天顶角为 0°～60°，同时，对于近地表空气温度 T_0 小于 290K 的情况，地表温度变化范围为 $[T_0–5K，T_0+5K]$，变化步长为 5K，T_0 大于 290K 时，地表温度变化范围为 $[T_0–5K，T_0+15K]$，变化步长也为 5K。两个热红外通道发射率的平均值 ε 变化范围为 $[0.90，1.0]$，步长为 0.02；通道发射率差值 $\varDelta\varepsilon$ 变化范围为 $[-0.025，0.015]$，步长为 0.005。总共模拟了 890 928 种情况。

6.2.2.2　劈窗系数的估算

在系数率定时，将平均发射率 ε 分为两组：一组变化范围为 $[0.90，0.96]$，称为低发射率组；另一组变化范围为 $[0.94，1.0]$，称为高发射率组；大气水汽含量分为 6 组，变化范围分别为 $[0，1.5]$ g/cm^2、$[1.0，2.5]$ g/cm^2、$[2.0，3.5]$ g/cm^2、$[3.0，4.5]$ g/cm^2、$[4.0，5.5]$ g/cm^2 和 $[5.0，6.5]$ g/cm^2；地表温度的变化范围分为 5 组，分别为 $T_s \leqslant 280\,K$、$275K \leqslant T_s \leqslant 295K$、$290K \leqslant T_s \leqslant 310K$、$305K \leqslant T_s \leqslant 325\,K$ 和 $T_s \geqslant 320\,K$。根据上述约束条件及 GSW 劈窗方程式，得到了劈窗算法中的各个系数，劈窗系数确定方法流程如图 6.5 所示。

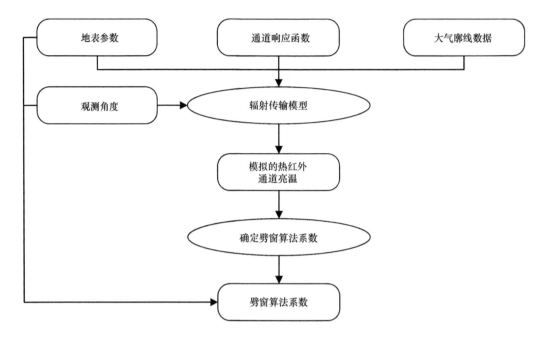

图 6.5　GSW 系数确定流程图

图 6.6 显示了两组发射率情况下（发射率 ε 变化范围分别为[0.90，0.96]和[0.94，1.00]），水汽 W 含量变化范围为[1.0, 2.5] g/cm^2，地表温度变化范围为 290K $\leqslant T_s \leqslant$ 310K 时系数随观测角度的变化情况。

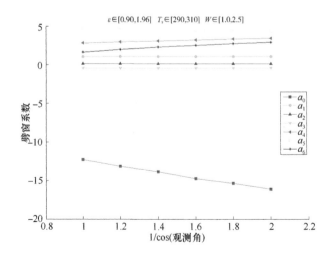

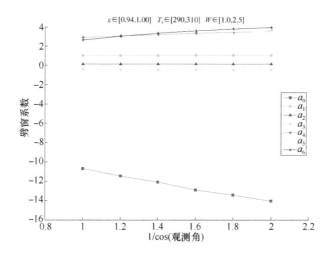

图 6.6　劈窗算法某一特定分组条件下劈窗系数随观测角度变化的关系

横坐标为 6 组大气水分含量，大气水汽含量分为 6 组，变化范围分别为：

[0, 1.5]、[1.0, 2.5]、[2.0, 3.5]、[3.0, 4.5]、[4.0, 5.5]和[5.0, 6.5] g/cm²

　　由于劈窗系数与观测天顶角的余弦的倒数基本上呈线性变化，因此其他角度的劈窗系数可以通过两相邻角度的劈窗系数插值获取。

6.3　全国地表温度数据成果与变化格局

6.3.1　数据成果

　　在确定了地表温度反演模型和模型的系数以后，根据 MODIS 数据，基于地表温度改进模型进行 2000～2010 年全国尺度的地表温度参数监测，获得 2000～2010 年逐月地表温度数据集，相关的生产流程如图 6.7 所示，获得的数据结果如图 6.8 所示。

　　由于无法在所有地表和大气状况下对反演结果进行全面的评估和验证，加之研究表明在某一特定地表和大气组合状况下的地表温度反演精度的真实性检验常常表现出有偏估计，因此这里仅采用模拟数据对建立的反演模型进行分析评价，探讨反演模型的精度。

　　在天顶观测条件下，当发射率变化范围分别为[0.90，0.96]和[0.94，1.00]，水汽含量变化范围为[1.0，2.5] g/cm²，地表温度变化范围为290K ≤ T_s ≤ 310K 时，地表温度估算的误差统计图如图 6.9 所示。由图可知这两种条件下地表温度反演的模型精度都在 0.5K 以内。

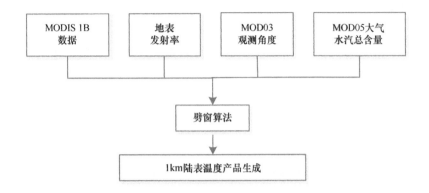

图 6.7　MODIS 数据地表温度反演流程图

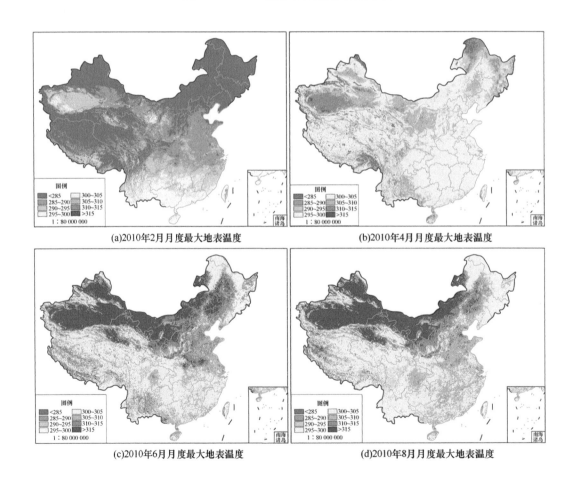

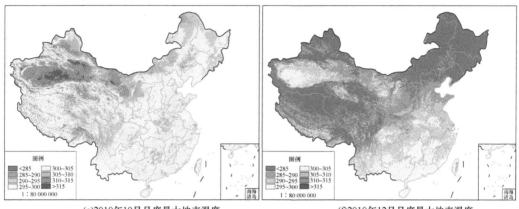

(e)2010年10月月度最大地表温度　　　　　　　　　(f)2010年12月月度最大地表温度

图 6.8　2010 年全国月度最大地表温度数据集（单位：K）

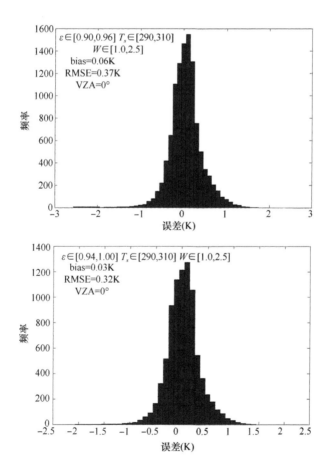

图 6.9　劈窗算法在某一特定分组条件下地表温度估算的误差统计图

各个分组条件下，地表温度估算的均方根误差如图 6.10 所示。由图 6.10 可知，除了观测天顶角较大以及水汽较大的情况以外，大多数情况下地表温度估算的均方根误差都在 1K 以内。

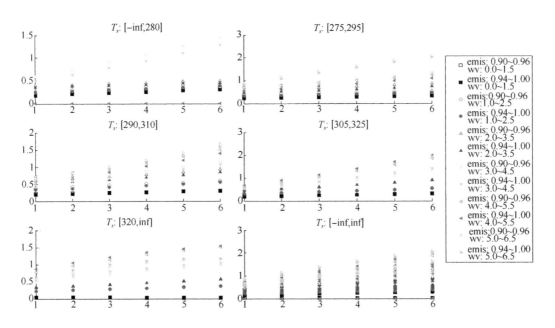

图 6.10　劈窗算法中不同分组条件下地表温度估算的均方根误差（inf 表示无穷，T_s 为温度，中括号为温度范围，emis 为地表发射率，wv 为水汽含量）

6.3.2　全国地表温度时空变化格局

图 6.11 展示了 2010 年全国地表温度年度最大值分布，从中可以看出，地表温度（land surface temperature，LST）与土地覆被具有明显的关联性，南北方森林覆盖地区的地表温度要明显低于华北平原的人工植被区，而且大幅低于北方干旱半干旱区的草地和裸露地表区域。全国地表温度最低的区域分布在青藏高原大部，而在青藏高原西部地区出现了部分地表温度偏高区域，这可能是由于该地区出现草地退化；而地表温度最高的区域分布在新疆南部和内蒙古西部的沙漠地带，这些区域由于没有植被覆盖，地表温度达到全国最高，局部地区甚至超过 320K。2010 年全国林地地表温度最大值的均值为 301.58K，草地为 304.23K，农田为 306K，这进一步定量化地证明了林地覆盖区域的地表温度要低于其他天然或人工植被类型。

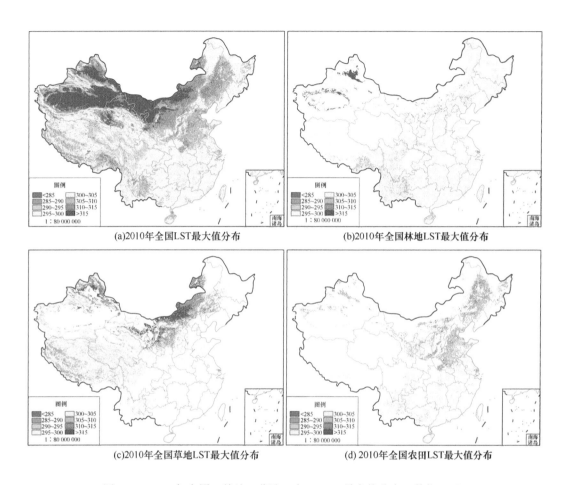

图 6.11　2010 年全国、林地、草地、农田 LST 最大值分布（单位：K）

图 6.12 展示了 2000～2010 年全国 LST 时空变化情况，从中可以看出 LST 出现增长的区域（44.15%）明显要少于减少的区域（55.85%）（斜率大于 0 为增长，大于 0.05为显著增长，小于 0 为减少，小于−0.05 为显著降低）。LST 显著降低的地区主要出现在东北大兴安岭林区、华北太行山区、青海等地区；LST 显著增加的地区主要出现在北方干旱半干旱地区和青藏高原的过度放牧草原区，以及南方大部分区域。林地方面，LST的显著降低主要发生在大兴安岭和秦岭；草地的 LST 显著增加则较为明显，主要分布在内蒙古草原西部、青藏高原中部，这与这些地区的过度放牧有关；农田方面，LST 的显著降低主要在东北和华北地区。

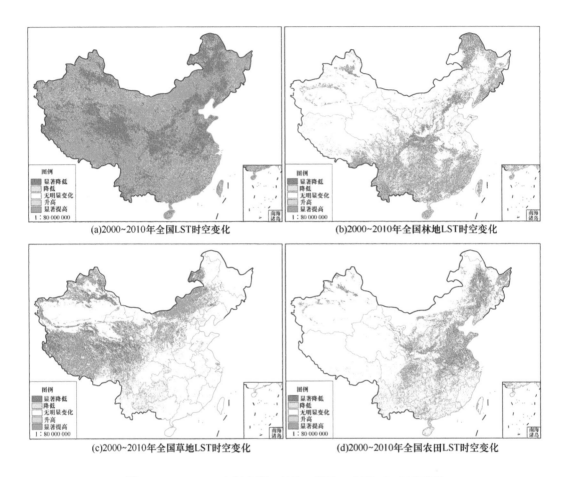

(a)2000~2010年全国LST时空变化   (b)2000~2010年全国林地LST时空变化

(c)2000~2010年全国草地LST时空变化   (d)2000~2010年全国农田LST时空变化

图 6.12　2000~2010 年全国、林地、草地、农田 LST 时空变化

6.3.3　气候变化格局对地表温度变化的驱动分析

从 LST 对温度的影响分析结果（图 6.13）中可以看出，温度和 LST 正相关的区域主要分布在我国东北和西南地区，负相关则主要分布在华北地区和中南部地区，另外在青藏高原东部部分地区存在负相关。具体到林地，大部分林地的 LST 与温度变化呈现正相关趋势，仅在中南部分地区存在少量负相关；内蒙古东部草地 LST 与温度变化呈现强烈正相关，其他地区的草地分别呈现不同程度的正负相关性，但无规律可循；农田 LST 与温度变化相关性呈现一定的地带性，东北地区、华东地区和西南地区呈现正相关，而华南和华北地区负相关居多。

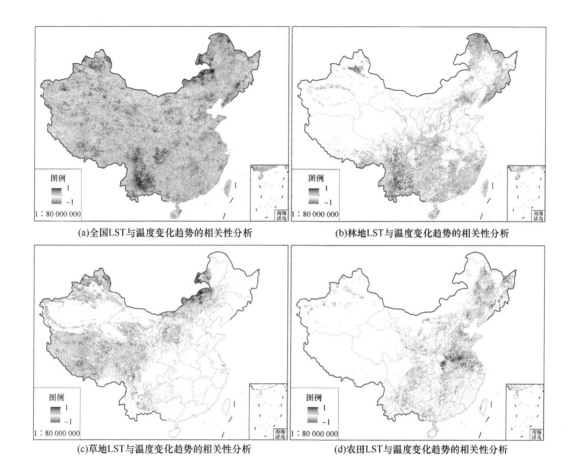

(a)全国LST与温度变化趋势的相关性分析　　(b)林地LST与温度变化趋势的相关性分析

(c)草地LST与温度变化趋势的相关性分析　　(d)农田LST与温度变化趋势的相关性分析

图 6.13　LST 与温度变化趋势的相关性分析

　　对于降水与 LST 变化趋势的相关性（图 6.14），全国大部分地区呈现负相关，仅在东北北部、华东和云南部分地区出现了正相关，较大的负相关出现在北方干旱半干旱区域和青藏高原东部地区，这些地区的草地主要受到降水的影响，因此降水越多，植被越好，LST 就会偏低。大多数林地 LST 与降水的趋势呈现负相关，只在云南南部地区的热带雨林存在一些较高的正相关；草地 LST 大多也与降水呈现负相关，只在青藏高原西部存在一定的正相关；农田 LST 大多也与降水呈现负相关，正相关主要出现在淮河流域周边。

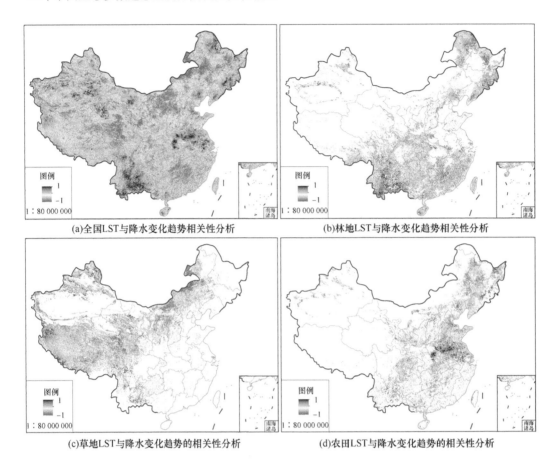

(a)全国LST与降水变化趋势相关性分析

(b)林地LST与降水变化趋势相关性分析

(c)草地LST与降水变化趋势的相关性分析

(d)农田LST与降水变化趋势的相关性分析

图6.14 LST与降水变化趋势的相关性分析

6.4 小 结

地表温度反演是科学家公认的一个病态问题。从普朗克方程可以看出，某个通道接收到的辐射能量是温度和发射率的函数。因此，N个通道观测的辐亮度，总有$N+1$个未知数（N个发射率和1个温度），温度和发射率始终耦合在一起，其中任何一个物理量的确定需要以另一个物理量的确定为前提（Becker and Li，1995），这种病态方程求解成为地表温度反演的难点之一。另外，地表观测到的辐亮度除了包含地表自身发生辐射以外，还有大气下行辐射的反射分量。由此可见，地表温度是解决地表自身发射辐射和大气下行辐射耦合问题的关键参数，必须需要发射率的先验知识才能够改正地表发射辐射，进而反演地表温度。此外，离开地表的辐射能将经过大气被传感器接收，大气自身的吸收和辐射又会影响进入传感器视场的辐射能量。这几个过程叠加在一块，使地表发射率的反演更为复杂。

　　本章在假定发射率已知的情况下，根据地表发射率、地表温度与空气温度之差的变化特点，基于相邻通道大气光谱吸收差异，通过合理假设和近似，从理论上提出了"劈窗"的概念和方法，消除了大气辐射效应的影响，实现了大气与地表参数的分离以及地表温度的遥感反演。与传统的地表温度反演方法相比，该方法无须输入大气廓线数据即能实现地表温度的遥感反演，摆脱了大气廓线数据对地表温度遥感反演的束缚，并使地表温度的遥感反演首次由有限区域扩展到国家尺度，同时使反演误差由 3～4K 降低到 1K 以内。

参 考 文 献

Atitar M, Sobrino J A. 2009. A split-window algorithm for estimating LST from meteosat 9 data: test and comparison with *in situ* data and MODIS LSTs. IEEE Geoscience and Remote Sensing Letters, 6(1): 122-126.

Barducci A, Pippi I. 1996. Temperature and emissivity retrieval from remotely sensed images using the "grey body emissivity" method. IEEE Transactions on Geoscience and Remote Sensing, 34(3): 681-695.

Barton I J, Zavody A M, O'Brien D M, et al. 1989. Theoretical algorithms for satellite derived sea surface temperatures. Journal of Geophysical Research: Atmospheres, 94(D3): 3365-3375.

Beck R. 2003. EO-1 User guide. https://archive.usgs.gov/archive/sites/eo1.usgs.gov/index.html[2018-8-31].

Becker F. 1987. The impact of spectral emissivity on the measurement of land surface temperature from a satellite. International Journal of Remote Sensing, 8(10): 1509-1522.

Becker F, Li Z L. 1990. Towards a local split window method over land surfaces. International Journal of Remote Sensing, 11(3): 369-393.

Becker F, Li Z L. 1995. Surface temperature and emissivity at various scales: definition, measurement and related problems. Remote Sensing Reviews, 12(3-4): 225-253.

Borel C C. 1997. Iterative retrieval of surface emissivity and temperature for a hyperspectral sensor. Proceedings of the First JPL Workshop on Remote Sensing of Land Surface Emissivity. Pasadena, California: Jet Propulsion Laboratory: 1-5.

Borel C C. 1998. Surface emissivity and temperature retrieval for a hyperspectral sensor. Proceedings of IEEE International Symposium on Geoscience and Remote Sensing (IGARSS). Seattle, WA: IEEE: 546-549.

Borel C C. 2008. Error analysis for a temperature and emissivity retrieval algorithm for hyperspectral imaging data. International Journal of Remote Sensing, 29(17-18): 5029-5045.

Caselles V, Coll C, Valor E. 1997. Land surface emissivity and temperature determination in the whole HAPEX-Sahel area from AVHRR data. International Journal of Remote Sensing, 18(5): 1009-1027.

Chedin A, Scott N A, Berroir A. 1982. A single-channel, double-viewing angle method for sea surface temperature determination from coincident Meteosat and TIROS-N radiometric measurements. Journal of Applied Meteorology, 21(4): 613-618.

Cheng J, Liang S L, Wang J D, et al. 2010. A stepwise refining algorithm of temperature and emissivity separation for hyperspectral thermal infrared data. IEEE Transactions on Geoscience and Remote Sensing, 48(3): 1588-1597.

Coll C, Caselles V. 1997. A split-window algorithm for land surface temperature from advanced very high resolution radiometer data: validation and algorithm comparison, Journal of Geophysical Research, 102(D14): 16697-16713.

Coll C, Caselles V, Galve J M, et al. 2005. Ground measurements for the validation of land surface temperatures derived from AATSR and MODIS data. Remote Sensing of Environment, 97(3): 288-300.

Coll C, Caselles V, Sobrino J A, et al. 1994. On the atmosphericdependence of the split-window equation for land surface temperature. International Journal of Remote Sensing, 15(1): 105-122.

Coll C, Caselles V, Valor E, et al. 2007. Temperature and emissivity separation from ASTER data for low spectral contrast surfaces. Remote Sensing of Environment, 110(2): 162-175.

Coll C, Galve J M, Sanchez J M, et al. 2010. Validation of landsat-7/ETM+ thermal-band calibration and atmospheric correction with ground-based measurements. IEEE Transactions on Geoscience and Remote Sensing, 48(1): 547-555.

Coll C, Valor E, Galve J M, et al. 2012. Long-term accuracy assessment of land surface temperatures derived from the advanced along-track scanning radiometer. Remote Sensing of Environment, 116: 211-225.

Cooper D I, Asrar G. 1989. Evaluating atmospheric correction models for retrieving surface temperatures from the AVHRR over a tallgrass prairie. Remote Sensing of Environment, 27(1): 93-102.

Cristóbal J, Jimenez-Munoz J C, Sobrino J A, et al. 2009. Improvements in land surface temperature retrieval from the Landsat series thermal band using water vapor and air temperature. Journal of Geophysical Research, 114: D08103.

Dash P, Gottsche F M, Olesen F S, et al. 2002. Land surface temperature and emissivity estimation from passive sensor data: theory and practice-current trends. International Journal of Remote Sensing, 23(13): 2563-2594.

Deschamps P Y, Phulpin T. 1980. Atmospheric correction of infrared measurements of sea surface temperature using channels at 3. 7, 11 and 12μm. Boundary Layer Meteorology, 18(2): 131-143.

França G B, Carvalho W S. 2004. Sea surface temperature GOES-8 estimation approach for the Brazilian coast. International Journal of Remote Sensing, 25(17): 3439-3450.

Francois C, Ottle C. 1996. Atmospheric corrections in the thermal infrared: Global and water vapor dependent split-window algorithms-applications to ATSR and AVHRR data. IEEE Transactions on Geoscience and Remote Sensing, 34(2): 457-470.

Gillespie A R. 1995. Lithologic mapping of silicate rocks using TIMS. TIMS Data Users' Workshop. Pasadena, CA: NASA Jet Propulsion Laboratory: 29-44.

Gillespie A R, Abbott E A, Gilson L, et al. 2011. Residual errors in ASTER temperature and emissivity standard products AST08 and AST05. Remote Sensing of Environment, 115(12): 3681-3694.

Gillespie A R, Rokugawa S, Hook S J, et al. 1996. Temperature/Emissivity Separation Algorithm Theoretical Basis Document, Version 2. 4. Maryland, USA: NASA/GSFC: 1-64.

Gillespie A R, Rokugawa S, Matsunaga T, et al. 1998. A temperature and emissivity separation algorithm for advanced spaceborne thermal emission and reflection radiometer (ASTER) images. IEEE Transactions on Geoscience and Remote Sensing, 36(4): 1113-1126.

Guillevic P C, Privette J L, Coudert B, et al. 2012. Land surface temperature product validation using NOAA's surface climate observation networks-scaling methodology for the visible infrared imager radiometer suite (VⅡRS). Remote Sensing of Environment, 124: 282-298.

Hulley G C, Hook S J. 2009. Intercomparison of versions 4, 4.1 and 5 of the MODIS land surface temperature and emissivity products and validation with laboratory measurements of sand samples from the Namib desert, Namibia. Remote Sensing of Environment, 113(6): 1313-1318.

Hulley G C, Hook S J. 2011. Generating consistent land surface temperature and emissivity products between ASTER and MODIS data for earth science research. IEEE Transactions on Geoscience and Remote Sensing, 49(4): 1304-1315.

Ingram P M, Muse A H. 2001. Sensitivity of iterative spectrally smooth temperature/emissivity separation to algorithmic assumptions and measurement noise. IEEE Transactions on Geoscience and Remote Sensing, 39(10): 2158-2167.

Jiménez-Muñoz J C, Cristobal J, Sobrino J A, et al. 2009. Revision of the single-channel algorithm for land surface temperature retrieval from landsat thermal-infrared data. IEEE Transactions on Geoscience and Remote Sensing, 47(1): 339-349.

Jiménez-Muñoz J C, Sobrino J A, Mattar C, et al. 2010. Atmospheric correction of optical imagery from MODIS and reanalysis atmospheric products. Remote Sensing of Environment, 114(10): 2195-2210.

Jiménez-Muñoz J C, Sobrino J A. 2003. A generalized single-channel method for retrieving land surface temperature from remote sensing data. Journal of Geophysical Research, 108(D22), 4688.

Jiménez-Muñoz J C, Sobrino J A. 2006. Error sources on the land surface temperature retrieved from thermal infrared single channel remote sensing data. International Journal of Remote Sensing, 27(5): 999-1014.

Kanani K, Poutier L, Nerry F, et al. 2007. Directional effects consideration to improve out-doors emissivity retrieval in the 3-13 μm domain. Optics Express, 15(19): 12464-12482.

Li Z L, Stoll M P, Zhang R H, et al. 2001. On the separate retrieval of soil and vegetation temperatures from ATSR data. Science in China Series D: Earth Sciences, 44(2): 97-111.

Li Z L, Tang B H, Wu H, et al. 2013. Satellite-derived land surface temperature: current status and perspectives. Remote Sensing of Environment, 131: 14-37.

Llewellyn-Jones D T, Minnett P J, Saunders R W, et al. 1984. Satellite multichannel infrared measurements of sea surface temperature of the N. E. Atlantic Ocean using AVHRR/2. Quarterly Journal of the Royal Meteorological Society, 110(465): 613-631.

Matsunaga T. 1994. A temperature-emissivity separation method using an empirical relationship between the mean, the maximum, and the minimum of the thermal infrared emissivity spectrum. Journal of the Remote Sensing Society of Japan, 14(2): 230-241.

McClain E P, Pichel W G, Walton C C. 1985. Comparative performance of AVHRR-based multichannel sea surface temperatures. Journal of Geophysical Research: Oceans, 90(C6): 11587-11601.

McMillin L M. 1975. Estimation of sea surface temperatures from two infrared window measurements with different absorption. Journal of Geophysical Research, 80(36): 5113-5117.

Mushkin A, Gillespie A R. 2005. Estimating sub-pixel surface roughness using remotely sensed stereoscopic data. Remote Sensing of Environment, 99(1-2): 75-83.

Niclòs R, Caselles V, Coll C, et al. 2007. Determination of sea surface temperature at large observation angles using an angular and emissivity-dependent split-window equation. Remote Sensing of Environment, 111(1): 107-121.

Niclòs R, Galve J M, Valiente J A, et al. 2011. Accuracy assessment of land surface temperature retrievals from MSG2-SEVIRI data. Remote Sensing of Environment, 115(8): 2126-2140.

Ottlé C, Vidal-Madjar D. 1992. Estimation of land surface temperature with NOAA9 data. Remote Sensing of Environment, 40(1): 27-41.

Ouyang X Y, Wang N, Wu H, et al. 2010. Errors analysis on temperature and emissivity determination from hyperspectral thermal infrared data. Optics Express, 18(2): 544-550.

Paul M, Aires F, Prigent C, et al. 2012. An innovative physical scheme to retrieve simultaneously surface temperature and emissivities using high spectral infrared observations from IASI. Journal of Geophysical Research, 117: D11302.

Peres L F, DaCamara C C. 2004. Land surface temperature and emissivity estimation based on the two-temperature method: sensitivity analysis using simulated MSG/SEVIRI data. Remote Sensing of Environment, 91(3-4): 377-389.

Peres L F, DaCamara C C. 2005. Emissivity maps to retrieve land-surface temperature from MSG/SEVIRI. IEEE Transactions on Geoscience and Remote Sensing, 43(8): 1834-1844.

Peres L F, Sobrino J A, Libonati R, et al. 2008. Validation of a temperature emissivity separation hybrid method from airborne hyperspectral scanner data and ground measurements in the SEN2FLEX field campaign. International Journal of Remote Sensing, 29(24): 7251-7268.

Prata A J. 1993. Land surface temperatures derived from the advanced very high resolution radiometer and the along-track scanning radiometer: 1. Theory. Journal of Geophysical Research, 98(D9): 16689-16702.

Prata A J. 1994a. Validation data for land surface temperature determination from satellites. Technical Paper-CSIRO Division of Atmospheric Research, 33: 1-36.

Prata A J. 1994b. Land surface temperatures derived from the advanced very high resolution radiometer and the along-track scanning radiometer: 2. Experimental results and validation of AVHRR algorithms. Journal of Geophysical Research, 99(D6): 13025-13058.

Price J C. 1983. Estimating surface temperatures from satellite thermal infrared data–A simple formulation for the atmospheric effect. Remote Sensing of Environment, 13(4): 353-361.

Price J C. 1984. Land surface temperature measurements from the split window channels of the NOAA 7 advanced very high resolution radiometer. Journal of Geophysical Research, 89(D5): 7231-7237.

Qian Y G, Li Z L, Nerry F. 2013. Evaluation of land surface temperature and emissivities retrieved from MSG/SEVIRI data with MODIS land surface temperature and emissivity products. International Journal of Remote Sensing, 34(9-10): 3140-3152.

Qin Z, Karnieli A, Berliner P. 2001. A mono-window algorithm for retrieving land surface temperature from Landsat TM data and its application to the Israel-Egypt border region. International Journal of Remote Sensing, 22(18): 3719-3746.

Sabol Jr D E, Gillespie A R, Abbott E, et al. 2009. Field validation of the ASTER temperature-emissivity separation algorithm. Remote Sensing of Environment, 113(11): 2328-2344.

Sawabe Y, Matsunaga T, Rokugawa S, et al. 2003. Temperature and emissivity separation for multi-band radiometer and validation ASTER TES algorithm. Journal of the Remote Sensing Society of Japan, 23(4): 364-375.

Slater P N, Biggar S F, Thome K J, et al. 1996. Vicarious radiometric calibrations of EOS sensors. Journal of Atmospheric and Oceanic Technology, 13(2): 349-359.

Snyder W C, Wan Z M, Zhang Y L, et al. 1997. Requirements for satellite land surface temperature validation using a silt playa. Remote Sensing of Environment, 61(2): 279-289.

Sobrino J A, Caselles V, Coll C. 1993. Theoretical split-window algorithms for determining the actual surface temperature. IL Nuovo Cimento C, 16(3): 219-236.

Sobrino J A, Cuenca J. 1999. Angular variation of thermal infrared emissivity for some natural surfaces from experimental measurements. Applied Optics, 38(18): 3931-3936.

Sobrino J A, Jiménez-Muñoz J C. 2005. Land surface temperature retrieval from thermal infrared data: an assessment in the context of the surface processes and ecosystem changes through response analysis (SPECTRA) mission. Journal of Geophysical Research, 110(D16): D16103.

Sobrino J A, Jiménez-Muñoz J C, Balick L, et al. 2007. Accuracy of ASTER level-2 thermal-infrared standard products of an agricultural area in Spain. Remote Sensing of Environment, 106(2): 146-153.

Sobrino J A, Jiménez-Muñoz J C, Paolini L. 2004a. Land surface temperature retrieval from LANDSAT TM 5. Remote Sensing of Environment, 90(4): 434-440.

Sobrino J A, Jimenez-Muñoz J C, Verhoef W. 2005. Canopy directional emissivity: Comparison between models. Remote Sensing of Environment, 99(3): 304-314.

Sobrino J A, Julien Y, Atitar M, et al. 2008. NOAA-AVHRR orbital drift correction from solar zenithal angle data. IEEE Transactions on Geoscience and Remote Sensing, 46(12): 4014-4019.

Sobrino J A, Li Z L, Stoll M P, et al. 1994. Improvements in the split-window technique for land surface temperature determination determination. IEEE Transactions on Geoscience and Remote Sensing, 32(2): 243-253.

Sobrino J A, Li Z L, Stoll M P, et al. 1996. Multi-channel and multi-angle algorithms for estimating sea and land surface temperature with ATSR data. International Journal of Remote Sensing, 17(11): 2089-2114.

Sobrino J A, Raissouni N. 2000. Toward remote sensing methods for land cover dynamic monitoring: application to Morocco. International Journal of Remote Sensing, 21(2): 353-366.

Sobrino J A, Sòria G, Prata A J. 2004b. Surface temperature retrieval from Along Track Scanning Radiometer 2 data: algorithms and validation. Journal of Geophysical Research, 109(D11): D11101.

SobrinoSobrino J A, Coll C, Caselles V. 1991. Atmospheric correction for land surface temperature using NOAA-11 AVHRR channels 4 and 5. Remote Sensing of Environment, 38(1): 19-34.

Sòria G, Sobrino J A. 2007. ENVISAT/AATSR derived land surface temperature over a heterogeneous region. Remote Sensing of Environment, 111(4): 409-422.

Sun D L, Pinker R T. 2003. Estimation of land surface temperature from a geostationary operational environmental satellite (GOES-8). Journal of Geophysical Research, 108(D11): 4326.

Sun D L, Pinker R T. 2005. Implementation of GOES-based land surface temperature diurnal cycle to AVHRR. International Journal of Remote Sensing, 26(18): 3975-3984.

Sun D, Pinker R T. 2007. Retrieval of surface temperature from the MSG-SEVIRI observations: part I. Methodology. International Journal of Remote Sensing, 28(23): 5255-5272.

Susskind J, Rosenfield J, Reuter D, et al. 1984. Remote sensing of weather and climate parameters from HIRS2/MSU on TIROS-N. Journal of Geophysical Research, 89(D3): 4677-4697.

Tang B H, Bi Y Y, Li Z L, et al. 2008. Generalized split-window algorithm for estimate of land surface temperature from chinese geostationary FengYun meteorological satellite (FY-2C) data. Sensors, 8(2): 933-951.

Tonooka H. 2005. Accurate atmospheric correction of ASTER thermal infrared imagery using the WVS method. IEEE Transactions on Geoscience and Remote Sensing, 43(12): 2778-2792.

Trigo I F, Monteiro I T, Olesen F, et al. 2008a. An assessment of remotely sensed land surface temperature. Journal of Geophysical Research, 113(D17): D17108.

Trigo I F, Peres L F, DaCarnara C C, et al. 2008b. Thermal land surface emissivity retrieved from SEVIRI/Meteosat. IEEE Transactions on Geoscience and Remote Sensing, 46(2): 307-315.

Ulivieri C, Castronuovo M M, Francioni R, et al. 1994. A split window algorithm for estimating land surface temperature from satellites. Advances in Space Research, 14(3): 59-65.

Wan Z M, Dozier J. 1996. A generalized split-window algorithm for retrieving land-surface temperature from space. IEEE Transactions on Geoscience and Remote Sensing, 34(4): 892-905.

Wan Z M, Li Z L. 1997. A physics-based algorithm for retrieving land-surface emissivity and temperature from EOS/MODIS data. IEEE Transactions on Geoscience and Remote Sensing, 35(4): 980-996.

Wan Z M, Li Z L. 2011. MODIS land surface temperature and emissivity. In: Ramachandran B, Justice C O, Abrams M J. Land Remote Sensing and Global Environmental Change. NewYork: Springer: 563-577.

Wan Z M, Zhang Y L, Zhang Q C, et al. 2002. Validation of the land-surface temperature products retrieved from Terra moderate resolution imaging spectroradiometer data. Remote Sensing of Environment, 83(1/2): 163-180.

Wan Z M. 1999. MODIS land-surface temperature algorithm theoretical basis document (LST ATBD). Greenbelt MD, USA: NASA/GSFC.

Wan Z M. 2008. New refinements and validation of the MODIS land surface temperature/emissivity products. Remote Sensing of Environment, 112(1): 59-74.

Wan Z, Li Z L. 2008. Radiance-based validation of the V5 MODIS land-surface temperature product. International Journal of Remote Sensing, 29(17-18): 5373-5395.

Wan Z, Zhang Y, Zhang Q, et al. 2004. Quality assessment and validation of the MODIS global land surface temperature. International Journal of Remote Sensing, 25(1): 261-274.

Wang N, Wu H, Nerry F, et al. 2011. Temperature and emissivity retrievals from hyperspectral thermal infrared data using linear spectral emissivity constraint. IEEE Transactions on Geoscience and Remote Sensing, 49(4): 1291-1303.

Watson K. 1992. Spectral ratio method for measuring emissivity. Remote Sensing of Environment, 42(2): 113-116.

第7章 植被地上生物量遥感监测及变化格局

7.1 概 述

生物量是指某一时间单位面积或体积栖息地内所含一个或一个以上生物种，或所含一个生物群落中所有生物种的总个数或总干重（包括生物体内所存食物的重量），是衡量植被生态系统的重要指标；同时，从生态学的角度看，净初级生产力是生产者能用于生长、发育和繁殖的能量值，也是生态系统中其他生物成员生存和繁衍的物质基础，从某种意义上讲，生物量是净初级生产力的累积量。植被地上生物量（above ground biomass，AGB）是指植被在地表上方的生物量，据此可以判断植被群落的总生物量。本章将首先介绍林地和草地地上生物量遥感监测的研究进展，再根据土地覆被数据分别介绍林地和草地植被地上生物量的监测方法。本书涉及的农田地上生物量监测方法和成果来自中国科学院遥感与数字地球研究所数字农业研究室的CropWatch农情监测云平台（http://www.cropwatch.com.cn），相关研究进展和详细方法在本书中不再赘述。

7.1.1 森林地上生物量遥感监测方法研究进展

森林生物量是表征森林生态系统碳储量的重要参数，已被国际林业研究组织联盟（International Union of Forestry Research Organization，IUFRO）列为重要的监测指标之一（Zhao and Zhou，2005）。森林生物量估测的传统方法主要利用高密度样地调查，通过树种单木异速生长方程，进行样地或小班尺度的估算。大范围的森林地上生物量估算则主要基于林业资源清查数据和蓄积量转换方法，需要大量的人力、物力投入，最后得到的通常是森林地上生物量总量，无法反映其空间分布。遥感技术具有宏观、快速、经济及周期观测等优势，可以获取大范围空间连续的森林水平和垂直结构信息，监测与森

本章执笔人：曾源，赵旦，李飞，傅黎

林地上生物量相关的环境变量（温度、降水、地形等），已被广泛应用于不同时空尺度的森林地上生物量监测。基于光学遥感的森林地上生物量监测研究起步较早，覆盖的时空范围较广，但光谱信号穿透性较差且易饱和。激光雷达技术可以获取森林垂直结构信息，为高精度空间连续的森林地上生物量估算提供了一种全新的手段，但其离散特征限制了其在大范围研究区上的应用和推广。自 20 世纪 70 年代起，光学遥感数据已被成功应用于植被生物量研究。在可见光至近红外波段，植被的反射光谱特征与其他地物具有显著的区别，且不同植被类型及同种植被不同的生长状态，反射光谱也存在一定差异，因此可以利用植被的光谱特征来估算植被的生理结构参数。

7.1.1.1 基于光学遥感的森林地上生物量遥感监测方法

（1）数据源

低分辨率数据具有覆盖范围广的特点，能进行全球、大洲或者国家、区域的大尺度森林生物量估算，费用低，具有高效经济的优势。低空间分辨率数据主要包括 AVHRR、MODIS、MERIS 等。Hame 等（1997）结合地面调查、Landsat TM 与 NOAA/AVHRR 数据，对芬兰北部地区的森林碳储量及其时空格局进行了研究。Wessels 等（2006）采用 AVHRR 数据估测了南非克鲁格国家公园的森林生物量。Zheng 等（2007）利用 MODIS 数据和 FIA（美国森林资源清查与分析）调查数据估算了美国密歇根州、明尼苏达州和威斯康星州的森林地上生物量。Le Maire 等（2011）根据 MODIS 数据监测了巴西圣保罗州桉树的生物量。

中分辨率数据可以更加准确、方便地提取不同森林类型的群落特征等信息，可以较好地估算区域尺度森林地上生物量，采用的数据源多为美国陆地卫星 Landsat TM、中国环境卫星 HJ-1A/B 等。Foody 等（2003）和 Lu（2005）利用 TM 数据对巴西、马来西亚和泰国的热带森林生物量进行估测，发现基于 TM 的植被指数与森林生物量有很强的相关性。李锦业等（2009）基于 Landsat TM 影像和地面调查数据，分别建立了三峡库区阔叶林、针叶林、针阔混交林、灌木林和草本植被 5 种植被类型的地上生物量遥感估算模型。娄雪婷等（2010）利用 HJ1A-CCD2 影像估算了延河流域的阔叶林地上生物量，结果与地面观测值较为一致，平均偏差为 $5.38t/hm^2$。

高分辨率数据可以充分利用空间特征、纹理信息，重访周期短，部分高分辨率影像还能通过立体匹配获取三维信息等，可为精准森林资源调查与监测提供基础数据。Read

等（2003）利用 IKONOS 高分辨率影像分割冠幅，发现分割的树冠冠幅面积与胸径的 R^2 达 0.84，通过树冠估算胸径，并进行森林生物量的预测。黄金龙等（2013）利用 IKONOS 影像提取单木树冠阳性冠幅（positive crown area，PoCA）信息，分别建立 PoCA 与实测 AGB 非线性模型，估算针叶林和阔叶林的地上生物量。Fuchs 等（2009）根据 QuickBird 影像和野外样点调查数据建立 K 最近邻方法和线性回归模型来预测森林生物量。刘芳等（2015）基于 ZY-3 卫星数据和样地调查数据，利用纹理、光谱和地形因子建立北京市森林生物量估测模型，针叶林和阔叶林模型的相关系数分别为 0.82 和 0.71。高分辨率影像大多属于商用遥感数据，价格较高，大面积应用的成本较高且数据量大。

高光谱数据具有窄波段、多通道、"图谱合一"的特点，可以很好地描述植被特征。高光谱主要是利用导数光谱对植被指数与生物量进行估算和分析（汤旭光等，2012）。张良培等（1997）利用高光谱遥感数据对冠层吸收的光合有效辐射（APAR）、叶面积指数（LAI）和生物量进行了估算。Thenkabail 等（2004）对比了高光谱 Hyperion 和多光谱 IKONOS、ALI、ETM+数据在非洲热带雨林生物量估算中的应用，发现高光谱数据能解释更多（36%～83%）的生物量信息。Fatehi 等（2015）基于 APEX 成像光谱仪数据和线性回归算法，采用离散场和连续场两种制图方法估算了复杂高寒生态系统森林和草地地上生物量，其中森林 AGB 估算的 R^2 分别为 0.64 和 0.85。

然而，Lu 等（2006）认为低空间分辨率（如 AVHRR 和 MODIS）的光学遥感数据应用十分有限，混合像元、地面实测数据与图像空间分辨率的尺度差异，使得地面样本数据与遥感影像的匹配建模和验证非常困难。Foody 等（2001）的研究也指出应用光学植被指数反演生物量面临辐射定标和光谱饱和问题。

（2）估算方法

目前利用光学遥感数据进行森林地上生物量估算的方法可大致分为统计模型和物理模型两类。统计模型法是通过建立样地生物量与遥感影像反射率、植被指数、转换图形和纹理、气候、地形特征等变量的关系，按像元计算生物量的方法（国庆喜和张锋，2003）。物理模型法是指利用二向性反射与森林生物量之间的关系由遥感信息反演估算森林生物量的方法（娄雪婷等，2011）。应用于森林地上生物量估算的物理模型主要有辐射传输模型（radiative transfer model）和几何光学模型（geometric optical model）。

1）统计模型法。统计模型法主要包括参数法和非参数法，前者主要指回归分析（Fleming et al.，2015；梁顺林等，2013），后者主要包括空间插值法、分类或分割法、决策树、K 最近邻法、人工神经网络法、支持向量机、随机森林和最大熵法（Lu et al.，2014）。

①回归分析。回归分析是最常用的参数法，反射率、植被指数、主成分因子、纹理、地形等都是回归拟合森林地上生物量的潜在变量。郭志华等（2002）分析 Landsat TM 影像波段组合及植被指数与样方内材积的关系，建立了阔叶林和针叶林材积的光谱估算模型。Rahman 等（2008）利用 Landsat ETM 反射率和植被指数估算了孟加拉国东南部热带森林的生物量。徐天蜀等（2007）利用印度卫星 IRS-P6 的 LISS3 数据，提取了 4 个波段反射率、6 个植被指数及地形等共 13 个变量，采用主成分分析法，以前 5 个主成分作为自变量建立简化的森林生物量估测模型，去除因子间的线性相关性，提高了森林生物量估测精度（R^2=0.71）。曾晶和张晓丽（2016）利用 GF-1 影像的植被指数、波段组合因子及地形因子等 19 个因子，与地面调查数据建立多元线性模型，估算了崂山林场的林分生物量。Liu 等（2014）利用长时间序列 Landsat 数据获取的林龄和植被指数，结合相关分析和回归模型，估算了"三北"防护林地区榆林市的森林地上生物量（R^2=0.7125）。

回归分析直观易懂，且对遥感影像的操作相对简单，在影像光谱或空间分辨率足够高的情况下，在小范围内估算精度较高。然而基于特定区域实测数据的统计回归关系，在推广应用方面受到限制。相对而言，以数据为驱动的非参数方法在构建复杂非线性生物量估算模型中具有更大的优势，但非参数模型结构大多不可见，物理意义不明确，即"黑箱"操作。

②非参数法。空间插值、图像分割和机器学习是目前常用于森林地上生物量估算的非参数方法。空间插值法可以实现从采样点到栅格化的森林地上生物量空间连续分布拓展，如利用与生物量相关的多因子协同克里金插值得到区域生物量分布（闫海忠等，2011）。图像分割方法是将属性接近的斑块赋予统一的生物量值，得到生物量分布专题图（梁顺林等，2013）。为提高模型的非线性预测能力，学者将机器学习与数据挖掘类方法应用于森林地上生物量估算研究。下面简要介绍光学遥感森林地上生物量估算中常用的 6 种机器学习方法（表 7.1）。

K 最近邻（K-nearest neighbor，KNN）法是依据特征空间中大多数最邻近样本，确定某样本属性或类别的方法（徐新良和曹明奎，2006）。基于 KNN 的森林地上生物量估算的基本思路是根据待测像元与实测样本所在像元间的光谱距离，得到与待测像元最近的

表 7.1　6 种非参数法在森林地上生物量估算中的应用

非参数法	优点	缺点	应用	参考文献
K 最近邻法	无须训练；参数间的一致性好；避免样本的不平衡问题，更适用于类型交叉和重叠较多的样本	计算量大；耗时	芬兰；瑞典；东南亚热带森林；吉林省西南部；黑河流域上游；大兴安岭	Katila and Tomppo，2001；Fazakas et al.，1999；Rahman，2006；陈尔学等，2008；郭云等，2015；戚玉娇和李凤日，2015
人工神经网络法	大规模并行处理；非线性预测；很强的自学习能力；全局优化	初始权重选择难；收敛速度慢；过度拟合；对输入数据预处理要求高，泛化能力弱	婆罗洲热带雨林；小兴安岭南坡；吉林汪清林区；加拿大	Foody et al.，2001；国庆喜和张锋，2003；王立海和邢艳秋，2008；孙小添，2014；Fraser and Li，2002
支持向量机	克服数据不足和过学习的问题；在解决小样本和高维数据中具有独特优势	选择的核函数可能会对估测结果造成误差；高维数据的冗余信息降低预测精度	黑河上游；泰山；凉水国家级自然保护区	Guo et al.，2014；董金金，2014；Meng et al.，2016
决策树（回归树）	对噪声不敏感；允许变量间的非线性；训练复杂度低、预测快、模型易于展示	只能选定特定的训练数据；过度拟合训练集	美国	Blackard et al.，2008
随机森林	可处理高维数据可作为特征选择工具	无法作出超出训练集数据范围的预测，对噪声较大的分类或回归问题会过度拟合；级别划分较多的属性会对随机森林产生更大的影响	非洲地区森林 AGB；小兴安岭地区；西双版纳橡胶林	Baccini et al.，2008；吴迪和范文义，2015；王云飞等，2013
最大熵法	利用已知的自相关函数值来外推未知的自相关函数值；特征选择灵活，无须独立性假定；可包含许多属性	计算量大；物理机理不明确	全球热带区域；大兴安岭	Saatchi et al.，2011；穆喜云等，2015

K 个样本，对其 AGB 加权求平均（郭云等，2015）。自 1990 年以来，芬兰国家森林调查局将 KNN 技术应用于国家林业调查（Katila and Tomppo，2001）。Fazakas 等（1999）应用 KNN 方法，利用 Landsat TM 数据和瑞典国家林业调查样地数据进行森林生物量估算，发现马氏距离在森林类型变化较大的瑞典中部更为适用。Rahman（2006）利用 Landsat ETM+和样地数据，首次尝试将 KNN 用于热带森林地区的 AGB 估测。郭云等（2015）结合 RF（随机森林）进行 KNN 算法优化，发现在样本有限的情况下，相比多元线性逐步回归，KNN 算法更适于黑河上游青海云杉的森林 AGB 估测。戚玉娇和李凤日（2015）基于森林清查样地数据和 Landsat5 TM 影像，利用 KNN 方法估算大兴安岭地区森林地上碳储量，发现估测结果存在明显的高值区低估和低值区高估现象。

人工神经网络（artificial neural network，ANN）是一种模仿大脑神经网络结构和功能的数学模型，具有大规模并行处理、全局优化和很强的自学习能力，已经成为强大的非线性信息处理方法。目前，应用和研究最多的是采用反向传播算法［BP（反向传播神经网络）算法］训练权值的多层前馈神经网络（图7.1）。

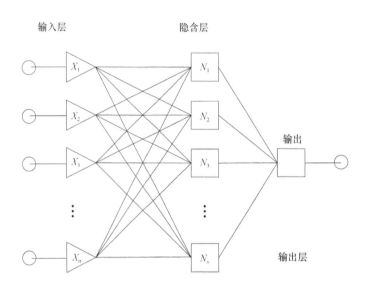

图 7.1　多个输入变量、一个隐含层与一个输出结果的 ANN 结构

　　Hecht-Nielsen（1989）证明一个 3 层网络可以模拟任何复杂的非线性问题，因此，3 层 BP 神经网络模型被广泛应用于生物量的估算。Foody 等（2001）利用 TM 波段数据，基于 MLP（多层感知神经）网络估算了婆罗洲热带雨林地区的地上生物量，发现估算结果与实测胸径、树高等具有很强的相关性。国庆喜和张锋（2003）利用 TM 影像和森林资源清查数据构建了多元回归和 BP 神经网络模型来估测大兴安岭南坡森林生物量，结果表明 BP 神经网络模型的 MSE（均方误差）比回归模型低 19%。王立海和邢艳秋（2008）以地形、立地类型、TM 各波段的灰度值、植被指数等因子作为自变量，发现在森林生物量与遥感因子相关性不显著的情况下，BP 神经网络是建立森林生物量非线性遥感模型的可靠方法。孙小添（2014）基于 MODIS 光谱参数和二向性反射数据，构建多元回归和 BP 神经网络模型来估算生物量，发现 BP 神经网络模型的预测精度更高。但 Fraser 和 Li（2002）的研究表明基于 ANN 模型，结合加拿大林业调查和 SPOT VEGETATION 反射数据，估算陆地生态区生物量的效果不好（RMSE=32t/hm^2）。

　　支持向量机（support vector machine，SVM）是将训练样本映射到高维线性空间的一种降维方法。通过在高维空间中求最优分类面，每个中间节点对应一个支持向量，输出节点的组合，在解决小样本、非线性及高维问题中具有优势（郭颖，2011）。SVM 可分为支持向量分类机（support vector classifier，SVC）和支持向量回归机（support vector regression，SVR）两类。近年来 SVR 逐渐应用于生物物理参数和生物量监测研究。Guo 等（2014）利用 Landsat TM 数据采用 KNN 和 SVR 的方法对黑河流域上游地区进行森林地上生物量估测。董金金（2014）采用粒子群优化算法-SVM 模型对泰山景区森林地上生物量进行估算，模型精度优于多元回归、KNN 和遗传算法 GA-BP 神经网络。Meng 等（2016）利用高空间分辨率航空照片的基于傅里叶变换纹理序列纹理因子，结合 SVM 算法，获取了中国凉水国家级自然保护区高精度的森林地上生物量（R^2=0.88）。

　　决策树（decision tree，DT）是通过对训练集的学习进行预测的方法，可以看作一种树状预测模型。一般来说，决策树分类使用的变量为离散型，而决策树统计回归使用的变量为连续型。Blackard 等（2008）利用 Cubist 决策树回归方法对样本数据分类建模并获得拟合度较高的估测模型，估算了美国森林的 AGB。

　　随机森林（random forest，RF）本质上是传统决策树算法的扩展，通过将多个决策树进行组合来提高预测精度（Breiman，2001）。基本思路是通过 bootstrap 有放回的多次重复自抽样获得多个随机样本，并对每个 bootsrap 样本建立相对应的决策树，然后组合多棵决策树的预测，构成随机森林。Baccini 等（2008）基于 MOIDS 反射率和实测生物量数据，通过 RF 构建了森林地上生物量估算模型，首次反演了非洲地区森林的 AGB。吴迪和范文义（2015）利用随机森林筛选出 5 个最终参与建模的预测变量，估测了小兴安岭地区森林 AGB，发现该方法构建生物量空间尺度扩展模型效果较好。王云飞等（2013）基于植被指数，采用随机森林算法反演西双版纳景洪市橡胶林地上生物量，发现生物量密度较低的区域结果较好，对于生物量超过 200t/hm² 的地区，反演结果偏低。

　　最大熵（maximum entropy，MaxEnt）模型是从不完全样本得到预测值的通用统计预测方法。其基本思想是通过有限的样本估算目标的概率分布函数，约束条件是每个特征的预期值应符合其经验平均值。在基于遥感的生物量估算中，遥感影像的光谱信息可以作为环境约束信息。Saatchi 等（2011）基于 14 个遥感变量 [5 个 NDVI 指数、3 个 LAI 指数、4 个 QSCAT（快速散射计）指数和 2 个 SRTM（航天飞机地形测绘任务）指数]，采用最大熵模型生成了全球热带区域的森林生物量分布图。穆喜云等（2015）利用最大熵模型算法，将从 HJ 卫星和 Landsat TM 数据中提取的遥感特征因子与随机森林算法筛选出的环境变量组合，同时加入森林结构参数，对森林地上生物量进行了估测。

2）物理模型法。辐射传输模型法的理论基础是植被辐射传输理论，把连续植被冠层视为水平均匀散射的整体介质，测定垂直分层中的叶面积和光强，建立光线辐射传输与植被冠层结构参数的联系（张小全等，1999），据此反演冠层内的结构（包括树高、郁闭度、LAI 等）并输出生物量。SUITS 模型（Suits，1972）是最早用于植被遥感的辐射传输模型。经典的 SAIL 模型（Verhoef，1984）是在其基础上考虑了 LAI、LAD 两个结构参数及冠层组分的透射、反射、土壤反射 3 个光谱指数扩展而来的，对植被反射过程的描述与实际接近，被广泛应用于遥感数据地表参数反演中，但通常计算复杂，且基于植被冠层为水平均匀散射介质的假设。然而，森林植被在遥感像元尺度多表现为非连续分布。Huemmrich（2001）将几何光学模型和 SAIL 模型结合，发展了 GeoSAIL 模型，将 SAIL 模型有效地应用于非连续植被冠层反射率模拟中。此外，Pinel 等（1996）考虑了植被冠层和土壤背景的各向异性，形成了 DART（离散各向异性辐射传输）三维辐射传输模型，并应用于 MODIS 叶面积指数的反演。Koetz 等（2007）以激光雷达结合光学遥感数据的不同波段组合，修正了 GeoSAIL 模型的自由参数，反演植被冠层 LAI、植被覆盖度、树高等参数，以此估算森林地上生物量。

几何光学模型假设地表被观测地物（树冠等）有一定的几何形状，遥感像元反射率由四部分组成，即光照树冠、光照背景、阴影树冠和阴影背景，理论基础是像元分解理论。其代表模型是 Li-Strahler 几何光学模型（Li and Strahler，1985）。通过引入间隙率和多次散射的改进，几何光学模型已发展为一种融合几何光学-辐射传输（GO-RT）的混合模型（Li and Strahler，1988；Li et al.，1995）。几何光学模型是植被几何结构和空间分布的模型化，用结构参数（株密度、树冠大小、高度等）表达几何结构，可用于估算森林地上生物量。Zeng 等（2007，2008a）在三峡库区运用 Li-Strahler 几何光学模型反演森林冠层郁闭度及冠幅。Chopping 等（2008）在亚利桑那州及墨西哥基于 MISR 数据利用简单几何光学模型反演森林冠层郁闭度和植被高度，通过线性回归估算森林地上生物量，其结果与美国农业部林业调查数据的相关系数达 0.81。

物理模型法可以从机理上描述地表的方向性反射和辐射特性，以电磁波与植被相互作用机制为基础，不受植被类型的影响，因而模型的稳定度高、普适性好。但通常输入参数较多，计算复杂，且容易出现病态反演问题（Laurent et al.，2011）。

7.1.1.2 基于激光雷达的森林地上生物量遥感监测方法

20 世纪 90 年代以来，随着全球定位系统（global positioning system，GPS）和惯性

测量装置（inertial measurement unit，IMU）成功应用于机载遥感平台的姿态控制和定位，激光雷达（light detection and ranging，LiDAR）技术迅速发展。激光雷达是通过传感器所发出的激光来测定传感器与目标物之间距离的主动遥感探测技术。根据搭载平台的不同，激光雷达可分为机载雷达和星载雷达；根据光斑的大小分为小光斑 LiDAR（光斑直径小于 1m）和大光斑 LiDAR（直径为 8～70m）（段祝庚和肖化顺，2011）。相比普通光学传感器只能获取森林水平分布信息，激光雷达技术能够直接快速准确地获取林冠复杂的三维结构参数信息，已成功用于直接或间接反演树高、郁闭度、叶面积指数、蓄积量和生物量等关键参数（庞勇等，2005）。

（1）森林结构参数提取方法

1）树高。树高是森林调查中最重要的测树因子之一，能反映森林材积和林地质量，是森林地上生物量估算的主要参数。树高可以直接从激光雷达数据中得到，其他的森林参数如胸径、胸高断面积、蓄积量、生物量等可以通过树高推算得到。基于小光斑 LiDAR 数据提取的树高参数分为单木尺度树高和林分尺度树高统计量。树高可以从离散点云中提取，也可以从 CHM（冠层高度模型）中提取。高度统计量是重要的生物量建模变量，主要有所有回波、植被回波的百分位高度、平均值、最大值、中位数等（Nilsson，1996；Nelson et al.，1997；Lim and Treitz，2004）。大光斑 LiDAR 是从回波能量超过某一噪声阈值开始，以一定的时间间隔进行记录的波形数据，森林冠层高度一般是通过计算激光雷达第一回波信号的前沿与最后回波峰值的差即可得到（图 7.2）。

大量研究表明，利用 LiDAR 估算树高的精度可达 0.3～3.0m。Andersen 等（2006）利用机载 LiDAR 测量的树高比实际树高低 0.73～1.12m，并且松木树高的精度（−0.43m）高于杉木（−1.05m）。刘清旺等（2008）利用高采样密度的机载激光雷达数据，对单株木树高（$R^2 = 0.34$）和样地平均树高（$R^2 = 0.97$）进行了估算。庞勇和赵峰（2008）利用机载 LiDAR 数据，利用高程归一化的植被点云上四分位数高度，与实地测量的树高建立回归模型，得到山东省泰安市徂徕山林场平均树高，研究发现对于较低密度的点云数据，使用分位数法可以较好地进行林分平均高的估计。利用 GLAS 波形特征参数估算森林平均高度的模型较多，如 Lefsky 等（2005，2007）将地形指数、波形前缘长度和波形后缘长度引入植被树高估算模型；Yang 等（2015）建立了基于波形长度、波形前缘长度和后缘长度、地形指数及其参数组合的森林冠层高度模型，模型的拟合精度较高（$R^2 = 0.759$）。

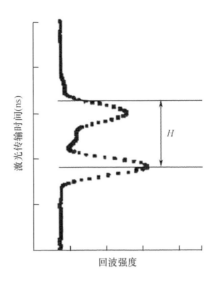

图 7.2 大光斑激光雷达计算森林高度示意图

2）冠幅。树冠通过光合、蒸腾和蒸散作用与外界进行物质及能量的交换，反映森林的生长状态，可以结合树高利用相关生长方程进行材积、蓄积量、生物量等森林参数估算。单木尺度上冠幅提取一般需要进行单木点云分割和单木识别，按照分割使用的数据源不同分为基于 CHM 分割法、基于 DOM（数字正射影像）分割法和基于点云分割法。基于 CHM 分割法首先将滤波、分类后的点云数据插值生成 DSM（数字表面模型）、DEM（数字高程模型），二者求差得到 CHM，然后对栅格 CHM 按计算机图形学方法进行区域分割，分割方法的代表算法有分水岭分割算法（watershed segmentation）（Persson et al.，2002；Chen et al.，2006）和局部最大焦点滤波法（local maximum focal filter）（Popescu，2007）等，分割的准确度受点云密度、CHM 分辨率的影响较大，同时也受插值算法的影响。基于 DOM 分割法利用森林冠层的辐射信息进行冠幅分割（Suárez et al.，2005），但受太阳辐射和正射纠正误差的影响，且机载 LiDAR 扫描时侧视角较大时误差较大。基于点云分割法是根据单木树冠在原始点云的集群特征进行分割，即单木树冠的顶部高于冠幅边缘，并且树冠之间存在低谷的特征（Popescu，2002），这种方法可避免因插值生成 DEM 和 DSM 而引入误差。Li 等（2012）利用小光斑离散点云对加利福尼亚州内华达山区的混交针叶林进行单木分割，单木识别率达 86%，准确率为 94%。

3）胸径。胸径（diameter at breast height，DBH）是立木测定的最基本因子之一，与树种、树龄、生长环境条件等有关，与树高、蓄积量、生物量等关键参数存在着很好的相关关系，这种关系为利用激光雷达反演的高度信息进行森林生物量建模提供了理论基础（庞勇等，2005）。Maltamo 等（2004）利用单木树高和树冠，通过对数回归方程计算了单木胸径。Popescu（2007）基于单木树高和冠幅比较了非线性和线性回归，估测了单木胸径的精度，结果显示线性回归模型能解释单木胸径 90%的变异性。但该方法因为经过多次递推计算，其结果往往误差较大。Vauhkonen 等（2010）利用 K 最近邻法和随机森林法直接通过点云数据提取胸径信息，但机载激光雷达自上而下的扫描方式致使其估算精度不高。

4）叶面积指数。叶面积指数（leaf area index，LAI）是表征植被冠层结构最基本的参数之一，影响冠层的能量、水分平衡和碳固定，进而决定植被的净初级生产力和生态系统的整体功能，其定义为单位面积上总叶面积的一半。传统 LAI 测量方法有利用鱼眼镜头、LAI2000 等辐射分析仪直接计算，利用异速生长方程、凋落物取样分析或者光学遥感数据间接推算。利用 LiDAR 数据估算 LAI 可以获取 LiDAR 数据覆盖区域的任意位置 LAI，不存在因鱼眼相机摄影位置而产生的误差。利用机载 LiDAR 提取的冠层高度及其统计量与样地实测 LAI 建立线性回归模型，可估测森林 LAI。激光拦截指数和激光穿透指数等比值参数也可用于 LAI 的估测（Barilotti et al.，2006）。Farid 等（2008）利用机载 LiDAR 数据提取的冠层高度、树高及平均高与样地实测 LAI 建立线性回归模型，用于评估不同龄级的三角叶杨的生物物理属性，结果显示 LiDAR 估测的 LAI 可以提高生物量估测精度。Jensen 等（2008）将 SPOT-5 植被指数与 LiDAR 高度分位数、冠层郁闭度等变量结合，估测阔叶林的 LAI，结果显示，仅用 LiDAR 变量估测的 LAI 精度要高于 SPOT-5 及两种数据结合的 LAI 估测精度。徐光彩（2013）基于小光斑激光雷达数据，根据比尔-朗伯定律提出了利用波形数据能量反演叶面积指数的方法，反演精度较高。Morsdorf 等（2006）利用多重回波数据建立了林窗空隙与 LAI 之间的关系，实测验证结果较好。Luo 等（2013）使用 GLAS 波形数据计算地面能量占全部能量的比值，然后根据朗伯比尔定律建立 LAI 与比值数据的回归关系，实现对青藏高原地区叶面积指数的反演，验证精度较高（R^2=0.84，RMSE=0.31）。

5）郁闭度。森林郁闭度（crown closure）是指森林中乔木树冠遮蔽地面的程度，是反映林分结构和密度的重要指标，以林地树冠垂直投影面积与林地面积之比表示。郁闭度受林分年龄及立地条件的影响较小。

小光斑系统可通过来自植被的回波数量和来自地面的回波数量之比进行郁闭度估算，大光斑系统可通过波形中来自植被的回波面积和来自地面的回波面积之比进行郁闭度估算。其中基于激光点云计数的林地郁闭度定义为：单位面积内未穿透冠层的激光点与总激光点数之比，可通过点云计数、冠幅、高度百分比等变量直接计算或拟合。Thomas等（2006）利用高度百分比对郁闭度进行线性拟合，结果显示郁闭度受点云密度的影响较大，高密度的 LiDAR 数据估算郁闭度精度较高（R^2=0.60），而低密度的 LiDAR 数据估算郁闭度精度较差（R^2=0.36）。穆喜云等（2015）研究发现利用 LiDAR 点云数据提取的郁闭度与实测郁闭度呈高度相关性，相关系数为 0.852。

（2）地上生物量模型的构建

利用激光雷达提取的各种变量进行森林生物量估算主要依据回归模型。回归方法主要有逐步回归（stepwise regression，SR）、支持向量机和随机森林和人工神经网络、主成分回归（principal component regression，PCR）等。

Næsset 和 Gobakken（2008）考虑森林生物量与树高和郁闭度的关系，引入百分位高度、密度变量，同时将立地、龄级等作为虚拟变量，将树种组成作为连续变量，构建回归模型，其 R^2 达 0.7 以上。Thomas 等（2006）以加拿大安大略省北方混交林为实验区，对基于不同密度的点云数据估算森林生物量的能力进行了实验。结果显示，高采样密度和低采样密度的分位数模型与地上生物量之间的相关性都很好，R^2 分别为 0.91 和 0.92。Gleason 和 Im（2012）利用机载激光雷达提取的结构参数，采用回归、RF、Cubist 决策树和 SVR 等方法估算单木和样地尺度的地上生物量，结果表明 SVR 估算结果精度最高（RMSE= 674kg/380m^2）。刘峰等（2013）基于小光斑 LiDAR 数据和野外样地数据，利用冠层高度模型（CHM）和三维点云分割相结合的方法进行单木识别，得到长白落叶松人工林的树高和冠幅，并通过相关生长方程间接估算了胸径和生物量。李旺等（2015）利用调整后的局部最大值算法进行单木提取，基于激光雷达变量及其对数形式分别构建样地和单木尺度的地上生物量估算模型，发现对数模型估算效果要优于非对数模型。

小光斑 LiDAR 能同时获取森林的水平分布和垂直高度信息，其准确的测量值为森林碳储量估算提供了有力的保障。但由于数据获取费用高、数据量大，在大范围研究区的应用受到限制（Lefsky et al.，1999；付甜等，2011）。相比而言，星载激光雷达采用卫星平台，运行轨道高，覆盖范围广，可以全天时对地观测，具有不可代替的优势。ICESat（冰、云和陆地高程卫星）于 2003 年 1 月成功发射，该卫星搭载有第一颗激光雷达传感器 GLAS 地学激光测高系统，主要用于测量冰原高程变化、海冰粗糙度、云和气溶胶的垂直结构及地表地形和森林垂直结构。由于 GLAS 覆盖范围大、免费获取、可重复观测，已被广泛应用于森林参数估算，如树高、郁闭度和生物量等。Lefsky 等（2005）基于 GLAS 波形范围和 SRTM 地形数据，采用多元回归方法进行森林冠层高度估测，并利用高度数据反演森林地上生物量。Nelson 等（2009）利用 GLAS 数据的前倾角和波长信息建立生物量模型，准确估算了加拿大魁北克省 127 万 km^2 范围的森林地上生物量，证明了 GLAS 数据能够提供可靠的森林结构信息，可进行大范围的推广应用。

激光雷达在森林结构参数及地上生物量估算方面具有无可比拟的优势，但也存在一些问题。由于激光雷达离散分布且密度低，若要实现森林结构参数的无缝估算，还需要使用空间插值分析方法或者联合其他的成像遥感数据（汤旭光等，2012；Sun et al.，2011）。此外，星载激光雷达易受地形影响，如何消除地形影响是今后在山区进行研究的重点。

7.1.1.3　结合激光雷达和光学遥感的森林地上生物量监测方法

随着遥感技术的进一步发展，多传感器遥感数据集成估算森林地上生物量成为发展趋势（李德仁等，2012）。目前已有较多关于激光雷达数据与光学遥感数据结合估算森林地上生物量等森林结构参数的研究，使用的遥感数据主要有 Landsat ETM/TM 数据（Helmer et al.，2009；Duncanson et al.，2010）、中等分辨率的 MODIS（Nelson et al.，2009；Mitchard et al.，2011；杨婷等，2014）、MERIS（庞勇等，2011；董立新等，2011a，2011b）数据、高光谱 Hyperion（谭炳香等，2008）、HJ-1A CCD（Guo and Chi，2010）及多角度 MISR 数据（吴迪和范文义，2015）。

Lefsky 等（2001）对多种遥感数据（Landsat TM、高空间分辨率的机载 ADAR 数据、机载高光谱 AVIRIS 数据和机载激光雷达 SLICR 数据）进行对比，发现激光雷达反演的森林结构参数精度最高，也指出激光雷达与多源遥感数据结合将大大提高遥感估算的精度。Popescu 等（2004）融合小光斑 LiDAR 数据和多光谱 ATLAS 数据对弗吉尼亚阔叶林和松林的材积及生物量进行估测，结果表明，融合数据比仅用 LiDAR 数据进行森林参数估测的精度高。Luo 等（2017）融合机载 LiDAR 和高光谱数据估算黑河流域森林生物量，其中融合数据估算的 AGB 精度（R^2=0.893）比仅使用 LiDAR 数据（R^2=0.872）略有提高。段祝庚等（2015）利用地面实测生物量与机载 LiDAR 点云数据的高度和密度变量建立样区森林地上生物量回归模型，以估算结果为样本，结合 Landsat TM 数据进行区域尺度森林地上生物量估算，弥补了地面实测数据的不足。Chen 和 Hay（2011）基于 LiDAR 和 QuickBird 数据，结合实测样本，利用 SVR 模型估算了加拿大温哥华岛的树高、地上生物量和蓄积量，结果表明，SVR 相对于多元回归可以得到更好的估测效果。

董立新等（2011a）基于 GLAS 和 MERSI 数据，建立了区域尺度林分冠顶高度模型，获得的空间连续冠层高度可以用于森林生物量估算。Boudreau 等（2008）基于机载 LiDAR 与地面调查数据估算出 GLAS 轨道地面生物量，并建立了 GLAS 波形数据、SRTM 地形因子与 LiDAR 生物量的回归方程，估算了魁北克主要植被区的生物量，结果表明星载 LiDAR 可以用于空间大范围的植被分布和生物量估测。黄克标等（2013）结合机载 LiDAR 和地面调查数据估测 GLAS 光斑点内的森林地上生物量，并利用 MODIS、MERIS 等光学遥感数据将估测结果扩展，获得云南省空间连续的森林地上生物量。庞勇等（2011）利用 Cubist 决策树建立了 GLAS 森林地上生物量与 MERIS 等光学数据的分段式线性回归模型，估算了大湄公河次区域连续森林地上生物量，总体模型误差为 34t/hm²。Su 等（2016）结合星载 GLAS 数据、MODIS 光学数据、森林调查数据及气候、地形、土地利用等数据，利用随机森林回归方法，估算了中国森林地上生物量，独立验证精度 R^2 达 0.75，RMSE 为 42.39Mg/hm²。Wang 等（2011）基于 GLAS 光斑内冠层高度与 500m 分辨率的 MODIS BRDF 数据建立多元线性回归模型，估算了美国豪兰森林等多个地区的冠层高度，模型的 R^2 为 0.54～0.82。Xi 等（2016）利用 GLAS 波形数据和 MODIS BRDF 反演参数，采用人工神经网络方法获取了西双版纳地区的连续冠层高度，并结合 Landsat TM 影像反演的 LAI 与实测样方 AGB 建立回归关系，估算了西双版纳地区的森林地上生物量（R^2=0.73，RMSE=38.20Mg/hm²）。

大范围的森林地上生物量估算一直是林业研究的热点。传统大范围地上生物量的获取主要基于林业资源清查数据，Fang 等（2001）利用生物量换算因子连续函数法，Wang 等（2010）利用生物量展开因子法，结合清查数据分别计算了全国尺度的森林地上生物量。传统方法可以计算得到大范围地上生物量的总量，但无法反映森林地上生物量的空间分布，也很难开展验证与核查。基于遥感数据开展大范围森林地上生物量估算主要围绕国家或大区域尺度，如东北亚（付安民，2008）、大湄公河次区域（庞勇等，2011；黄克标，2011）、美国（Blackard et al.，2008）、中国（池泓，2011）、芬兰（Muukkonen and Heiskanen，2007）、哥伦比亚（Anaya et al.，2009）等。洲际和全球尺度森林地上生物量估算的研究区域包括欧洲（Gallaun et al.，2010）、非洲（Baccini et al.，2008）和全球热带（Saatchi et al.，2011；Baccini et al.，2012）。这些研究所采用的数据源大多为MODIS 或 MERIS 等中低分辨率遥感数据，主要基于大量的地面调查数据建立统计模型，但估算精度受到很大局限。利用遥感手段估算大范围森林地上生物量的精度仍然有较大的改进空间，需要更深入的研究。

7.1.2　草地地上生物量遥感监测方法研究进展

草地生物量野外测量法包括剪割称重法、照片鉴别法（photo keys）（Catchpole and Wheeler，1992）、目视估测法（visual estimates）（Waite，1994）、双重采样法（double sampling technique）（Catchpole and Wheeler，1992）、照相法（photo graphic method）（Paruelo et al.，2000）、蜘蛛制图法（spider mapping）（Hassett et al.，2000）等。这些方法通过直接获取不同草地类型的样地实测数据，然后根据草地类型，用以点代面的办法外推到区域等更大的尺度上。普遍存在投入人力、物力大，并且对草地有一定的破坏性。目前，这些方法主要还是用于快捷、准确的收集草地生物量及相关数据，以及对复杂模型进行标定与验证。

地上生物量（aboveground biomass）仅指地表以上所包含的活体植被的重量。利用遥感技术对草地地上生物量的估算，主要是指草地植被的地上生物量部分。基于遥感的草地生物量的测定是将草地样方内的植被齐地面剪下，拣出立枯体和凋落物后，在草地上立即称重，然后带回实验室在 65℃ 或 105℃ 条件下烘干至恒重，即可获得草地的鲜重和干重（许鹏，2005）。

地上生物量的野外采集是一个相当烦琐的工作。通常一个样点只设 3～6 个 1m×1m或 50cm×50cm 甚至 25cm×25cm 的草地样方（安卯柱，2002；陈生云等，2010；王启基等，1991；王长庭等，2004；徐斌等，2007）。农业部草原监理中心发布的《全国草原监测技术操作手册》提出草地样地和样方设置的原则：若样地内只有草本、半灌木及矮小灌木植物，样方的面积一般为 $1m^2$；若样地植被分布呈斑块状或者较为稀疏，应将样方扩大到 2～4m^2，一个样地内不少于 3 个样方。面积大、地形复杂、生态变异大，应多设样方。例如，对于极稀疏荒漠草地或荒漠灌木则设置 4m² 或更大面积的样方。而对于遥感数据，其分辨率多是 500m×500m 或 1km×1km，因此，传统的利用草地生物量调查方法获得的样地数据用来进行遥感模型构建时存在不确定性，应根据研究的需求与遥感数据的分辨率布设样地。测产时在样方内分别测定植被高度、多度、物候期、盖度，齐地面剪割并称其鲜重后装袋带回，自然风干或烘干后再次称重（顾祥和胡新博，1997）。

7.1.2.1 草地地上生物量遥感监测常用数据源

目前用于草地地上生物量估算的主要数据源为光学遥感数据。基于光学遥感数据的生物量遥感估算主要是利用植被的光谱反射差异特征，通过多个光谱波段、多个时相及光谱指数等构建草地植被遥感估算变量，然后通过各种方法实现地上生物量的估算。最早用于草地生物量遥感估算的卫星数据是在美国的大范围农作物调查实验（LACIE）计划中使用的 Landsat TM 数据。随着卫星和传感器技术的发展，现在有越来越多的遥感数据用于草地地上生物量的估算。考虑到草地遥感估算既需要大范围覆盖能力，也需要较高的空间分辨率，因此以 MODIS、SPOT-5、IRS P6 AWIFS、Landsat TM/ETM、CBERS CCD、BJ-1 CCD、HJ-1 A/B CCD 为代表的中高分辨率遥感数据成为主要数据源。近年来，也开展了利用 QuickBird、IKONOS、RapidEye、GeoEye、OrbView 等高分辨率遥感影像进行草地地上生物量估算的实验。最近的卫星遥感数据如 Landsat-8 及中国的资源三号卫星数据在草地地上生物量估算方面具有很大的潜力，在今后的研究中应予以关注。

基于微波遥感数据的草地地上生物量估算研究较少，而用于类型分类的研究较多。微波遥感数据主要是利用微波后向散射、空间和时相变化信息。目前常用的微波遥感数据源主要包括 Radarsat-1/2、ERS、ENVISAT、JERS、TerraSAR 等的 C、L、X 波段数据，因此利用微波遥感数据进行草地地上生物量估算将是一个新的尝试，特别对草地类型的识别研究很有意义。

7.1.2.2 草地地上生物量遥感监测的常用方法

（1）植被指数模型

早在 1969 年，Dordan 就发现可以通过 800nm 与 675nm 反射率比值来测量森林的叶面积指数。1973 年，Rouse 等利用 ERTS-1 MSS 数据中的第 5 波段与第 7 波段估算 NDVI

指数，发现它与草地地上生物量相关。之后，Tucker（1979）研究发现近红外波段与红光波段的线性组合，包括 NDVI 与 RVI 等，对被冠层光合有效生物量的变化比较敏感，植被指数开始被用来大范围研究植被类型的生物量和季节性产量。

植被指数并不是对生物量或初级生产力的直接测量，但它与叶面积指数有很好的相关关系，因此被用来估计这些参数，研究中使用到的植被指数多达几十种，按发展阶段可分为三类。

第一类植被指数基于波段的线性组合（差或和）或原始波段的比值，由经验方法发展而来，没有考虑大气影响、土壤亮度和土壤颜色，也没有考虑土壤和植被间的相互作用。最早的如比值植被指数（RVI），比用单波段信息监测植被更为稳定，因为 RVI 突出了植被在近红外和红外波段反射率的差异。但当植被覆盖不够浓密时（小于 50%），RVI 的分辨能力很弱；当植被覆盖越来越茂密时，由于反射的红光辐射很小，RVI 将无限增大。Kauth 和 Thomas（1976）基于经验的方法，在忽略大气、土壤、植被间相互作用的前提下，针对 Landsat MSS 的特定遥感图像，发展了土壤亮度指数（SBI）、绿色植被指数（GVI）、黄色植被指数（YVI）。Wheeler 等（1976）基于 Landsat MSS 图像进行主成分分析，通过计算这些指数的多项因子又发展了 Misra 土壤亮度指数（MSBI）、Misra 绿度植被指数（MGVI）、Misra 黄度植被指数（MYVI）和 Misra 典范植被指数（MNSI）。

第二类植被指数大都基于物理知识，将电磁波辐射、大气、植被覆盖和土壤背景的相互作用结合在一起考虑，并通过数学、物理、逻辑经验以及通过模拟将原植被指数不断改进而发展出来的。比较早的是 Kauth 和 Thomas（1976），基于土壤线，发展了垂直植被指数（PVI），相对于 RVI，PVI 表现为受土壤亮度的影响较小。为减少土壤和植被冠层背景的双层干扰，Huete（1988）提出了土壤调节植被指数（SAVI），该指数看上去似乎由 NDVI 和 PVI 组成，其创新性在于引入了土壤亮度指数 L，建立了一个可适当描述土壤-植被系统的简单模型。L 的取值取决于植被密度，Huete 建议 L 的最佳值为 0.5，也可以在 0（黑色土壤）~1（白色土壤）之间变化。实验证明，SAVI 降低了土壤背景的影响，但可能丢失部分背景信息，导致植被指数偏低。为减少 SAVI 中裸土的影响，Qi 等（1994）提出了修正的土壤调节植被指数（MSAVI）。它与 SAVI 的最大区别是 L 值可以随植被密度变化而自动调节，较好地消除了土壤背景对植被指数的影响。基于土壤和大气的影响是相互的事实，Liu 和 Huete（1995）引入一个反馈项来同时对二者进行订正，这就是改进型土壤大气修正植被指数（EVI）。它利用背景调节参数 L 和大气修正参数 $C1$、$C2$ 同时减少背景和大气的影响。

第三类植被指数是针对高光谱遥感及热红外遥感而发展的植被指数。比较典型的是红边植被指数和倒数植被指数。红边植被指数是基于红边（680～750nm）的光谱特征发展而来的。在红边研究中，主要采用红边斜率和红边位置来描述红边的特性。红边斜率主要与植被覆盖度或叶面积指数有关，覆盖度越大，红边斜率就越大（Demetriades-Shah et al.，1990；Mille，1990）。基于热红外遥感的植被指数本质上是把热红外辐射（如地面亮度温度）和植被指数结合起来进行大尺度范围的遥感应用。江东等（2001）构建了水分指数 NDVI/Ts，分析了它与农作物产量的相关关系。陈云浩等（2003）进行地表植被动态变化的监测研究发现 Ts/NDVI 表达信息最丰富，不但能有效减少低植被覆盖地区土壤背景的影响，而且利用 Ts 信息可以改善 NDVI 在高植被覆盖地区易于饱和的缺点。其他的如 CAI 指数（纤维素吸收指数）（2000～2020nm 反射区间）可用来进行干枯植被的探测等（Guerschman et al.，2009）。

上述植被指数是近几十年来随遥感技术发展和广泛应用而产生的。对于草地地上生物量的估算，出于遥感数据源与研究目的的考虑，使用的植被指数并不多，常用的植被指数见表 7.2。

表 7.2　草地地上生物量常用的植被指数

名称	简写	公式	作者及年代	作用
比值植被指数	RVI	NIR/R	Pearson 和 Miller（1972）	广泛用于植被生物量与 LAI 的反演，特别对于高生物量植被比较敏感
归一化植被指数	NDVI	$(NIR-R)/(NIR+R)$	Rouse 等（1973）	NDVI 通常与 LAI 有很高的相关性，但是当 LAI 比较高时，NDVI 容易饱和，因此在估算高密度生物量时通常用指数模型
土壤调整植被指数	SAVI	$(1+L)\times(NIR-R)/(NIR+R+L)$	Huete（1988）	SAVI 的作用主要是减少 NDVI 中的土壤"噪声"
修改型土壤调整植被指数	MSAVI	$0.5\left[2NIR+1-\sqrt{(2NIR+1)^2-8(NIR-R)}\right]$	Qi 等（1994）	通过使用迭代的、连续的 L 函数来优化 SAVI 中土壤调整系数，增加 SAVI 的动态范围
增强型植被指数	EVI	$2.5\times\dfrac{NIR-R}{NIR+C_1R-C_2B+L}(1+L)$	Huete 等（1997）	EVI 是通过使用土壤调整因子修订的 NDVI 得到的，目的是提高对高生物量植被的敏感性，并通过减弱冠层背景信号、大气影响来提高对植被的响应强度
红边位置	REP	$\rho_{red\,edge}=\dfrac{\rho_{670nm}+\rho_{780nm}}{2}$ $700+40\left[\dfrac{\rho_{red\,edge}-\rho_{700nm}}{\rho_{740nm}-\rho_{700nm}}\right]$	Clevers（1994）	REP 与叶片叶绿素含量有较强的相关性，并且对植被胁迫比较敏感，但是 REP 的计算主要是利用高光谱数据

借助植被指数进行草地地上生物量估算，一般是利用样地调查数据建立与植被指数的统计模型或经验模型，然后开展区域估算。这些模型一般是描述性的，不涉及机理问题，主要有 3 种技术路线：①遥感影像像元绿度值（植被指数，VI）-地面生物量关系模式，本方法得到的遥感估产等级图只反映卫星摄影时的牧草长势和生物量的空间分布状况，如果遥感摄影时间与地面测产时间基本同期，则误差不大，或至少草地牧草产量在空间上的分布趋势与遥感估产一致；②遥感影像像元绿度值-地物光谱绿度值-地面生物量关系模式，本方法先求得遥感光谱绿度与实测地物光谱绿度之间的关系，再求地物光谱绿度与草地生物量之间的关系，缺点主要是地物光谱与遥感资料不易同步获取，其次是天气干扰；③遥感-地学综合模式，本方法将区域水热因子如气温、降水、平均土壤含水量等引入模型，与遥感-地面生物量模型互相补充，克服各自存在的缺陷，可进一步提高估算精度。这 3 种技术路线通常采用的统计模型有线性、幂函数、指数、对数、Growth（生长）、Logistics（回归）等，回归的方法有一元回归、多元回归、逐步回归等。由于得到的系数差别较大，并且应用受建模时间和地点限制，很多情况下地面布样的数量也影响模型的估算精度，因此模型的推广应用能力很差。

（2）高光谱遥感指数模型

与常用的多光谱遥感相比，高光谱遥感具有窄波段、多通道、图谱合一的特点（戴小华和余世孝，2003）。它以纳米级的光谱分辨率对地进行观测，从而获取了更多的特征光谱信息，有利于对植被多个方面的特征进行研究。例如，利用高光谱数据对植被的叶面积指数、叶绿素含量、水分特征与健康状态方面的研究，当然也被应用于生物量的估算中。

相比多光谱遥感中主要利用宽波段信息建立生物量的统计回归模型，高光谱遥感有条件选用更适合的窄波段信息建立生物量估算模型（Psomas et al.，2011）。此外，高光谱遥感可以利用导数光谱建立生物量估算模型，如高光谱遥感研究方法的红边模型。

植被"红边"是植物高光谱曲线最明显的特征。"红边"是反射光谱的一阶微分的最大值对应的光谱位置，通常是 680～780nm。许多研究表明，当叶绿素含量高，植物生长力旺盛时，"红边"会向红外方向偏移；当绿色植物由于某些原因"失绿"时，"红边"会向蓝光方向移动。"红边"提取的常用方法有：①对光谱反射曲线进行导数运算，一阶导数值最大处对应的波段位置（Dawson and Curran，1998）；②线形四点内插法（Guyot and Baret，1988）；③反高斯曲线逼近（Bonham-Carter，1988；Cho et al.，2008；

Cho and Skidmore，2006；Cho et al.，2007）。

早在 1978 年，Collins 等就提出"红边"向长波方向位移反映了植物叶绿素浓度增加，这是由于叶绿素浓度增加使得植物的光合作用增强，需要消耗更多的光子。Horler等（1983）又通过实验研究发现红边区间（680～780nm）可以作为植物生长状况的指示区。红边（680～780nm）峰值、位置和面积是目前利用高光谱数据监测作物叶绿素、生理活动、生物量等最为常用的信息。随着高光谱技术的发展，红边特征参数已被广泛应用于植被生物参数如叶绿素含量、氮素营养状况和生物量的估算及模型建立。童庆禧和郑兰芬（1997）基于高光谱遥感窄波段信息建立了鄱阳湖湿地植被 LAI 及生物量的理论模型，并进行了植被识别分类与生物量制图研究。张良培等（1997）利用高光谱数据对生物量与 LAI 进行估算，认为对高光谱进行求导运算能对非光合作用的背景物质——土壤信号进行压缩，有利于植被参数的估算。Thenkabail 等（2000）对比研究了最佳窄波段反射率（optimum multiple narrow band reflectivity，OMNBR）、窄波段 NDVI、窄波段TSAVI 及宽波段 NDVI 在反演生物量与 LAI 等方面的作用，指出窄波段模型要比宽波段模型更好。方红亮和田庆久（1998）认为选择合适的反演方法是充分利用高光谱遥感信息的关键，而常用的统计回归方法不是最佳的研究方法。

（3）基于光能利用率模型的估算方法

光能利用率是表征植物固定太阳能效率的指标中，是指植物通过光合作用将所截获吸收的能量转化为有机干物质的效率，是植物光合作用的重要概念，也是区域尺度以遥感参数模型监测植被生产力的理论基础，已被广泛用于区域及全球尺度陆地生态系统生产力的监测和评价中（Cao et al.，2004；Field et al.，1995；Goetz et al.，1999；Potter et al.，1993；Ruimy et al.，1994）。

目前对光能利用率的研究热点集中于光能利用率模型，与其紧密相关的几个概念为光合有效辐射吸收比率（FPAR）与光能转化效率。并非所有的入射太阳辐射都用于光合作用和生物量生产，用于光合作用的那一部分电磁辐射（400～700nm）被称为光合有效辐射（PAR），PAR 约占太阳总辐射（直接辐射加散射辐射）的 50%，它随昼夜及季节的变化很小；其中植被冠层吸收的光合有效辐射（APAR）与 PAR 的比例为 FPAR，它取决于植被类型和植被覆盖状况。以遥感数据计算 FPAR，是将遥感数据引入净初级生产力（net primary productivity，NPP）光能利用率模型的主要途径（李贵才，2004）。FPAR 与植被叶面积指数（LAI）间可以用朗伯-比尔定律进行简单描述：$FPAR=0.95 \times (1-e^{-k \times LAI})$，其中，$k$ 为冠层消光系数。

光能转化效率主要反映了植物光合作用的生物物理特性，对于草本和经济作物往往是通过直接收获生长季内的生物量，获得其干物质质量数据，再测定它的热能值，最后可以得出所含能量，再与当地的太阳辐射相比就可以得出光能利用率。不同物种的内在生理机制对光能利用率的影响差异较大，当外界环境条件改变时，光合速率的改变不同。影响光能利用率时空变异的影响因子包括植物内在因素（如叶形、羧化酶含量等）和外在环境因素，如光强、温度、水分、大气 CO_2 和 O_3 浓度（Scott Green et al.，2003；Van Oijen et al.，2004）。

目前常用来进行陆地植被净初级生产力估算的遥感模型以光利用率模型中的 CASA（Field et al.，1995；Potter et al.，1993）、GLO-PEM（Prince and Goward，1995）等为代表，研究认为在非理想状况下，植被的光合作用受最短缺资源的限制，这种限制既可以通过一个调节模型来模拟，也可以是一个简单的比率常数。因此，模型相对比较简单，输入数据可以由遥感直接获取，适合区域及全球推广。

对于生物量与 NPP 之间的关系可以通过草地生态系统碳循环示意图 7.3 来阐明。首

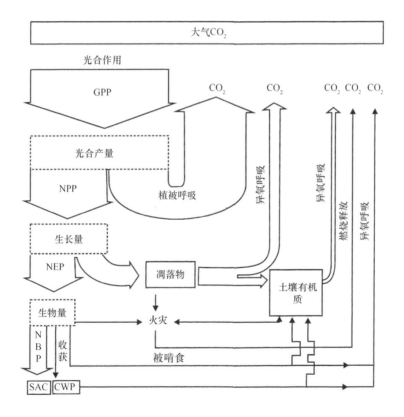

图 7.3　草地生态系统碳循环示意图

SAC 为现存量，CWP 为粮食、林产品收获量

先，大气中的CO_2通过植被的光合作用形成总初级生产力（gross primary productivity，GPP），GPP 决定了进入陆地生态系统的初始物质和能量。由于植被的自养呼吸（autotrophic respiration，Ra），大部分碳会被消耗掉，从而形成净初级生产力，用于植被的生长和生殖。

$$NPP = GPP - Ra \tag{7-1}$$

NPP 主要流向两个部分：大部分以凋落物（Litter fall）的形式进入地表或成为土壤有机质的一部分（从较长的时间尺度看，它们又通过土壤呼吸或以凋落物分解的形式被释放到大气中），另一小部分形成净生态系统生产力（net ecosystem productivity，NEP）。NEP 构成了植物的生物量（biomass），即本研究所说的理论生物量，用 g/m^2 表示，是指单位面积上有机体活体部分的质量。

$$NEP = (GPP - Ra) - Rh = NPP - Rh \tag{7-2}$$

在生物量中，有机物主要有 4 种去向，即被啃食（如放牧活动）、自然干扰消耗（如被野火燃烧掉）、人类的生产经营活动（如收获等）及累积成净生物群系生产力（net biome productivity，NBP）。由于理论生物量估算的复杂性，现存量通常被用于表示植物产生的生物量，但严格来说，它们的含义不同（方精云等，2001）。由此可见，基于遥感估算的草地地上生物量，所得结果实际上是草地地上现存量。

$$\begin{aligned} NBP &= GPP - Ra - Rh - NR \\ &= NPP - Rh - NR \\ &= NEP - NR \end{aligned} \tag{7-3}$$

式中，NR 表示非呼吸代谢所消耗的光合产物。

对于 NPP，Ni（2004）提出了测定地上生物量（AGB）、地下生物量（BGB）以及当年的凋落物的方法。可见 NPP 与生物量直接相关，因此，在碳循环研究中，通常通过估算生物量来评估 NPP；相应的，在生物量的估算中，NPP 模型也被广泛用于生物量的估算，主要原因是它考虑了较多的与生物量相关的环境因子。

基于光利用率模型的草地地上生物量估算方法，能够更好地反映植被生长发育的环境限制作用。近年来，基于这类模型开展了大量的草地 NPP 估算研究，并在碳循环、产量估算等方面取得了不错的进展，但这类模型在参数的估算与标定以及能量的累积和分配等方面仍有待进一步完善（陶波等，2003）。

（4）人工神经网络方法

近年来，人工神经网路（ANN）被广泛应用于各个领域。主要是因为 ANN 方法可以对大数据集进行高效、灵活的非线性建模，而这是线性函数很难解决的问题（Lisboa and Taktak，2006）。由于 ANN 方法具有大规模并行处理、非线性预测、全局优化、很强的自学习能力，已经成为强大的非线性信息处理方法。另外，ANN 方法在建模过程中没有前提假设（Khashei et al.，2008；Khashei and Bijari，2011），因此便于运行。

目前，应用和研究最多的是采用反向传播算法（BP 算法）训练权值的多层前馈神经网络（Heermann and Khazenie，1992；Rogan et al.，2008）。该网络的学习训练过程由正向传播和反向传播组成，在正向传播过程中，输入信息从输入层经隐含层逐层处理，并传向输出层，若在输出层得不到期望的输出，则输入反向传播，误差信号沿原路返回，通过修改各层神经元间的权值，使误差最小。由于 BP 算法具有很强的非线性逼近能力以及自适应、自学习能力，因此可以处理难以用数学模型描述的系统。但是，标准的BP 算法学习速度较慢，收敛所需时间较长，很多学者提出了许多改进标准 BP 算法的方案。改进 BP 算法的研究主要分为两类：第一类是使用启发式信息技术，包括可变的学习速率、在学习中加入动量项等方法，如 Vogl 快速学习算法（焦李成，1993），Jacobs 的 delta-bar-delta 算法等（阎平凡，2001），其实质都是在误差梯度变化缓慢时加大学习率、变化剧烈时减小学习率的基础上提出的。第二类研究是引入数值优化技术，因为减小训练前向神经网络均方误差本身就是一个数值优化问题，该类技术包括牛顿法（阎平凡，2001）、Levenberg-Marquardt 算法等（Hagan et al.，1996）。对于一个特定的问题，通常很难判断哪种训练方法是最有效的，因为网络类型的选择取决于很多因素，包括问题的复杂程度以及所研究问题的性质、训练样本的多少、网络的结构、权值和偏置值的数目、误差目标、参数取值等。在实际应用中，一般要根据具体问题，对几种网络进行比较，选择较为合适的算法。

Hecht-Nielsen（1989）证明一个 3 层网络可以模拟任何复杂的非线性问题，可以实现从任何的 N 维空间向 M 维空间的转换过程。因此，3 层的 BP 神经网络模型被广泛应用于草地地上生物量的估算中。其中，神经网络的输入节点主要由遥感估算的植被指数构成，隐含层的节点一般设置为 20 个，输出为模型模拟的生物量。

但是，神经网络也存在一定的缺点，如初始权重选择的困难、收敛速度慢、对输入数据的预处理要求高等，在具体应用过程中，应考虑以下几方面。

1）由于神经网络模拟先要通过学习来建立输入与输出的映射过程。因此，在估算草地地上生物量时，训练样本的选择在区域上必须具有代表性。

2）在训练神经网络时，网络容易陷入局部最小解，难以获得全局最优权重，因此在训练过程中可通过多次训练，以保证网络的交叉验证与直接验证，获得最小的估算误差（RMSE）与系统误差（斜率与截距）。

3）在使用神经网络进行年际草地地上生物量估算时，应考虑气候因子与地形条件，避免由样本信息的代表性问题产生的不确定性。

4）遥感信息可考虑使用 NDVI、RVI、EVI 等常用的植被指数，而且这类信息也是目前光学遥感最容易获取的遥感信息。

7.2 植被地上生物量遥感监测

本书基于已构建的典型样区尺度森林、草地、农田生态系统地上生物量遥感估测模型，对 6 个典型综合样区（东北大兴安岭、华北密云水库上游、华中神农架、西北大野口、华南鼎湖山、内蒙古锡林郭勒）的地上生物量遥感估算结果进行综合分析，并构建全国尺度森林、草地、农田生态系统地上生物量遥感估测模型，同时获取历史地面观测数据，开展模型校验与精度验证。

7.2.1 森林地上生物量遥感监测

森林地上生物量反演的总体思路为：在 5 个森林典型综合样区，利用机载激光雷达数据的高精度三维信息，结合地面调查数据，建立基于机载激光雷达数据提取林分高度和密度参量的高精度地上生物量估算模型。另外，结合星载激光雷达提取的冠层高度信息，基于 MODIS 时间序列数据和植被类型等信息建立分区分类别地上生物量外推模型，将典型综合样区和更多样地的地上生物量外推到全国。其技术路线如图 7.4 所示。

根据不同的森林类型、气候条件、生态系统特征等，将全国分为 8 个区域，分别是大兴安岭山地区、东北东部山地丘陵区、华北与长江中下游丘陵平原区、北方干旱半干旱区、南方山地丘陵区、东南热带亚热带沿海区、西南高山峡谷区和青藏高原区（图 1.2）。其中有 5 个区域拥有航飞的机载 LiDAR 数据和对应的地面调查数据，所有 8 个区域都拥有分布广泛的典型样区地面调查数据。

7.2.1.1 基于样地调查和 LiDAR 估算典型综合样区的地上生物量

全国森林地上生物量反演的基础是样本数据，本研究使用的样本数据主要为样地野

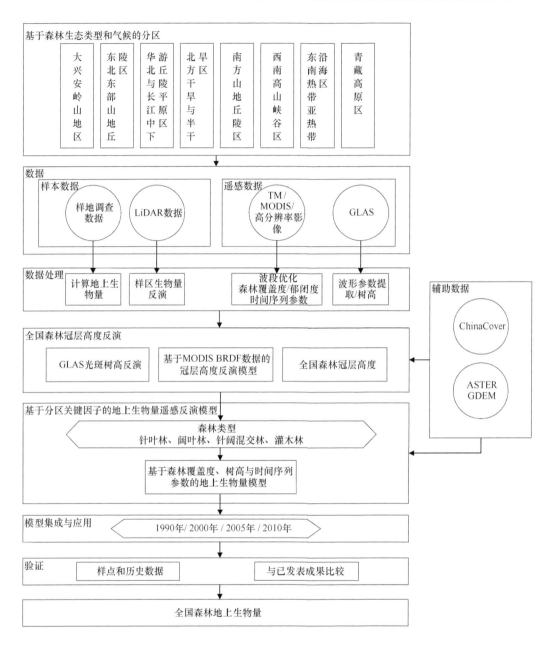

图 7.4　全国森林地上生物量反演技术流程

外调查数据。本研究依托的碳专项遥感课题收集了全国 50 个样区和 6 个典型综合样区的地面调查数据，通过不同树种的生物量生长方程分别计算样区内的样地地上生物量作为反演样本。标准生物量方程如下：

$$W = a(D^2 H)^b \qquad\qquad (7\text{-}4)$$

式中，W 为地上生物量；a 和 b 为系数；D 为树木的胸径；H 为树高。

机载 LiDAR 数据反演地上生物量首先需要对点云进行高程归一化处理，即将点的高程与对应 DEM 的高程进行差值运算，可以得到忽略地形影响的冠层高度信息。郁闭度则需要从点云数据中通过计算冠层点与总点数的比值获得。

生物量建模需要样本数据、从点云和冠层高度模型提取的多个指数（高程分位数、等分点比例、高程最大值等）与郁闭度。通常采用对数形式进行逐步回归从而获得最终模型：

$$\ln W_i = \beta_0 + \beta_1 \ln h_5 + \beta_2 \ln h_{10} + \cdots + \beta_{19} \ln h_{95} + \beta_{20} \ln h_{max}$$
$$+ \beta_{21} \ln d_5 + \beta_{22} \ln d_{10} + \cdots + \beta_{39} \ln d_{95} + \beta_{40} \ln c + \varepsilon \qquad (7\text{-}5)$$

式中，W 为地上生物量；h_5，h_{10}，$\cdots$，h_{95} 为激光雷达点云的 5%，10%，$\cdots$，95%分位数高度值；h_{max} 为激光雷达点云高度的最大值；d_5，d_{10}，$\cdots$，d_{95} 为将激光雷达高程值从树高最低值到最高值 20 等分，高于每等分高度的点在所有点中所占的比例；c 为取高于 1.8m 的点在所有点中所占的比例，即郁闭度；β_0，β_1，$\cdots$，β_{40} 为系数；ε 为正态分布误差项 $[\varepsilon \sim N(0, \sigma^2)]$。

基于 LiDAR 数据估算的地上生物量数据和不在 LiDAR 数据获取范围内的野外调查数据、TM 数据联合进行样区尺度 30m 分辨率地上生物量估算。根据不同植被类型，采用分类逐步回归的方法计算整个样区尺度的森林地上生物量，输入数据包括树高、土地覆盖、植被指数及其时间序列分析、DEM、郁闭度等。应用模型获得实验区 30m 分辨率林地地上生物量。

$$\ln W = f(\text{TH}, \text{VI}, \text{VIta}, E, C, \text{class}) \qquad (7\text{-}6)$$

式中，$\ln W$ 为地上生物量的自然对数；TH 为平均树高；VI 为植被指数（包括 NDVI、EVI 等）；VIta 为植被指数的时间序列分析参数；E 为 DEM 高程；C 为郁闭度；class 是基于 30m 分辨率土地覆盖数据的森林类型。

7.2.1.2 结合 GLAS 数据反演的大区域冠层高度数据

GLAS 波形完整记录了入射激光束截获的地表垂直分布信息。在森林覆盖的激光光斑内，一部分入射激光信号在森林的最高冠层被反射回接收系统，形成激光波形的第一个有效回波点，即波形与有效能量临界值的交点，称为第一回波或顶层回波；还有一部分入射激光信号穿透冠层到达地面，形成激光波形的最后一个大振幅回波峰点，称为最后回波或地面回波；而顶层回波和地面回波之间的回波信号能够反映森林的垂直分布情况。根据 GLAS 数据特点，其预处理分为四步。

1）采用高斯滤波器来实现波形的平滑处理，高斯脉冲的宽度近似于发射脉冲宽度。

2）大量的回波波形分析发现，信号开始前的背景噪声与信号结束后的背景噪声略有不同，通常前者会小于后者，因此对这两处噪声分别进行估计。根据噪声范围内信号直方图的峰值确定噪声均值并估计噪声标准差，以背景噪声均值加上 3 倍的标准差为阈值来确定信号开始与结束的位置。

3）为了提取激光脚印中地物的高度分布等信息，通过计算出多峰参数的初始值振幅、波峰位置、宽度等进行波形分解，再采用最小二乘非线性拟合求出新的参数的改正数，对 6 个高斯波峰进行拟合优化。波峰的各个参数也可以从 GLA14 文件中直接获取。

4）在树高测量中，波形高度参数的反演用到的是地面峰位置，而不是回波信号的结束位置，因而要对地面峰位置进行确定。确定的方法是从信号结束位置开始后向（向上）搜索，查找波峰位置，接着判断其与信号结束位置的间隔距离，如果小于发射激光脉冲的半宽，则此峰不是地面波峰，继续查找，如果大于激光脉冲的半宽而且波峰强度大于预设的阈值则将其视为地面峰位置。

波形数据经过预处理后，当地面较为平坦时，可以直接获得冠层高度信息，但是往往山区的地形是错综复杂的，因此，结合 LiDAR 数据，分别建立坡度小于 10°和 10°~15° GLAS 光斑内波形数据提取参数与光斑内 LiDAR 数据估测的平均树高的关系，从而估算整个片区 GLAS 光斑内植被的平均高度。再结合 MODIS BRDF 数据，分类型建立统计关系，从而获得空间连续的植被冠层高度数据。

7.2.1.3　建立基于时间序列分析的大尺度森林地上生物量遥感估算模型

传统的地上生物量遥感估算模型均是基于单一时相 NDVI 等特征值，极易导致植被指数因植被覆盖度过高而出现饱和的现象，从而使一些高郁闭度热带亚热带森林的地上生物量被低估，因此项目组提出了一种基于时间序列分析的地上生物量遥感估算模型。

针对不同区域植被指数特征不同的情况，分别分析最能反映区域典型植被指数曲线特征的参量，提高不同区域植被指数曲线的可区分性；分析不同植被类型（针叶、阔叶、针阔叶等）的植被指数曲线特征参量，以提高相同区域不同植被类型植被指数曲线的可区分性。同时，由于光谱饱和主要发生在森林生长茂盛时期，因此可以通过计算年度植被指数的特征数值，以减少植被指数饱和对地上生物量反演的影响。

引入冠层高度和林龄数据，结合生态参数的时间序列特征，以典型样区 30m 尺度的地上生物量数据及区域内的地面调查数据为样本，建立参数化的遥感监测模型，突出了树高对地上生物量的直接影响，并利用林龄体现了树木的生长过程，进一步削弱了光学遥感数据饱和对地上生物量数据估算的影响。

7.2.1.4 全国林地地上生物量估算与验证

在 8 个片区构建不同林地类型的地上生物量模型，并分别利用 2000 年、2005 年、2010 年的 MODIS 和辅助数据，最终获得 2000 年、2005 年和 2010 年的全国森林地上生物量分布（图 7.5）。从图中可以看出，全国林地地上生物量较高的区域主要分布在东北小兴安岭的针叶林区、华南的常绿阔叶林区和西藏南部的原始森林区；较低的区域主要分布在华北的太行山区和新疆地区。

本章利用专项其他课题提供的森林样地调查数据进行了全国尺度的验证，共 5058 个有效样点参碳与验证，验证结果如图 7.6 所示，平均精度为 75%。

7.2.2 草地地上生物量遥感监测

本小节的草地地上生物量共分为两个部分，即理论地上生物量和现存地上生物量，本小节基于全国草地样地调查数据，结合同期的遥感影像，建立全国尺度的草地植被地上现存生物量估算模型，并利用 MODIS 数据逐年估算全国草地植被地上现存生物量；同时，基于 CASA 模型，结合气象数据和长时间序列的遥感数据逐年估算全国草地植被地上理论生物量；最后综合分析地上现存生物量和理论生物量的时空变化规律。

7.2.2.1 草地地上现存生物量的监测

（1）多时相植被指数模型

对于稀疏草地植被区，有效地提高植被信号，降低背景信息如土壤等的影响，对

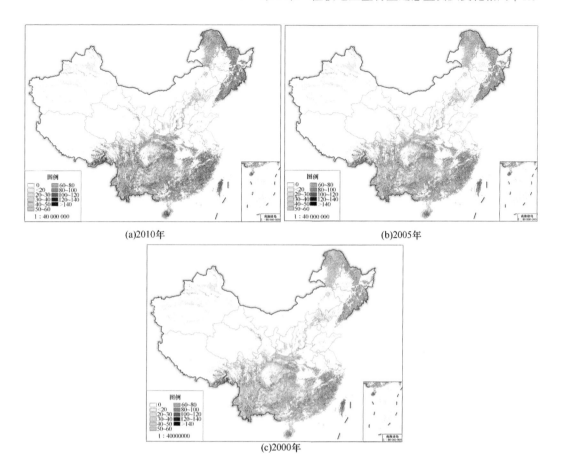

图 7.5　250m 分辨率全国森林地上生物量分布图（单位：t/hm^2）

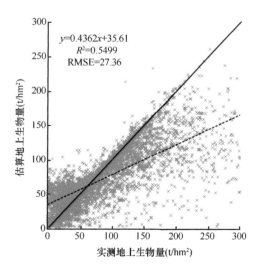

图 7.6　全国森林地上生物量验证结果

草地植被的探测很有意义。根据光谱混合分析（SMA）方法（Adams et al., 1986, 1995; Smith et al., 1990），对植被信息进行分解：

$$VR = MR - (1 - FVC) \times SR \qquad (7-7)$$

式中，VR 表示分解后的植被反射信号；MR 表示像元的原始状态，通常理解为一种混合信息；FVC 表示植被覆盖度；SR 表示土壤的反射信号。

由于对背景信号或者说无植被信号进行了过滤，因此可利用常用的线性模型或者指数模型对草地地上生物量进行估算：

$$AGB = a \times VR \qquad (7-8)$$

为了进一步对以上模型进行优化，用植被指数替换像元的反射率。另外，根据草地植被生长的特点，在生长季早期，地表完全由土壤与干枯植被覆盖，而这些背景信息即使在生长季的旺季也依然存在，因此，可以选择生长季早期的数据作为土壤背景的反射信号（SR）以简化模型参数的估算：

$$AGB = a \times VI(t, FVC) \qquad (7-9)$$

式中，a 为转换系数（g/m^2）。

以上为草地地上现存生物量的遥感监测方法，称为多时相植被指数模型（multi-temporal vegetation index model，MVIM）。

对于 MVIM，多时相遥感数据的选择、植被覆盖度（FVC）的计算及转换系数（a）的标定是模型应用的关键。

（2）多时相遥感数据的选择

对于多时相遥感数据的选择，可根据图 7.7 进行。整体来看，在第 97 天（大概在 4 月初）时，地表处于无绿色植被的时期，这时候获取的数据可作为下垫面的背景信息。在第 209 天（大概在 7 月末）时，植被生长速率达到了最大，可作为现存生物量的估算节点。

（3）MVIM 中转换系数 a 的标定

通过对全国草地样地调查数据与植被指数的分析发现，草地生物量在空间变化上具有明显的区域差异性。特别是在温带草原区与高寒草原区这种差异更加明显。在植被指数分级相同的情况下，温带草原区的草地地上生物量普遍偏高，但在高寒草甸区，草地地上生物量普遍偏低。因此，本研究以影响水热条件的地形为依据，对 MVIM 中的转

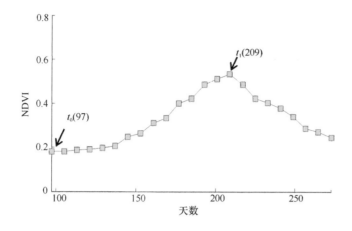

图 7.7　草地植被生长季的 NDVI 变化

换系数 a 分别进行标定。具体来讲，将海拔低于 3000m 的区域划分为温带草原区，海拔高于 3000m 以上则划分为高寒草甸区。

依据 MVIM，采用 MODIS 的 97 天产品数据与样地调查同期的遥感数据计算植被指数的变化量。研究过程中发现，NDVI 在高密度植被区域容易出现饱和现象，通过对比发现 RVI 与样地调查的生物量关系较好，因此本研究选择 RVI 进行 MVIM 中参数的估算，然后对转换系数 a 分别进行标定，见图 7.8。可以看出，对于高寒草甸区与温带草原区，不管是使用正比关系（只有一个系数 a），还是采用线性关系（两个系数 a 与 b），R^2 普遍较高。相比线性关系，正比关系的估算误差主要是由样地数据误差引起的。另外，从模型之间的可比较性来说，使用正比关系对问题的解释与区域对比更具有意义。因此，采用正比关系进行不同分区下草地地上生物量的估算。对于高寒草甸区，MVIM 的转换系数 a 标定为 82.76；对于温带草原区，MVIM 的转换系数 a 标定为 158.34。

由于人力因素与时间条件的限制，在高寒草甸区，本书没有收集到不同区域或不同年份的样地数据，没有对高寒草甸区 MVIM 的标定系数进行验证。在温带草原区，我们在 2013 年收集了温带典型草原区（40°～46°N，109°～118°E）的样地数据，对温带草原区 MVIM 的标定系数进行了验证（图 7.9）。从验证的结果来看，MVIM 能够有效地减弱土壤背景信息对植被指数的影响。基于 MVIM 的正比估算虽然比线性关系的 RMSE 要高，R^2 要低，但是考虑到模型的可比较性等方面，基于 MVIM 的正比模型仍然是本书力推的生物量估算模型。对比 2012 年与 2013 年采样年份确定的转换系数，发现在 2013 年内蒙

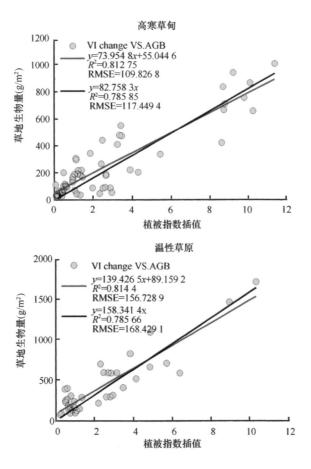

图 7.8　MVIM 转换系数 a 的标定

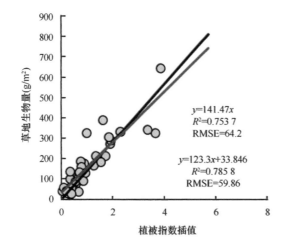

图 7.9　内蒙古中部地区 MVIM 转换系数的标定

古中部温带典型草原区的转换系数 a（141.47）要低于整个温带草原区（158.34），主要原因是整个温带草原区包含温带草甸草原，如分布在呼伦贝尔草原区与大兴安岭地区的草甸草原。由于这些地区的草地植被覆盖度普遍较高，生物量大，因此转换系数会相应较高。由此可见，对草地植被分区、分类型建立估算模型是提高生物量估算精度的有效途径。

（4）全国草地地上现存生物量的估算

基于草地地上现存生物量遥感监测方法，利用本书的 FVC 产品和 MODIS 数据，估算 2000 年、2005 年和 2010 年全国草地现存生物量（具体是在累积日为 209 天的地上生物量，即生长季的鼎盛时期），见图 7.10。从区域上来看，草地地上生物量与植被覆盖度在空间分布上一致。生物量高的区域主要靠近大兴安岭、青藏高原东南部及伊犁河谷地带，生物量在 $100g/m^2$ 左右；而在内蒙古中部及青藏高原中西部地区，生物量较低，基本上在 $100g/m^2$ 以下。

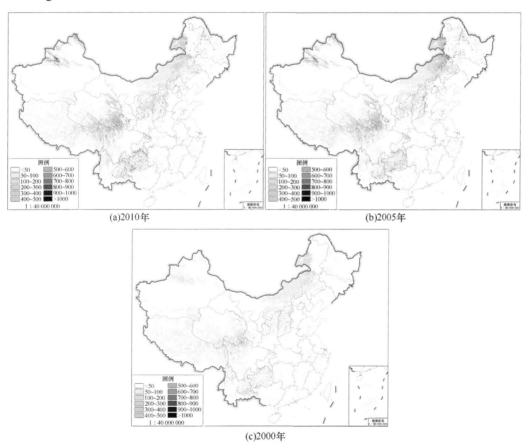

图 7.10　250m 分辨率全国草地现存地上生物量分布图（单位：g/m^2）

7.2.2.2 草地地上理论生物量的监测

（1）CASA 模型介绍

CASA（Carnegie-Ames-Stanford approach）模型最早由 Potter 等（1993）提出，主要用于评估区域或全球 NPP。对于某一区域，绿色植被转换的 NPP 等于光合有效辐射量（PAR）乘以植被对 PAR 的利用能力。对于图像中的一个像元，CASA 用光合有效辐射(PAR)与绿色植被对 PAR 的吸收能力 FPAR 计算 APAR。CASA 对 APAR 利用效率 ε 的计算主要通过最大光能利用效率与环境胁迫因子（包括水分可利用性与温度适宜性）。

在某一个像元，单位时间 NPP 的计算方法如下：

$$NPP = APAR(x,t) \times \varepsilon(x,t) \tag{7-10}$$

式中，植被吸收的光合有效辐射 APAR 通过 PAR 与 FPAR 的乘积计算获得，PAR 是植被能进行光合作用的有效能量，其能量为到达地表的太阳总辐射量的一个分量，通过以下公式计算获得：

$$APAR(x,t) = PAR(x,t) \times FPAR(x,t) \tag{7-11}$$

式中，FPAR 为植被冠层对入射光合有效辐射的吸收系数。所以，对大范围 APAR 的监测和估算主要是通过对 FPAR 与 PAR 的估算实现的。

（2）CASA 模型在草地地上理论生物量估算中的应用

生物量是指一定时间内单位面积所含的一个或一个以上生物种群或一个生物地理群落中所有生物有机体的总鲜重或者干重，其单位为 g/m^2 或者 t/hm^2。从净初级生产力和生物量的概念分析可知，净初级生产力是形成生物量的基础，即生物量是每年净初级生产力的存留部分。在净初级生产力与生物量形成过程中还存在残落物的损失及动物采食量的消耗。即

$$dv/dt = NPP - f_{VL} \tag{7-12}$$

式中，dv/dt 是单位时间、单位面积变化的生物量；NPP 是净初级生产力；f_{VL} 是残落物损失速率。在生物量中，有机物主要有 3 种去向，即被食量（被动物啃食）、自然干扰消耗量（如被野火燃烧掉）以及净生物群系生产力（NBP）。NBP 累积生成生态系统现存量，通常草地野外生物量调查所得结果实际上是现存量。

由此可见，要估算草地地上理论生物量，除了估算草地地上现存生物量外，还要估算非呼吸代谢所消耗的光合产物。从对人类生产经营活动强度的评估来说，主要是对人为干扰消耗量的估算。例如，对草地植被来说，主要是人为控制的牲畜啃食量。

直接估算人为干扰消耗量是非常困难的，在全国尺度几乎是不可能实现的。由于草地植被地上生物量与气候因子（温度与降水）密切相关，只需对气候因子与生物量建立相关关系就可以估算。该类模型较多，其中以 Miami 模型、Thornthwaite 模型、Chikugo 模型为代表（Leith and Whittaker，1975；Uchijima and Seino，1985）。国内也有许多学者对这方面进行了研究（闫淑君和洪伟，2001；张宪洲，1993；周广胜和张新时，1995，1996a，1996b；周广胜等，2002）。该类模型的特点是形式简单，在不同区域得到了不同程度的验证，应用广泛。但是，由于模型基于统计关系建立，缺少机理上的分析，估算结果误差较大。

假设最近 10 年来，某一个像元对应草地的最大生物量是在以下条件下产生的：①人为活动扰动最小，对草地来说主要是放牧程度最低。②气候条件最优，主要表现在水热条件配比最好。

基于以上假设，获取 2000～2010 年草地地上现存生物量最大值及其年份信息。然后用该年份的遥感数据求取 CASA 中的 FPAR 参数，作为人为活动扰动最小、气候条件最佳情况下植被所能吸收的最大光合有效辐射吸收能力。

PAR 为光合有效辐射，太阳辐射中能被绿色植物用来进行光合作用的那部分能量称为光合有效辐射，波长为 400～700nm，单位为 MJ/m²。对这一部分光的截获和利用是生物圈起源、进化和持续存在的必要条件。从理论和实验中都证明光合有效辐射与反射值有联系，光合有效辐射与生物量有很强的相关性，计算公式为

$$PAR(x,t) = 0.48 \times K_{24}^{\downarrow}(t) \qquad (7\text{-}13)$$

式中，$K_{24}^{\downarrow}(t)$ 表示太阳总辐射量，由 FAO 公布的技术文档（Allen et al.，1998，2005）中的经验公式计算得到，具体计算如下：

$$K_{24}^{\downarrow}(t) = \left\{ 0.25 + \frac{0.5 \times n(t)}{N(t)} \right\} \times K_{24}^{\downarrow exo}(t) \qquad (7\text{-}14)$$

$$K_{24}^{\downarrow exo}(t) = \frac{24 \times 60}{\pi} G_{sc} d_r \left[\omega_s \sin(\varphi)\sin(\delta) + \cos(\varphi)\cos(\delta)\sin(\omega_s) \right] \qquad (7\text{-}15)$$

$$\delta = 0.409 \times \sin(\frac{2\pi}{365} J - 1.39) \qquad (7\text{-}16)$$

$$\omega_s = \arccos[-\tan(\varphi)\tan(\delta)] \tag{7-17}$$

$$N(t) = \frac{24}{\pi \times \omega_s} \tag{7-18}$$

式中，$K_{24}^{\downarrow}(t)$ 表示太阳总辐射量 [MJ/（m²·t)]；$K_{24}^{\downarrow}(t)$ 表示日总辐射量；G_{sc} 表示太阳常数，为 0.0820MJ/(m²·min)(相当于 1366.67W/m²)；d_r 为相对日地距离(m)；ω_s 是日落时角(rad)；φ 表示地区纬度(rad)；δ 为赤纬角(rad)；J 为儒略日，即某一天是一年中的第几天；$N(t)$ 为潜在或者说最大日照时数(h)；$n(t)$ 为实际日照时数(h)，该数据从气象观测站获取。

我国草地 PAR 整体上从东南向西北地区递增（图 7.11）。PAR 最高的区域主要发生在阿尔泰山一带，PAR 在 3200MJ/m² 以上；在内蒙古中部、藏北高原一带，PAR 为 3000～3200MJ/m²；靠近大兴安岭一带、青藏高原中西部及天山一带，PAR 为 2800～3000MJ/m²；在青藏高原中部，PAR 为 2600～2800MJ/m²；从青藏高原东南部到四川盆地，PAR 由 2400MJ/m² 到 2000MJ/m² 递减。

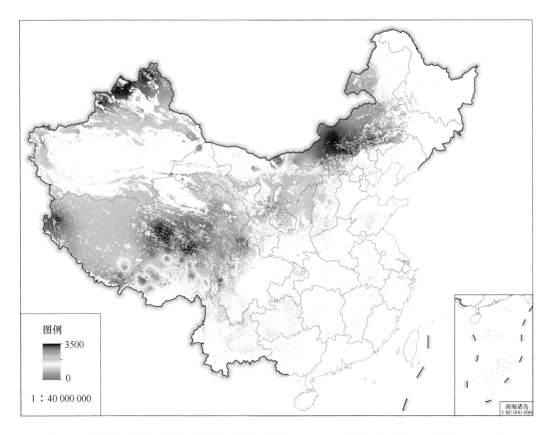

图 7.11　我国草地分布区生长季前期光合有效辐射（PAR）的空间分布格局（单位：MJ/m²）

对于 CASA 模型中的光能利用效率 ε，本小节没有采用区域统一的最大光能利用率 ε^*，而是使用年际最大地上生物量标定的转换系数，然后基于温度胁迫与水分胁迫来估算光能利用能力。计算方法如下：

$$\varepsilon(x,t) = m \times T_1(x,t) \times T_2(x,t) \times W(x,t) \tag{7-19}$$

式中，$T_1(x,t)$ 和 $T_2(x,t)$ 分别表示低温和高温对光能利用率的胁迫作用；$W(x,t)$ 为水分胁迫影响系数，反映水分条件的影响。

1）温度胁迫因子的估算。$T_1(x,t)$ 反映在低温和高温时植物内在的生化作用对光合作用的限制而降低净初级生产力（Field et al.，1995）。计算公式如下：

$$T_1(x,t) = 0.8 + 0.02 \times T_{opt}(x) - 0.0005 \times \left[T_{opt}(x)\right]^2 \tag{7-20}$$

式中，$T_{opt}(x)$ 为某一区域一年内 NDVI 值达到最高时的当月平均气温（℃），当某一月平均温度小于或者等于-10℃时，$T_1(x,t)$ 取 0。已有许多研究表明，NDVI 的大小及其变化可以反映植物的生长状况，NDVI 达到最高时，植物生长最快，此时的气温可以在一定程度上代表植物生长的最适温度。本小节中，$T_{opt}(x)$ 取年际生物量最大年份的 NDVI 达到最高时的温度。

$T_2(x,t)$ 表示环境温度从最适温度 $T_{opt}(x)$ 向高温和低温变化时植被光能利用率逐渐变小的趋势(Potter et al.，1993；Field et al.，1995，1998)，这是因为低温和高温时高的呼吸消耗必将会降低光能利用率，生长在偏离最适温度的条件下，其光能利用率也一定会降低，计算公式为

$$T_2(x,t) = 1.184 \, / \, \{1 + \exp[0.2 \times (T_{opt}(x) - 10 - T(x,t))]\}$$

$$\times 1 \, / \, \{1 + \exp[0.3 \times (-T_{opt}(x) - 10 + T(x,t))]\} \tag{7-21}$$

当某一月平均温度 $T(x,t)$ 比最适温度 $T_{opt}(x)$ 高 10℃或低 13℃时，该月的 $T_2(x,t)$ 值等于月平均温度 $T(x,t)$ 为最适温度 $T_{opt}(x)$ 时 $T_2(x,t)$ 值的一半。

图 7.12 显示我国大部分草地分布区受温度胁迫作用较小。胁迫作用较为明显的区域主要发生在降水量较高、水分条件较好的区域，如青藏高原东南部、大兴安岭地区等。

2）水分胁迫因子的估算。地面干湿程度对于植物生长有着十分重要的作用，通常情况下，表示干湿状况最简明的气候指标是降水量。但是，一个地区的降水量只表示该地区的水量收入，并不能完全反映该地区的干湿状况。降水量和最大可能蒸散量的比值

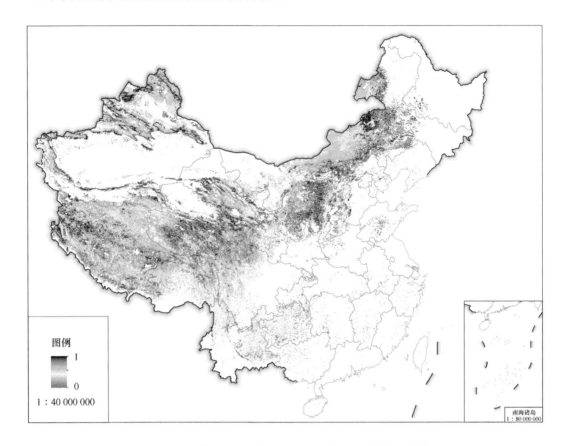

图 7.12　我国草地分布区生长季前期温度胁迫的空间分布格局

或差值则反映了该地区水分的收支与盈亏，作为干湿指标，其物理意义是明确的。但是一个地方的降水量并不完全用于该地区水分的蒸发，还用于地表径流和地下渗透，而且该指标也不能反映地面土壤的干湿程度。一般认为，土壤水分超过某一临界值时，蒸发速率不受土壤水分供应的限制，而只与气候条件有关；当土壤水分含量低于这一临界值时，蒸发速率除与气候条件有关外，还随土壤水分有效性的降低而降低。因此，周广胜和张新时（1996a，1996b）用区域实际蒸散量与区域潜在蒸散量的比值来反映土壤水分干湿程度，并定义其为区域湿润指数。

水分胁迫影响系数 $W(x, t)$ 反映了植物所能利用的有效水分条件对光能利用率的影响，随着环境中有效水分的增加，$W(x, t)$ 逐渐增大，取值 0.5（在极端干旱条件下）～1（非常湿润的条件下）（朴世龙等，2001）。计算公式为

$$W(x,t) = 0.5 + 0.5 \times \frac{E(x,t)}{E_p(x,t)} \tag{7-22}$$

式中，$E(x, t)$为区域实际蒸散量（mm），可根据周广胜和张新时（1995）建立的区域实际蒸散量模型求取。$E_p(x, t)$为区域潜在蒸散量（mm），可根据 Boucher 提出的互补关系求取（张新时，1989a，1989b；张新时等，1993；张志明，1990）。

$$E(x,t) = \frac{P(x,t) \times R_n(x,t) \times \left[P^2(x,t) + R_n^2(x,t) + P(x,t) \times R_n(x,t)\right]}{\left[P(x,t) + R_n(x,t)\right] \times \left[P^2(x,t) + R_n^2(x,t)\right]} \tag{7-23}$$

式中，$P(x, t)$为像元 x 在 t 月的降水量（mm）；$R_n(x, t)$为像元 x 在 t 月的地表净辐射量（W/M²），由于一般的气象观测站不进行地表净辐射观测，计算地表净辐射需要的气象要素很多，不易求取，因此本小节利用周广胜和张新时（1996b）建立的经验模型求取：

$$R_n(x,t) = \left[E_{po}(x,t) \times P(x,t)\right]^{0.5} \times \left\{0.369 + 0.598 \times \left[\frac{E_{po}(x,t)}{P(x,t)}\right]^{0.5}\right\} \tag{7-24}$$

$$E_p(x,t) = \left[E(x,t) + E_{po}(x,t)\right] / 2 \tag{7-25}$$

式中，$E_{po}(x, t)$为局地潜在蒸散量（mm），可以通过 Thornthwaite 植被-气候关系模型的计算方法求取（张新时，1989a）。

$$E_{po}(x,t) = 16 \times \left[\frac{10 \times T(x,t)}{I(x)}\right]^{a(x)} \tag{7-26}$$

$$a(x) = [0.6751 \times I^3(x) - 77.1 \times I^2(x) + 17\,920 \times I(x) + 492\,390] \times 10^{-6} \tag{7-27}$$

$$I(x) = \sum_{t=1}^{12} \left[\frac{T(x,t)}{5}\right]^{1.514} \tag{7-28}$$

式中，$I(x)$是 12 个月累加的热量指标；$a(x)$则是因地而异的常数，是 $I(x)$的函数。这一关系仅在气温为 0～26.5℃时有效。Thornthwaite 模型将气温低于 0℃时的可能蒸散率设定为 0；在高于 26.5℃时，可能蒸散量仅随温度增加而增加，与 $I(x)$值无关。

图 7.13 显示了我国草地分布区植被受水分胁迫的空间分布格局。相比温度的胁迫作用，水分胁迫的区域差异性明显。在青藏高原东南部高寒草甸分布区，植被受水分胁迫的作用较小，因此植被活动强度更表现出对温度敏感的偏向。在大兴安岭草甸草原分布区，水分胁迫也相对较小。而内蒙古中部典型草原与荒漠草原分布区、青藏高原西部高寒稀疏草原分布区及疆北地区的荒漠草原分布区，草地植被的活动强度受水分胁迫的影

响较大。

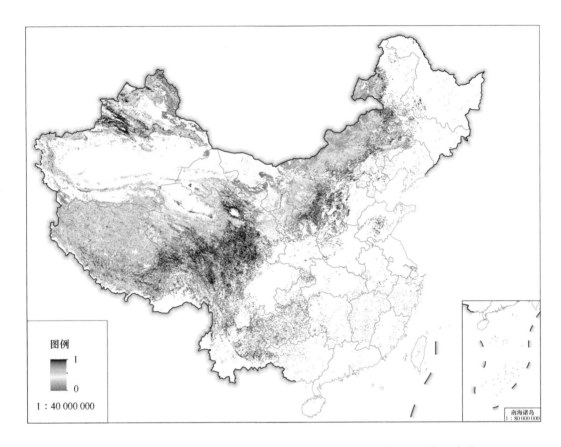

图7.13 我国草地分布区生长季前期水分胁迫的空间分布格局及其年际变化

（3）全国草地地上理论生物量的估算

通过对年际最大地上现存生物量与年份信息的求取，获取草地植被扰动最小、气候条件最优条件下植被对光合有效辐射吸收的最高比例，利用气候数据估算光合有效辐射（PAR）、温度胁迫 T_1 与 T_2 以及水分胁迫 W，然后利用标定的转换系数（mg C/MJ），估算2000年、2005年、2010年草地地上理论生物量（图7.14）。从图中可以看出，理论生物量在温性草甸和高寒草原地区都具有明显的地带特征，在内蒙古的温性草原和青藏高原的高寒草原，理论生物量均呈现东高西低的分布趋势。

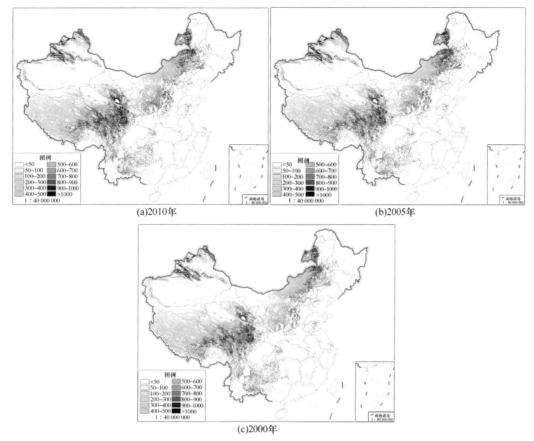

(a)2010年　　　　　　　　　　　(b)2005年

(c)2000年

图 7.14　250m 分辨率全国草地理论地上生物量分布图（单位：g/m^2）

7.2.3　农田地上生物量遥感监测

NDVI 与生物量具有很好的相关性，因此可以利用 NDVI 作为农田生物量的度量。考虑到在遥感观测中，混合像元对估算结果的精度影响很大，因此需要在利用 NDVI 进行生物量估算前，对 NDVI 进行纯化。本研究中，使用像元尺度农田休耕率（FLR）估算纯净作物像元尺度的 NDVI。

研究中，以冬小麦生长季为例，通过计算 3 月末和 5 月初 30m 环境卫星 CCD 数据的 NDVI 差值，结合典型训练样本构建休耕区域的 NDVI 差值直方图，截取累积频率为 95% 处的 NDVI 差值作为休耕地识别阈值。利用这一阈值结合决策树分类方法，提取了农田休耕地分布，并将 30m 分辨率的休耕地与种植区分布图在 MODIS 像元尺度重采样（1km），通过统计每一个 MODIS 像元内休耕地与种植区的像元个数，计算了 MODIS 像元尺度的休耕率。

结合作物掩膜和土地利用掩膜，提取 MODIS 耕地像元，基于线性混合像元分解技术，利用农田休耕率（FLR）提取纯净作物种植区的 NDVI 值，计算公式如下：

$$\mathrm{NDVI_{corrected}} = \left(\mathrm{NDVI_{max}}_{t1} - \mathrm{FLR}_{t1} \cdot \mathrm{NDVI_{min}}_{t1}\right) / \left(1 - \mathrm{FLR}_{t1}\right) \tag{7-29}$$

作物地上生物量与利用休耕率修正的 NDVI 具有高度相关性，并且对不同的作物类型，农作物生物量在不同生长期的 NDVI 也不同。充分考虑以上问题，专题组基于休耕率修正后的纯净作物像元 NDVI（$\mathrm{NDVI_{corrected}}$）建立了与实测生物量的经验关系，如下式所示：

$$\mathrm{Biomass} = a \cdot \mathrm{NDVI_{corrected}} \tag{7-30}$$

式中，a 为针对不同作物类别拟合的不同系数。基于以上流程，专题组实现了像元尺度的农田生物量估算，具体流程如图 7.15 所示。

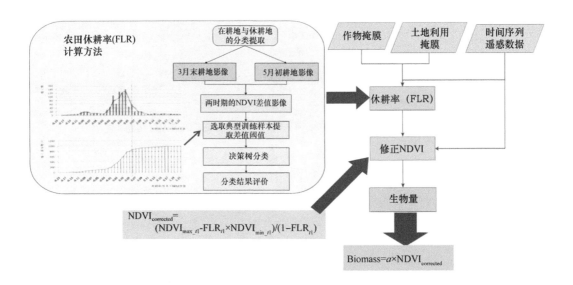

图 7.15　农田地上生物量估算流程

将全国数据代入模型从而计算获得全国农田地上生物量分布图，如图 7.16 所示。从图中可以看出，全国农田地上生物量分布与气候有着很大的关系，胡焕庸线以东的湿润地区农田地上生物量相对较高，而胡焕庸线以西的干旱半干旱地区农田地上生物量明显偏低。

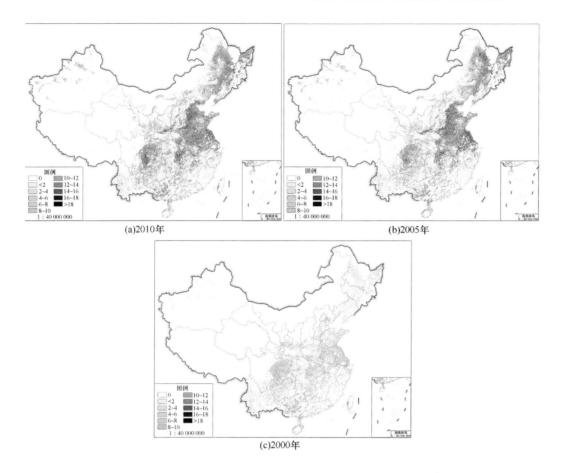

(a)2010年　　(b)2005年

(c)2000年

图 7.16　250m 分辨率全国农田地上生物量分布图（单位：t/hm^2）

7.3　全国植被地上生物量数据成果与变化格局

7.3.1　数据成果

分别将 2000 年、2005 年和 2010 年的森林地上生物量、草地地上生物量和农田地上生物量数据集镶嵌，从而获得 3 个年度的 250m 空间分辨率全国植被地上生物量分布图（图 7.17）。

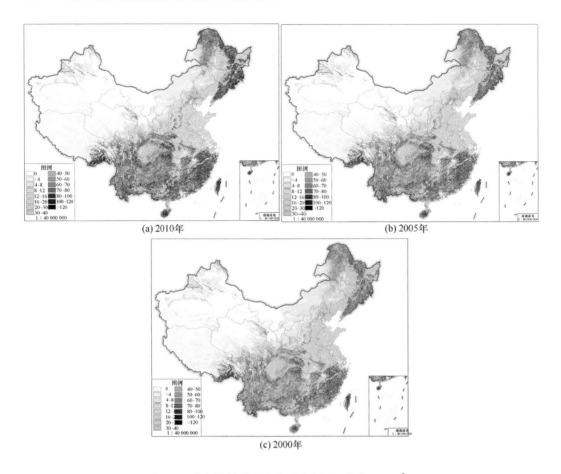

(a) 2010年

(b) 2005年

(c) 2000年

图 7.17 全国植被地上生物量分布图（单位：t/hm²）

7.3.2 全国植被地上生物量时空变化格局

2000～2010 年全国植被地上生物量总体保持增长态势（图 7.18），其中东北林区、华北、西南和东南大部分地区植被地上生物量的增长较为明显，东北农业区、华北平原农业区和青藏高原草地出现了较为显著的生物量下降趋势。具体到林地，全国绝大部分林地地上生物量保持增长态势，仅在华北北部、新疆西部部分地区出现了轻微下降，其中增长较大的区域分布在小兴安岭林区、西藏南部的原始森林，以及南方的常绿阔叶林区；草地方面，全国草地地上生物量有增有减，其中内蒙古东部和青藏高原中西部的地上生物量出现大面积下降，在一定程度上反映了这些区域草地退化，而内蒙古中部、新疆，以及青藏高原的东部均出现了大面积增加；农田地上生物量则呈现东北和华北降低、其他区域增加的趋势，农业活动与当年气候及人类活动有较大关系。

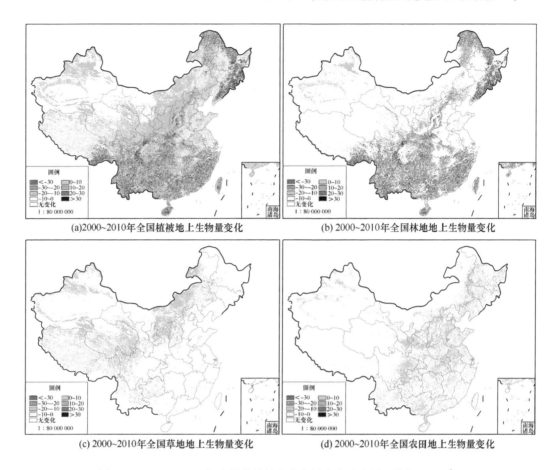

图 7.18   2000~2010 年全国植被地上生物量变化分布图（单位：t/hm²）

7.4   小　　结

　　利用遥感能够对植被地上生物量进行相对较为精确的估算，并对其变化趋势进行精确分析。林地地上生物量往往可以通过多源多时相遥感数据进行综合反演，而草地和农田地上生物量由于受到较为显著的物候条件影响，往往通过时间序列数据即可实现估算。对于林地地上生物量：①基于机载激光雷达可以获得航飞区域高精度森林地上生物量估算结果，有效补充森林地上生物量本底调查数据，还可为更大范围的森林地上生物量监测提供更多的样本和验证数据。然而基于样方尺度的估算方法，在模型推广过程中会受到尺度效应的影响。在今后的工作中，将进一步探讨单木尺度森林地上生物量的监测方法，从提高单木识别的准确度着手，获取高精度的单木地上生物量，有助于提高航飞区域森林地上生物量的估算精度。②250m 或 500m 分辨率的遥感数据,适用于开展大范围森林地上生物量监测及长时间序列变化分析,然而混合像元问题、地面实测和机载航飞数据与影像空间分辨率的尺度差异,导致地面及航飞样本数据与遥感影像匹配、建模和验证较为困难。30m 尺度的光学遥感数据可以很好地估算区域尺度森林地上生物量,但影像的幅宽与天气因素导致获取时相差异,基于每帧影像构建的模型很难被推广到大范围研究区。因此,构建两级外推模型,以 30m 尺度的典型样区为桥梁,进而外推到中低分辨率尺度,是获取大范围研究区森林地上生物量的有效手段。然而,在应用外推模型时,典型样区既要涵盖地面调查及航飞数据,又要能够代表大范围研究区的森林类型和分布特征。如何选择典型样区、如何界定样区的代表性,是需要进一步考虑的问题。③实现大范围研究区森林地上生物量的高精度估算,首先还是需要从与地上生物量联系最为紧密的树高数据入手。ICESat-2 作为 ICESat 的后续卫星,已于 2018 年发射,将持续提供陆地生态系统垂直结构信息,因此在下一步研究中考虑引入 ICESat-2 数据,获取大范围空间连续的高密度冠层高度信息,进一步提高大范围研究区的森林地上生物量估算精度。④不同森林类型的垂直结构和反射光谱特征存在显著差异,本章目前只针对针叶林、阔叶林和针阔混交林 3 种类型,分别构建地上生物量估算模型。考虑到森林类型对地上生物量估算的影响,在未来研究中,可以引入森林类型的三级分类结果,涵盖物种或群落等信息,让估算模型更加精细化。

对于草地地上生物量:①利用多时相植被指数模型估算草地地上生物量相比单时相的植被指数模型能更加有效地利用草地植被生长季早期的下垫面信息,可以减少背景信息对植被指数的影响,特别适合中低植被覆盖区域的地上生物量的估算。另外,利用多时相植被指数模型可以减少统计模型中估算参数数量,有利于不同区域、不同时期模型之间的比较与优化。②多时相遥感数据的选择对利用多时相植被指数模型至关重要。生长季早期的遥感数据要有效地代表土壤等下垫面的信息,但也可能会受到雪的影响,获取晚期的数据时,草地植被的萌芽会对下垫面造成影响。因此,根据高时间分辨率的植被指数信息,选择影响因素之间的平衡点是有效进行背景信息分离的前提,本研究选择了累积日为 97 天(大约在 4 月 7 日)的遥感数据作为下垫面的背景信息。草地植被地上生物量年总量一般指地上最大生物量,根据草地植被生长规律,草地植被生物量达到最大时就是生长季最鼎盛时期。遥感数据的选择早于鼎盛时期会使得估算结果偏低,如果迟于鼎盛时期,由于有人为因素的影响,如打草等活动,估算结果明显偏低,本研究选择累积日为 207 天(大约在 7 月 27 日)的遥感数据作为草地地上最大生物量估算的时间节点。③草地植被覆盖度（FVC）是土壤背景信息分离的主要参数，本研究选择了光谱混合分析方法（SMA）方法进行估算。但是，以前的 SMA 方法在估算 FVC 时存在两个问题：第一，SMA 方法首先需要确定分解端元，目前仍然没有有效的办法；第二，SMA 中选择的归一化植被指数 NDVI 会使得估算的 FVC 偏高。针对端元选择的问题，本研究在端元选择上充分利用生长季早期的下垫面信息作为土壤背景信息，结合实测光谱信息来确定分解端元，有效地简化了端元选择的问题；针对 SMA 方法中使用 NDVI 会使得估算结果偏高的问题，本研究利用 RVI 与 NDVI 来解决。研究结果显示，FVC 估算精度得到了显著提高。

参 考 文 献

安卯柱. 2002. 阿拉善盟草地资源遥感调查方法. 内蒙古草业, 14(3): 17-18.

陈尔学, 李增元, 武红敢, 等. 2008. 基于 k-NN 和 Landsat 数据的小面积统计单元森林蓄积估测方法. 林业科学研究, 21(6): 745-750.

陈生云, 赵林, 秦大河, 等. 2010. 青藏高原多年冻土区高寒草地生物量与环境因子关系的初步分析. 冰川冻土, 32(2): 405-413.

陈云浩, 李晓兵, 史培军, 等. 2003. 中国北方草地与农牧交错带植被的 NDVI-Ts 空间的年内变化特征. 植物学报(英文版), 45(10): 1139-1145.

池泓. 2011. 基于 ICESat/GLAS 和 MODIS 数据的中国森林地上生物量估算研究. 北京: 中国科学院研究生院博士学位论文.

戴小华, 余世孝. 2003. 遥感技术支持下的植被生产力与生物量研究进展. 生态学杂志, 23(4): 92-98.

董金金. 2014. 基于 PSO-SVM 的森林地上生物量遥感估测与空间分析. 泰安: 山东农业大学硕士学位论文.

董立新, 李贵才, 唐世浩. 2011a. 中国南方森林冠顶高度 Lidar 反演——以江西省为例. 遥感学报, 15(6): 1301-1314.

董立新, 戎志国, 李贵才, 等. 2011b. 吉林长白山森林冠顶高度激光雷达与 MERSI 联合反演. 武汉大学学报(信息科学版), 36(9): 1020-1024.

段祝庚, 肖化顺. 2011. 机载激光雷达森林参数估算方法综述. 林业资源管理, (4): 117-121.

段祝庚, 赵旦, 曾源, 等. 2015. 基于遥感的区域尺度森林地上生物量估算研究. 武汉大学学报(信息科学版), 40(10): 1400-1408.

方红亮, 田庆久. 1998. 高光谱遥感在植被监测中的研究综述. 遥感技术与应用, 13(1): 62-69.

方精云, 柯金虎, 唐志尧, 等. 2001. 生物生产力的"4P"概念、估算及其相互关系. 植物生态学报, 25(4): 414-419.

付安民. 2008. 基于多源遥感数据的东北亚森林生物量反演及其时空变化分析. 北京: 中国科学院遥感

应用研究所博士学位论文.

付甜, 庞勇, 黄庆丰, 等. 2011. 亚热带森林参数的机载激光雷达估测. 遥感学报, 15(5): 1092-1104.

顾祥, 胡新博. 1997. 遥感监测中草地生产力野外实测体系的建立和资料的采集方法. 草食家畜, (2): 46-48.

郭颖. 2011. 森林地上生物量的非参数化遥感估测方法优化. 北京: 中国林业科学研究院博士学位论文.

郭云, 李增元, 陈尔学, 等. 2015. 甘肃黑河流域上游森林地上生物量的多光谱遥感估测. 林业科学, 51(1): 140-149.

郭志华, 彭少麟, 王伯荪. 2002. 利用 TM 数据提取粤西地区的森林生物量. 生态学报, 22(11): 1832-1839, 2022.

国庆喜, 张锋. 2003. 基于遥感信息估测森林的生物量. 东北林业大学学报, 31(2): 13-16.

黄金龙, 居为民, 郑光, 等. 2013. 基于高分辨率遥感影像的森林地上生物量估算. 生态学报, 33(20): 6497-6508.

黄克标, 庞勇, 舒清态, 等. 2013. 基于 ICESat GLAS 的云南省森林地上生物量反演. 遥感学报, 17(1): 165-179.

黄克标. 2011. 基于激光雷达的大湄公河次区域森林地上生物量反演. 昆明: 西南林业大学硕士学位论文.

江东, 王乃斌, 杨小唤, 等. 2001. 植被指数-地面温度特征空间的生态学内涵及其应用. 地理科学进展, 20(2): 146-152.

焦李成. 1993. 神经网络的应用与实现, 西安: 西安电子科技大学出版社.

李德仁, 王长委, 胡月明, 等. 2012. 遥感技术估算森林生物量的研究进展. 武汉大学学报(信息科学版), 37(6): 631-635.

李贵才. 2004. 基于 MODIS 数据和光能利用率模型的中国陆地净初级生产力估算研究. 中国科学院研究生院(遥感应用研究所)博士学位论文.

李锦业, 吴炳方, 周月敏, 等. 2009. 三峡库区植被生物量遥感估算方法研究. 遥感技术与应用, 24(6): 784-788.

李旺, 牛铮, 王成, 等. 2015. 机载 LiDAR 数据估算样地和单木尺度森林地上生物量. 遥感学报, 19(4): 669-679.

梁顺林, 李小文, 王锦地, 等. 2013. 定量遥感: 理念与算法. 北京: 科学出版社.

刘芳, 冯仲科, 赵芳, 等. 2015. 资源三号遥感卫星影像的生物量反演研究. 西北林学院学报, 30(3): 175-181.

刘峰, 谭畅, 张贵, 等. 2013. 长白落叶松单木参数与生物量机载 LiDAR 估测. 农业机械学报, 44(9): 219-224, 242.

刘清旺, 李增元, 陈尔学, 等. 2008. 利用机载激光雷达数据提取单株木树高和树冠. 北京林业大学学报, 30(6): 83-89.

娄雪婷, 曾源, 吴炳方, 等. 2010. 延河流域阔叶林地上生物量遥感监测及空间分布特征分析. 资源科学, 32(11): 2229-2238.

娄雪婷, 曾源, 吴炳方. 2011. 森林地上生物量遥感估测研究进展. 国土资源遥感, (1): 1-8.

穆喜云, 张秋良, 刘清旺, 等. 2015. 基于机载 LiDAR 数据的林分平均高及郁闭度反演. 东北林业大学学报, 43(9): 84-89.

庞勇, 黄克标, 李增元, 等. 2011. 基于遥感的湄公河次区域森林地上生物量分析. 资源科学, 33(10): 1863-1869.

庞勇, 李增元, 陈尔学, 等. 2005. 激光雷达技术及其在林业上的应用. 林业科学, 41(3): 129-136.

庞勇, 赵峰. 2008. 机载激光雷达平均树高提取研究. 遥感学报, 12(1): 152-158.

朴世龙, 方精云, 郭庆华. 2001. 利用 CASA 模型估算我国植被净第一性生产力. 植物生态学报, 5: 603-608, 644.

戚玉娇, 李凤日. 2015. 基于 KNN 方法的大兴安岭地区森林地上碳储量遥感估算. 林业科学, 51(5): 46-55.

孙小添. 2014. 基于 MODIS 数据反演森林地上生物量的研究. 哈尔滨: 东北林业大学硕士学位论文.

孙小添, 邢艳秋, 李增元, 等. 2013. 基于 MODIS 影像的决策树森林类型分类研究. 西北林学院学报, 28(6): 139-144, 168.

谭炳香, 李增元, 陈尔学, 等. 2008. 高光谱遥感森林信息提取研究进展. 林业科学研究, 21(S1): 105-111.

汤旭光, 刘殿伟, 王宗明, 等. 2012. 森林地上生物量遥感估算研究进展. 生态学杂志, 31(5): 1311-1318.

陶波, 李克让, 邵雪梅, 等. 2003. 中国陆地净初级生产力时空特征模拟. 地理学报, 58(3): 372-380.

童庆禧, 郑兰芬. 1997. 湿地植被成像光谱遥感研究. 遥感学报, 1(1): 50-57.

王长庭, 王启基, 龙瑞军, 等. 2004. 高寒草甸群落植物多样性和初级生产力沿海拔梯度变化的研究. 植物生态学报, 28(2): 240-245.

王立海, 邢艳秋. 2008. 基于人工神经网络的天然林生物量遥感估测. 应用生态学报, 19(2): 261-266.

王启基, 周兴民, 张堰青, 等. 1991. 青藏高原金露梅灌丛的结构特征及其生物量. 西北植物学报, 11(4): 333-340.

王云飞, 庞勇, 舒清态. 2013. 基于随机森林算法的橡胶林地上生物量遥感反演研究——以景洪市为例. 西南林业大学学报, 33(6): 38-45, 111.

吴迪, 范文义. 2015. 协同 ICESat/GLAS 和 MISR 数据估算小兴安岭地区森林地上生物量. 植物研究, 35(3): 397-405.

徐斌, 杨秀春, 陶伟国, 等. 2007. 中国草原产草量遥感监测. 生态学报, 27(2): 405-413.

徐光彩. 2013. 小光斑波形激光雷达森林 LAI 和单木生物量估测研究. 北京: 中国林业科学研究院博士学位论文.

徐天蜀, 张王菲, 岳彩荣. 2007. 基于 PCA 的森林生物量遥感信息模型研究. 生态环境, 16(6): 1759-1762.

徐新良, 曹明奎. 2006. 森林生物量遥感估算与应用分析. 地球信息科学, 8(4): 122-128.

许鹏. 2005. 中国草地资源经营的历史发展与当前任务. 草地学报, 13(S1): 1-9.

闫海忠, 林锦屏, 王璟, 等. 2011. 基于 ARCGIS 的区域生物量 DEM 模型空间分析——以云南香格里拉三坝乡黄背栎林生物量估算为例. 安徽农业科学, (2): 852-855, 858.

闫淑君, 洪伟. 2001. 自然植被净第一性生产力模型的改进. 江西农业大学学报, 23: 248-252.

阎平凡. 2001. 智能信息处理与神经网络研究. 数据采集与处理, 16: 10-13.

杨婷, 王成, 李贵才, 等. 2014. 基于星载激光雷达 GLAS 和光学 MODIS 数据中国森林冠层高度制图. 中国科学: 地球科学, 44(11): 2487-2498.

曾晶, 张晓丽. 2016. 高分一号遥感影像下崂山林场林分生物量反演估算研究. 中南林业科技大学学报, 36(1): 46-51.

张良培, 郑兰芬, 童庆禧. 1997. 利用高光谱对生物变量进行估计. 遥感学报, 1(2): 111-114.

张宪洲. 1993. 我国自然植被净第一性生产力的估算与分布. 自然资源, 1: 15-21.

张小全, 徐德应, 赵茂盛. 1999. 林冠结构、辐射传输与冠层光合作用研究综述. 林业科学研究, (4): 411-421.

张新时. 1989a. 植被的 PE(可能蒸散)指标与植被-气候分类(一)——几种主要方法与 PEP 程序介绍. 植物生态学与地植物学学报, 13: 1-9.

张新时. 1989b. 植被的 PE(可能蒸散)指标与植被-气候分类(二)——几种主要方法与 PEP 程序介绍. 植物生态学与地植物学学报, 13: 197-207.

张新时, 杨奠安, 倪文革. 1993. 植被的 PE(可能蒸散)指标与植被—气候分类(三)几种主要方法与 PEP 程序介绍. 植物生态学与地植物学学报, 17: 97-109.

张志明. 1990. 计算蒸发量的原理与方法. 成都: 成都科技大学出版社.

周广胜, 王玉辉, 蒋延玲, 等. 2002. 陆地生态系统类型转变与碳循环. 植物生态学报, 26: 250-254.

周广胜, 张新时. 1995. 自然植被净第一性生产力模型初探. 植物生态学报, 19: 193-200.

周广胜, 张新时. 1996a. 全球气候变化的中国自然植被的净第一性生产力研究. 植物生态学报, 20: 11-19.

周广胜, 张新时. 1996b. 中国气候-植被关系初探. 植物生态学报, 20: 113-119.

Adams J B, Sabol D E, Kapos V, et al. 1995. Classification of multispectral images based on fractions of endmembers: application to land-cover change in the Brazilian Amazon. Remote Sensing of Environment, 52: 137-154.

Adams J B, Smith M O, Johnson P E. 1986. Spectral mixture modeling: a new analysis of rock and soil types at the Viking Lander 1 site. Journal of Geophysical Research, 91: 8098-8112.

Anaya J, Chuvieco A E, Palacios-Orueta A. 2009. Aboveground biomass assessment in Colombia: a remote sensing approach. Forest Ecology and Management, 257(4): 1237-1246.

Andersen H E, Reutebuch S E, Mcgaughey R J. 2014. A rigorous assessment of tree height measurements obtained using airborne lidar and conventional field methods. Canadian Journal of Remote Sensing, 32(5): 355-366.

Andersen J, Martin M E, Smith M, et al. 2006. The use of waveform lidar to measure northern temperate mixed conifer and deciduous forest structure in New Hampshire. Remote Sensing of Environment, 105(3): 248-261.

Baccini A, Goetz S J, Walker W S, et al. 2012. Estimated carbon dioxide emissions from tropical deforestation improved by carbon-density maps. Nature Climate Change, 2(3): 182-185.

Baccini A, Laporte N, Goetz S, et al. 2008. A first map of tropical Africa's above-ground biomass derived from satellite imagery. Environmental Research Letters, 3(4): 045011.

Barilotti A, Turco S, Alberti G. 2006. LAI determination in forestry ecosystem by LiDAR data analysis. Proceedings of Workshop 3D Remote Sensing in Forestry, Vienna, Austria.

Blackard J, Finco M, Helmer E, et al. 2008. Mapping US forest biomass using nationwide forest inventory data and moderate resolution information. Remote Sensing of Environment, 112(4): 1658-1677.

Bonham-Carter G F. 1988. Numerical procedures and computer program for fitting an inverted gaussian model to vegetation reflectance data. Computers & Geosciences, 14(3): 339-356.

Boudreau J, Nelson R F, Margolis H A, et al. 2008. Regional aboveground forest biomass using airborne and spaceborne LiDAR in Québec. Remote Sensing of Environment, 112(10): 3876-3890.

Breiman L. 2001. Random Forests. Machine Learning, 45 (1): 5-32.

Cao J, Lee S, Ho K, et al. 2004. Spatial and seasonal variations of atmospheric organic carbon and elemental carbon in Pearl River Delta Region, China. Atmospheric Environment, 38(27): 4447-4456.

Catchpole W R, Wheeler C J. 1992. Estimating plant biomass: a review of techniques. Australian Journal of Ecology, 17: 121-131.

Chen G, Hay G J. 2011. A support vector regression approach to estimate forest biophysical parameters at the object level using airborne lidar transects and QuickBird data. Photogrammetric Engineering and Remote Sensing, 77 (7): 733-741.

Chen Q, Baldocchi D, Gong P, et al. 2006. Isolating individual trees in a savanna woodland using small footprint lidar data. Photogrammetric Engineering & Remote Sensing, 72(8): 923-932.

Cho M A, Skidmore A K, Atzberger C. 2008. Towards red-edge positions less sensitive to canopy biophysical parameters for leaf chlorophyll estimation using properties optique spectrales des feuilles (PROSPECT) and scattering by arbitrarily inclined leaves (SAILH) simulated data. International Journal of Remote Sensing, 29(8): 2241-2255.

Cho M A, Skidmore A K, Corsi F, et al. 2007. Estimation of green grass/herb biomass from airborne hyperspectral imagery using spectral indices and partial least squares regression. International Journal of Applied Earth Observation and Geoinformation, 9(4): 414-424.

Cho M A, Skidmore A K. 2006. A new technique for extracting the red edge position from hyperspectral data: the linear extrapolation method. Remote Sensing of Environment, 101(2): 181-193.

Chopping M, Moisen G G, Su L, et al. 2008. Large area mapping of southwestern forest crown cover, canopy height, and biomass using the NASA multiangle imaging spectro-radiometer. Remote Sensing of Environment, 112 (5): 2051-2063.

Clevers J G. 1994. Imaging spectrometry in agriculture-plant vitality and yield indicators. In: Imaging spectrometry—A tool for environmental observations. Netherlands Dordrecht: Springer: 193-219.

Dawson T P, Curran P J. 1998. Technical note A new technique for interpolating the reflectance red edge position. International Journal of Remote Sensing, 19(11): 2133-2139.

Demetriades-Shah T H, Steven M D, Clark J A. 1990. High resolution derivative spectra in remote sensing. Remote Sensing of Environment, 33(1): 55-64.

Duncanson L, Niemann K, Wulder M. 2010. Integration of GLAS and Landsat TM data for aboveground biomass estimation. Canadian Journal of Remote Sensing, 36(2): 129-141.

Fang J Y, Chen A P, Peng C H, et al. 2001. Changes in forest biomass carbon storage in China between 1949 and 1998. Science, 292(5525): 2320-2322.

Farid A, Goodrich D, Bryant R, et al. 2008. Using airborne lidar to predict leaf area index in cottonwood trees and refine riparian water-use estimates. Journal of Arid Environments, 72(1): 1-15.

Fatehi P, Damm A, Schweiger A K, et al. 2015. Mapping alpine aboveground biomass from imaging spectrometer data: a comparison of two approaches. IEEE Journal of Selected Topics in Applied Earth Observations and Remote Sensing, 8(6): 3123-3139.

Fazakas Z, Nilsson M, Olsson H. 1999. Regional forest biomass and wood volume estimation using satellite data and ancillary data. Agricultural and Forest Meteorology, 98-99(S1): 417-425.

Field C B, Behrenfeld M J, Randerson J T, et al. 1998. Primary production of the biosphere: integrating terrestrial and oceanic components. Science, 281: 237-240.

Field C B, Randerson J T, Malmström C M. 1995. Global net primary production: combining ecology and remote sensing. Remote Sensing of Environment. 51(1): 74-88.

Fleming A L, Wang G, McRoberts R E. 2015. Comparison of methods toward multi-scale forest carbon mapping and spatial uncertainty analysis: combining national forest inventory plot data and Landsat TM images. European Journal of Forest Research, 134 (1): 125-137.

Foody G M, Boyd D S, Cutler M. 2003. Predictive relations of tropical forest biomass from Landsat TM data and their transferability between regions. Remote Sensing of Environment, 85(4): 463-474.

Foody G M, Cutler M E, Mcmorrow J, et al. 2001. Mapping the biomass of Bornean tropical rain forest from remotely sensed data. Global Ecology and Biogeography, 10(4): 379-387.

Fraser R H, Li Z. 2002. Estimating fire-related parameters in boreal forest using SPOT VEGETATION. Remote Sensing of Environment, 82 (1): 95-110.

Fuchs H, Magdon P, Kleinn C, et al. 2009. Estimating aboveground carbon in a catchment of the Siberian forest tundra: combining satellite imagery and field inventory. Remote Sensing of Environment, 113(3): 518-531.

Gallaun H, Zanchi G, Nabuurs G J, et al. 2010. EU-wide maps of growing stock and aboveground biomass in forests based on remote sensing and field measurements. Forest Ecology and Management, 260(3): 252-261.

Gleason C J, Im J. 2012. Forest biomass estimation from airborne LiDAR data using machine learning approaches. Remote Sensing of Environment, 125 (125): 80-91.

Goetz S J, Prince S D, Goward S N, et al. 1999. Satellite remote sensing of primary production: an improved production efficiency modeling approach. Ecological Modelling, 122(3): 239-255.

Guerschman J P, Hill M J, Renzullo L J, et al. 2009. Estimating fractional cover of photosynthetic vegetation, non-photosynthetic vegetation and bare soil in the Australian tropical savanna region upscaling the EO-1 Hyperion and MODIS sensors. Remote Sensing of Environment, 113(5): 928-945.

Guo Y, Tian X, Li Z, et al. 2014. Comparison of estimating forest above-ground biomass over montane area by two non-parametric methods. 2014 IEEE Geoscience and Remote Sensing Symposium, Quebec City:

741-744.

Guo Z F, Chi H. 2010. Estimating forest aboveground biomass using HJ-1 Satellite CCD and ICESat GLAS waveform data. Science in China Series D: Earth Sciences, 52(1): 16-25.

Guyot G, Baret F. 1988. Utilisation de la haute resolution spectrale pour suivre l'etat des couverts vegetaux. Proceedings of the 4th International Colloquium on Spectral Signatures of Objects in Remote Sensing Aussios, France: 279-287.

Hagan M T, Demuth H B, Beale M H. 1996. Neural Network Design. Boston: Pws Pub Co.

Hame T, Salli A, Andersson K, et al. 1997. A new methodology for the estimation of biomass of coniferdominated boreal forest using NOAA AVHRR data. International Journal of Remote Sensing, 18(15): 3211-3243.

Hassett R C, Wood H L, Carter J O, et al. 2000. A field method for statewide ground-truthing of a spatial pasture growth model. Australian Journal of Experimental Agriculture, 40(2): 1069-1079.

Hecht-Nielsen R. 1989. Theory of the backpropagation neural network. International Joint Conference on Neural Networks. Washington D. C. , USA: 593-605.

Heermann P D, Khazenie N. 1992. Classification of multispectral remote sensing data using a back-propagation neural network. IEEE Transactions on Geoscience and Remote Sensing, 30: 81-88.

Helmer E H, Lefsky M A, Roberts D A. 2009. Biomass accumulation rates of Amazonian secondary forest and biomass of old-growth forests from Landsat time series and the geoscience laser altimeter system. Journal of Applied Remote Sensing, 3(1): 033505-033531.

Horler D, Dockray M, Barber J. 1983. The red edge of plant leaf reflectance. International Journal of Remote Sensing, 4(2): 273-288.

Huemmrich K F. 2001. The GeoSail model: a simple addition to the SAIL model to describe discontinuous canopy reflectance. Remote Sensing of Environment, 75(3): 423-431.

Huete A. 1988. A soil-adjusted vegetation index (SAVI). Remote Sensing of Environment, 25(3): 295-309.

Huete A, Liu H, Batchily K, et al. 1997. A comparison of vegetation indices over a global set of TM images for EOS-MODIS. Remote Sensing of Environment, 59: 440-451.

Jensen J L, Humes K S, Vierling L A, et al. 2008. Discrete return lidar-based prediction of leaf area index in two conifer forests. Remote Sensing of Environment, 112(10): 3947-3957.

Jordan C F. 1969. Derivation of leaf area index from quality of light on the forest floor. Ecology, 50(4): 663-666.

Katila M, Tomppo E. 2001. Selecting estimation parameters for the finnish multisource national forest inventory. Remote Sensing of Environment, 76 (1): 16-32.

Kauth R J, Thomas G S. 1976. The Tasselled-Cap—A Graphic Description of the Spectral-Temporal Development of Agricultural Crops as Seen by Landsat. Proceedings, Symposium on Machine Processing of Remotely Sensed Data, Purdue University, West Lafayette: 41-51.

Khashei M, Bijari M. 2011. A novel hybridization of artificial neural networks and ARIMA models for time series forecasting. Applied Soft Computing, 11: 2664-2675.

Khashei M, Reza H S, Bijari M. 2008. A new hybrid artificial neural networks and fuzzy regression model for time series forecasting. Fuzzy Sets and Systems, 159: 769-786.

Koetz B, Sun G Q, Morsdorf F, et al. 2007. Fusion of imaging spectrometer and LiDAR data over combined radiative transfer models for forest canopy characterization. Remote Sensing of Environment, 106(4): 449-459.

Laurent V C E, Verhoef W, Clevers J G P W, et al. 2011. Estimating forest variables from top-of-atmosphere radiance satellite measurements using coupled radiative transfer models. Remote Sensing of Environment, 115 (4): 1043-1052.

Le Maire G, Marsden C, Nouvellon Y, et al. 2011. MODIS NDVI time-series allow the monitoring of Eucalyptus plantation biomass. Remote Sensing of Environment, 115(10): 2613-2625.

Lefsky M A, Harding D J, Keller M, et al. 2005. Estimates of forest canopy height and aboveground biomass using ICESat. Geophysical Research Letters, 32(22): L22S02.

Lefsky M A, Harding D, Cohen W, et al. 1999. Surface lidar remote sensing of basal area and biomass in deciduous forests of eastern Maryland, USA. Remote Sensing of Environment, 67(1): 83-98.

Lefsky M A, Keller M, Pang Y, et al. 2007. Revised method for forest canopy height estimation from geoscience laser altimeter system waveforms. Journal of Applied Remote Sensing, 1(1): 6656-6659.

Lefsky M, Cohen W, Spies T. 2001. An evaluation of alternate remote sensing products for forest inventory, monitoring, and mapping of Douglas-fir forests in western Oregon. Canadian Journal of Forest Research, 31(1): 78-87.

Leith H, Whittaker R. 1975. Primary Production of the Biosphere. New York: Springer.

Li W, Guo Q, Jakubowski M K, et al. 2012. A new method for segmenting individual trees from the lidar point cloud. Photogrammetric Engineering & Remote Sensing, 78(1): 75-84.

Li X W, Strahler A H. 1985. Geometric-optical modeling of a conifer forest canopy. IEEE Transactions on Geoscience and Remote Sensing, 23(5): 705-721.

Li X W, Strahler A H. 1988. Modeling the gap probability of a discontinuous vegetation canopy. IEEE Transactions on Geoscience and Remote Sensing, 26(2): 161-170.

Li X W, Woodcock C, Davis R. 1995. A hybrid geometric optical and radiative transfer approach for modeling pyranometer measurements under a Jack pine forest. Geographic Information Sciences, 1(1): 34-40.

Lim K S, Treitz P M. 2004. Estimation of above ground forest biomass from airborne discrete return laser scanner data using canopy-based quantile estimators. Scandinavian Journal of Forest Research, 19(6): 558-570.

Lisboa P J, Taktak A F. 2006. The use of artificial neural networks in decision support in cancer: a systematic review. Neural networks, 19: 408-415.

Liu H Q, Huete A R. 1995. A feedback based modification of the NDVI to minimize canopy background and atmospheric noise. IEEE Transactions on Geoscience and Remote Sensing, 33(2): 457-465.

Liu L, Peng D, Wang Z, et al. 2014. Improving artificial forest biomass estimates using afforestation age information from time series Landsat stacks. Environmental Monitoring and Assessment, 186(11): 7293-7306.

Lu D. 2005. Aboveground biomass estimation using Landsat TM data in the Brazilian Amazon. International Journal of Remote Sensing, 26(12): 2509-2525.

Lu D. 2006. The potential and challenge of remote sensing-based biomass estimation. International Journal of Remote Sensing, 27(7): 1297-1328.

Lu D, Chen Q, Wang G, et al. 2014. A survey of remote sensing-based aboveground biomass estimation methods in forest ecosystems. International Journal of Digital Earth, (13): 1-43.

Luo S, Wang C, Li G, et al. 2013. Retrieving leaf area index using ICESat/GLAS full-waveform data. Remote Sensing Letters, 4 (8): 745-753.

Luo S, Wang C, Xi X, et al. 2017. Fusion of airborne LiDAR data and hyperspectral imagery for aboveground and belowground forest biomass estimation. Ecological Indicators, 73: 378-387.

Maltamo M, Eerikäinen K, Pitänen J, et al. 2004. Estimation of timber volume and stem density based on scanning laser altimetry and expected tree size distribution functions. Remote Sensing of Environment, 90(3): 319-330.

Meng S, Pang Y, Zhang Z, et al. 2016. Mapping aboveground biomass using texture indices from aerial photos in a temperate forest of Northeastern China. Remote Sensing, 8 (3): 230.

Mille K W. 1990. A historical analysis of tense-mood-aspect in Gullah Creole: a case of stable variation. PhD thesis, University of South Carolina.

Mitchard E, Saatchi S, Lewis S, et al. 2011. Comment on A first map of tropical Africa's above-ground biomass derived from satellite imagery. Environmental Research Letters, 6(4): 049001.

Morsdorf F, Kötz B, Meier E, et al. 2006. Estimation of LAI and fractional cover from small footprint airborne laser scanning data based on gap fraction. Remote Sensing of Environment, 104(1): 50-61.

Muukkonen P, Heiskanen J. 2007. Biomass estimation over a large area based on standwise forest inventory data and ASTER and MODIS satellite data: a possibility to verify carbon inventories. Remote Sensing of Environment, 107(4): 617-624.

Næsset E, Gobakken T. 2008. Estimation of above- and below-ground biomass across regions of the boreal forest zone using airborne laser. Remote Sensing of Environment, 112 (6): 3079-3090.

Nelson R, Oderwald R, Gregoire T G. 1997. Separating the ground and airborne laser sampling phases to estimate tropical forest basal area, volume, and biomass. Remote Sensing of Environment, 60(3): 311-326.

Nelson R, Ranson K, Sun G, et al. 2009. Estimating Siberian timber volume using MODIS and ICESat/GLAS. Remote Sensing of Environment, 113(3): 691-701.

Ni J. 2004. Forage yield-based carbon storage in grasslands of China. Climatic Change, 67: 237-246.

Nilsson M. 1996. Estimation of tree heights and stand volume using an airborne lidar system. Remote Sensing of Environment, 56(1): 1-7.

Paruelo J M, Lauenroth W K, Roset P A. 2000. Estimating aboveground plant biomass using a photographic technique. Journal of Range Management, 53(2): 190-193.

Pearson R L, Miller L D. 1972. Remote mapping of standing crop biomass for estimation of the productivity of the shortgrass prairie. Proceedings of the Eighth International Symposium on Remote Sensing of Environment, 2: 1357-1381.

Persson A, Holmgren J, Soderman U. 2002. Detecting and measuring individual trees using an airborne laser scanner. Photogrammetric Engineering and Remote Sensing, 68(9): 925-932.

Pinel V, Gastellu-Etchegorry J P, Demarez V. 1996. Retrieval of forest biophysical parameters from remote sensing images with the DART model. International Geoscience and Remote Sensing Symposium, Lincoln, NE, USA: 1660-1662.

Popescu S C, Wynne R H, Scrivani J A. 2004. Fusion of small-footprint lidar and multispectral data to estimate plot-level volume and biomass in deciduous and pine forests in Virginia, USA. Forest Science, 50(4): 551-565.

Popescu S C. 2002. Estimating plot-level forest biophysical parameters using small-footprint airborne lidar measurements. PhD Thesis, Blacksburg: Virginia Tech.

Popescu S C. 2007. Estimating biomass of individual pine trees using airborne lidar. Biomass and Bioenergy, 31(9): 646-655.

Potter C S, Randerson J T, Field C B, et al. 1993. Terrestrial ecosystem production: a process model based on global satellite and surface data. Global Biogeochemical Cycles, 7(4): 811-841.

Prince S D, Goward S N. 1995. Global primary production: a remote sensing approach. Journal of Biogeography, 22(3-5): 815-835.

Psomas A, Kneubühler M, Huber S, et al. 2011. Hyperspectral remote sensing for estimating aboveground biomass and for exploring species richness patterns of grassland habitats. International Journal of Remote Sensing, 32(24): 9007-9031.

Qi J, Chehbouni A, Huete A R, et al. 1994. A modified soil adjusted vegetation index. Remote Sensing of Environment, 48(2): 119-126.

Rahman M M. 2006. Tropical forest biomass estimation and mapping using K-nearest neighbour(KNN) method. International Archives of the Photogrammetry, Remote Sensing and Spatial Information Sciences, 36: 860-865.

Rahman M, Csaplovics E, Koch B. 2008. Satellite estimation of forest carbon using regression models. International Journal of Remote Sensing, 29(23): 6917-6936.

Read J M, Clark D B, Venticinque E M, et al. 2003. Application of merged 1-m and 4-m resolution satellite data to research and management in tropical forests. Journal of Applied Ecology, 40(3): 592-600.

Rogan J, Franklin J, Stow D, et al. 2008. Mapping land-cover modifications over large areas: a comparison of machine learning algorithms. Remote Sensing of Environment, 112: 2272-2283.

Rouse J W J, Haas R H, Schell J A, et al. 1973. Monitoring Vegetation Systems in the Great Plains with Erts. Third Earth Resources Technology Satellite-1 Symposium, National Aeronautics and Space Administration, Washington D. C. , (1): 309-317.

Ruimy A, Saugier B, Dedieu G. 1994. Methodology for the estimation of terrestrial net primary production from remotely sensed data. Journal of Geophysical Research Atmospheres, 99(D3): 5263-5283.

Saatchi S S, Harris N L, Brown S, et al. 2011. Benchmark map of forest carbon stocks in tropical regions across three continents. Proceedings of the National Academy of Sciences, 108(24): 9899-9904.

Scott Green D, Erickson J E, Kruger E L. 2003. Foliar morphology and canopy nitrogen as predictors of light-use efficiency in terrestrial vegetation. Agricultural and Forest Meteorology, 115(3-4): 163-171.

Smith M O, Ustin S L, Adams J B, et al. 1990. Vegetation in deserts: I. A regional measure of abundance from multispectral images. Remote Sensing of Environment, 31(1): 1-26.

Su Y, Guo Q, Xue B, et al. 2016. Spatial distribution of forest aboveground biomass in China: estimation through combination of spaceborne lidar, optical imagery, and forest inventory data. Remote Sensing of Environment, 173 (2): 187-199.

Suárez J C, Ontiveros C, Smith S, et al. 2005. Use of airborne LiDAR and aerial photography in the estimation of individual tree heights in forestry. Computers and Geosciences, 31 (2): 253-262.

Suits G. 1972. The cause of azimuthal variations in directional reflectance of vegetative canopies. Remote Sensing of Environment, 2(3): 175-182.

Sun G, Ranson K J, Guo Z, et al. 2011. Forest biomass mapping from lidar and radar synergies. Remote Sensing of Environment, 115(11): 2906-2916.

Thenkabail P S, Enclona E A, Ashton M S, et al. 2004. Hyperion, IKONOS, ALI, and ETM+ sensors in the study of African rainforests. Remote Sensing of Environment, 90(1): 23-43.

Thenkabail P S, Smith R B, De Pauw E. 2000. Hyperspectral vegetation indices and their relationships with agricultural crop characteristics. Remote Sensing of Environment, 71(2): 158-182.

Thomas V, Treitz P, Mccaughey J, et al. 2006. Mapping stand-level forest biophysical variables for a mixedwood boreal forest using lidar: an examination of scanning density. Canadian Journal of Forest Research, 36(1): 34-47.

Tucker C J. 1979. Red and photographic infrared linear combinations for monitoring vegetation. Remote Sensing of Environment, 8(2): 127-150.

Uchijima Z, Seino H. 1985. Agroclimatic evaluation of net primary productivity of natural vegetations. Journal of Agricultural Meteorology, 40: 343-352.

Van Oijen M, Dreccer M, Firsching K H, et al. 2004. Simple equations for dynamic models of the effects of CO_2 and O_3 on light-use efficiency and growth of crops. Ecological Modelling, 179(1): 39-60.

Vauhkonen J, Korpela I, Maltamo M, et al. 2010. Imputation of single-tree attributes using airborne laser scanning-based height, intensity, and alpha shape metrics. Remote Sensing of Environment, 114(6): 1263-1276.

Verhoef W. 1984. Light-scattering by leaf layers with application to canopy reflectance modeling: the SAIL model. Remote Sensing of Environment, 16(2): 125-141.

Waite R B. 1994. The application of visual estimation procedures for monitoring pasture yield and composition in exclosures and small plots. Tropical Grasslands, 28(2): 38-42.

Wang B, Huang J Y, Yang X S, et al. 2010. Estimation of biomass, net primary production and net ecosystem production of China's forests based on the 1999-2003 National Forest Inventory. Scandinavian Journal of Forest Research, 25(6): 544-553.

Wang Z, Schaaf C B, Lewis P, et al. 2011. Retrieval of canopy height using moderate-resolution imaging spectroradiometer (MODIS) data. Remote Sensing of Environment, 115(6): 1595-1601.

Wessels K, Prince S, Zambatis N, et al. 2006. Relationship between herbaceous biomass and 1 km^2 advanced very high resolution radiometer (AVHRR) NDVI in Kruger National Park, South Africa. International Journal of Remote Sensing, 27(5): 951-973.

Wheeler S G, Misra P N, Holmes Q A. 1976. Linear dimensionality of Landsat agricultural data with implications for classification. symposium on Machine Processing of Remotely Sensed Data, West

Lafayette IN, Laboratory for the Application of Remote Sensing.

Xi X, Han T, Wang C, et al. 2016. Forest above Ground Biomass Inversion by Fusing GLAS with Optical Remote Sensing Data. ISPRS International Journal of Geo-Information, 5(4): 45.

Yang T, Wang C, Li G C, et al. 2015. Forest canopy height mapping over China using GLAS and MODIS data. Science China: Earth Sciences, 58(1): 96-105.

Zeng Y, Huang J, Wu B, et al.2008. Comparison of the inversion of two canopy reflectance models for mapping forest crown closure using imaging spectroscopy. Canadian Journal of Remote Sensing, 34(3): 235-244.

Zeng Y, Schaepman M E, Wu B, et al. 2007. Forest structural variables retrieval using EO-1 Hyperion data in combination with linear spectral unmixing and an inverted geometric-optical model. Journal of Remote Sensing, 11: 648-658.

Zhao M, Zhou G S. 2005. Estimation of biomass and net primary productivity of major planted forests in China based on forest inventory data. Forest Ecology and Management, 207(3): 295-313.

Zheng D, Heath L S, Ducey M J. 2007. Forest biomass estimated from MODIS and FIA data in the Lake States: MN, WI and MI, USA. Forestry, 80(3): 265-278.

第 8 章 展望：生态遥感

遥感已经为生态学研究和生态系统管理提供了时间上连续、空间尺度一致的生态参数与指标，以及相应的监测与评估方法，但遥感的作用不应限于此，生态系统的多样性、异质性和尺度特征为遥感提供了更大的发挥空间。精细刻画生态系统结构、功能和过程，揭示生态系统功能和服务间的互馈关系，以及如何优化生态系统服务，需要创新性的遥感指标和方法。

2015 年中国生态学学会正式成立了生态遥感专业委员会，目的是将生态与遥感领域的科学家召集在一起，促进生态和遥感的有机结合，开拓并引领生态遥感的研究方向和研究热点。生态遥感专业委员会将生态遥感定义为以生态系统为应用对象的生态与遥感的交叉学科，一方面为生态学提供具有生态学意义的生态参数，即综合利用多平台、多传感器、多时相卫星遥感数据源和地面观测数据，通过遥感反演、数据同化和尺度转换获得时间上连续、空间尺度一致的生态参数；另一方面以这些生态参数为基础，以生态学的理论为指导，与生态模型相结合，发展许多新的生态系统监测、评估与管理方法。

当前，大量的生态遥感研究解决了特定时间、特定区域的生态学问题，推动了利用遥感数据生成能够应用于生态学的数据产品方法的进步，形成的产品及信息服务能力也不断提升，但均在一定程度上受时间、区域、使用者经验的影响，导致在解决相同问题时，存在结果不一、结论矛盾的现象。

生态遥感在未来发展趋势中，最为重要的是与前沿计算技术充分结合，发展生态遥感大数据和生态遥感云服务。大数据时代，遥感传感器的发展使得遥感观测数据的时空分辨率逐步提高，产生的遥感观测数据的数据量呈几何级数增长，对海量遥感观测数据的快速自动化处理依赖于计算机技术的创新。遥感大数据是针对传统遥感数据处理和信息提取方式的一种变革，它以多源遥感数据为主，综合其他多源辅助数据，运用大数据思维与手段，聚焦于更高价值的信息和知识规律的发现。相对遥感数字信号处理时代的

———————————
本章执笔人：吴炳方，曾源，赵旦

统计模型和定量遥感时代的物理模型，遥感大数据时代的信息提取和知识发现是以数据模型为驱动，其本质是以大样本为基础，通过机器学习等智能方法自动学习地物对象的遥感化本征参数特征，进而实现对信息的智能化提取和知识挖掘（张兵，2018）。智能信息提取是遥感大数据方法的明显特征和必然要求，近年来，深度学习方法逐渐被引入到图像分割、目标识别和分类中，利用机器学习的过程对图像所包含的具有生态学深层特征信息进行挖掘，开展高精度的植被、水体、裸地等不同生态类型的分类以及重大生态工程、生态措施等目标识别。由斯坦福大学组织的"ImageNet 大规模视觉识别挑战赛"（Russakovsky et al., 2015）的图像识别错误率从 2012 年的 29.6%降到了 2015 年的 3.6%，到 2017 年更是接近 2%，充分显示了深度学习在目标识别中的作用。

遥感大数据时代的到来，其门槛自然水涨船高，然后遥感大数据云服务的出现，让遥感开始真正"飞入寻常百姓家"，任何人都可以通过几行简易的命令查看、处理、分析遥感数据。Google 针对地球观测大数据，开发了全球尺度 PB 级数据处理能力的 Google Earth Engine（GEE）云平台，极大提升了地球观测大数据的处理与信息挖掘能力（Gorelick et al., 2017）。GEE 内置预处理后的长时间序列 Landsat、MODIS、Sentinel 等系列数据，能够快速实现长时间、大范围的生态环境动态变化监测（Hansen et al., 2000)。遥感数据云服务的出现，让任何人都可以通过几行简易的命令查看、处理、分析遥感数据，并可轻松实现区域、国家、洲际尺度甚至是全球尺度的分析应用（Wu et al., 2019）。

将非遥感的生态学大数据与遥感大数据深入融合，充分挖掘待分析目标的深层隐含特征，将为基于遥感的目标分类识别、参数反演方法提供新的解决途径。未来结合深度学习、大数据处理等技术，有望解决传统处理方法无法有效解决的复杂难题，依托集群、云技术的数据密集型计算方法，突破高分辨率遥感数据分析处理的时间瓶颈，实现高分辨率时空连续的遥感数据产品的快速生成与动态追加更新。

从 2016 年开始，国家重点研发计划"全球变化及应对"重点专项中有多个项目开展生态遥感大数据产品的生产；地球大数据科学工程、全球干旱生态系统国际大科学计划等一系列我国主导的重大科学项目中，都广泛引入生态遥感大数据技术开展洲际或全球尺度的生态环境监测，并向全球推广中国生态遥感的经验。

在大数据和云服务的基础上，未来还需要对数据分析处理策略进行仔细分析和梳理、科学论证和验证，去伪存真，明确哪些方法是结构化的，哪些方法能够改造成结构化方法，哪些方法只是权宜之计，哪些方法能获得定量数据，哪些方法只能获得定性的数据，哪些方法实质上是在"伪造数据"，以及这些方法的精度水平及改进空间，从而指明现有方法如何向结构化方法转变，逐步构建以结构化为特征的、科学的从遥感观测数据生成具有生态学意义数据产品的生态遥感方法论。

1）发展新型遥感指数产品。遥感指数作为一种凸显不同生态系统异质性的参数产品，其构建方法符合结构化方法的特征，但现有的遥感指数的生态与物理意义欠缺，在应用时往往存在适应性限制。需结合遥感信息自身的优势，从生态问题出发，发展出一些易于处理且能够反映生态学意义的特征指标，充分挖掘遥感观测数据隐含的深层指示性特征，构建具有指示性意义的新型遥感指数数据产品。例如，对全球陆表生态系统碳排放、植被健康、植被生态服务功能等具有重要影响的植被高度，能够利用新型星载激光雷达（ICESat2）实现快速提取，识别方法相对简单（Tang et al., 2019；李增元等，2016）；用于粮食安全早期预警的作物生长早期的耕地种植比例指数，较传统的作物类型的识别精度大幅度提高，如 2015 年 9 月之后南非出现严重旱情，耕地种植比例较 2014 年同期偏低达 34%，全球农情遥感速报系统（CropWatch）基于该信息对南非玉米生产形势做出了早期预警。

2）以生态需求为导向。现有的数据产品多以卫星为导向，每种卫星观测数据都有一套各自的数据产品，各成体系。同时不同卫星获得数据产品受限于遥感传感器的不一致性，相互间的时空连续性和一致性较差，为数据产品的广泛应用造成障碍。遥感数据产品生成方法应该以形成生态需求为目标，如全球陆表特征参数（GLASS）（梁顺林等，2014）、CYCLOPES 项目（Weiss et al., 2007）、多传感器联合反演降水数据产品、基于遥感的区域蒸散量监测方法（ETWatch）及其产出的多尺度-多源数据协同的陆表蒸散发数据产品，充分利用所有可用的遥感观测数据，发挥不同遥感观测数据的优势，已经成为反演高精度、高分辨率遥感数据产品的主流途径。未来应利用多源协同遥感观测与分析处理方法，充分结合多种遥感观测数据的优势，形成合力，提高数据产品的精度。生态需求为导向的遥感处理方法需进一步拓展至卫星传感器设计、卫星发射计划等方面，围绕现有数据产品分析处理过程中的缺陷和需求，有针对性地发展新型传感器和卫星计划，以实现数据产品质量的提高。

3）建立生态遥感方法标准体系。标准是产品是否达标、是否合规的标志，其能减少人为主观因素影响，避免相同的数据获得的产品质量因方法、因地域、因人而异。生态领域成体系的国家标准，例如，土地利用现状分类国家标准明确规定了土地利用的类型、含义，为土地调查观测提供标准章程。与遥感高度相关的测绘学科，早在 1984 年便由国家测绘地理信息局设立了测绘标准化研究所，专门从事测绘标准化研究，先后制定了大地、航测、制图等多个领域的系列国家标准以及测绘地理信息行业标准制。遥感领域也有少量的国家标准与行业标准，如卫星遥感影像植被指数产品规范，但针对用遥感来解决生态学问题的标准相对缺失，需大力推进遥感从观测数据到生态参数产品，再到生态学分析处理方法的标准规范制定。为建立生态遥感标准体系，需要对现有的遥感数据产品生成方法进行全面收集整理，分析不同类型的数据产品所用的方法特点，对口生态学需求，全面对比不同数据处理方法对结果的影响，综合分析归纳，并将从遥感数据到生态遥感产品与应用的全过程进行步骤细分，逐渐形成各个步骤的标准输入、输出流程，制定出输入输出的标准规范，形成生态遥感的全流程标准体系。

参 考 文 献

李增元, 刘清旺, 庞勇. 2016. 激光雷达森林参数反演研究进展. 遥感学报, 20(5): 1138-1150.

梁顺林, 张晓通, 肖志强, 等. 2014. 全球陆表特征参量(GLASS)产品: 算法、验证与分析. 北京: 高等教育出版社.

张兵. 2018. 遥感大数据时代与智能信息提取. 武汉大学学报(信息科学版), 43(12): 1861-1871.

Gorelick N, Hancher M, Dixon M, et al. 2017. Google earth engine: planetary-scale geospatial analysis for everyone. Remote Sensing of Environment, 202: 18-27.

Hansen M C, Defries R S, Townshend J R G, et al. 2000. Global land cover classification at 1 km spatial resolution using a classification tree approach. International Journal of Remote Sensing, 21(6-7): 1331-1364.

Russakovsky O, Deng J, Su H, et al. 2015. ImageNet Large Scale Visual Recognition Challenge. International Journal of Computer Vision, 115(3): 211-252.

Tang H, Armston J, Hancock S, et al. 2019. Characterizing global forest canopy cover distribution using spaceborne lidar. Remote Sensing of Environment, 231: 111262.

Weiss M, Baret F, Garrigues S, et al. 2007. LAI and Fapar Cyclopes Global Products derived from vegetation (Part 2): Validation and comparison with MODIS Collection 4 Products. Remote Sensing of Environment, 110(3): 317-331.

Wu H T, Zhang L, Zhang X. 2019. Cloud Data and Computing Services Allow Regional Environmental Assessment: A Case Study of Macquarie-Castlereagh, Australia. Chinese Geographical Science, 29(3): 394-404.